Gülnur İlgün

# Aile Hekimliği Çalışanlarının Uygulama Hakkındaki Görüş ve Önerileri

Gülnur İlgün

# Aile Hekimliği Çalışanlarının Uygulama Hakkındaki Görüş ve Önerileri

Türkiye Alim Kitapları

**Impressum / Künye**
Bibliografische Information der Deutschen Nationalbibliothek: Die Deutsche Nationalbibliothek verzeichnet diese Publikation in der Deutschen Nationalbibliografie; detaillierte bibliografische Daten sind im Internet über http://dnb.d-nb.de abrufbar.
Alle in diesem Buch genannten Marken und Produktnamen unterliegen warenzeichen-, marken- oder patentrechtlichem Schutz bzw. sind Warenzeichen oder eingetragene Warenzeichen der jeweiligen Inhaber. Die Wiedergabe von Marken, Produktnamen, Gebrauchsnamen, Handelsnamen, Warenbezeichnungen u.s.w. in diesem Werk berechtigt auch ohne besondere Kennzeichnung nicht zu der Annahme, dass solche Namen im Sinne der Warenzeichen- und Markenschutzgesetzgebung als frei zu betrachten wären und daher von jedermann benutzt werden dürften.

Deutsche Nationalbibliothek tarafından yayınlanan bibliyografik bilgiler: Deutsche Nationalbibliothek, bu yayını Deutsche Nationalbibliografie'de listeler; detaylı bibliyografik bilgi İnternet'te http://dnb.d-nb.de sitesinde mevcuttur.
Bu kitapta bahsedilen herhangi bir marka ve ürün adı, tescilli marka, marka veya patent korumasına tabidir ve ilgili sahiplerin ticari veya tescilli markalarıdır. Marka, ürün, ortak ve ticari adların, ürün açıklamalarının v.s. işbu eserde özel işaretleme olmadan bile kullanılması, bu çeşit adların, tescilli marka ve marka korunması kanunu açısından kısıtlanmamış ve böylece herkes tarafından kullanılabilir olarak hiç bir şekilde yorumlanamaz.

Coverbild / Kitap kapağı resmi: www.ingimage.com

Verlag / Yayıncı:
Türkiye Alim Kitapları
ist ein Imprint der / yayınevinin bir ticari markasıdır
OmniScriptum GmbH & Co. KG
Bahnhofstraße 28, 66111 Saarbrücken, Deutschland / Almanya
Email / E-posta: info@turkiye-alim-kitaplary.com

Herstellung: siehe letzte Seite /
Basım yeri: son sayfaya bakın
**ISBN: 978-3-639-67055-4**

# ÖNSÖZ

Akademik hayatımın her aşamasında, ilgiyle ve özveriyle yol gösterip, bilgi ve desteğini esirgemeyen, her türlü zorlukta yanımda olarak büyük katkı sağlayan değerli hocam Prof. Dr. Bayram ŞAHİN'e sonsuz teşekkürlerimi sunarım.

Araştırmada kullanılan soru formunun oluşturulmasında bilgilerin ve desteklerini paylaşan Sayın, AKAHED Başkanı Dr. H. Şenol ATAKAN, İSTAHED Başkanı Dr. Esin ŞENER, Dr. Zafer KALAYCIOĞLU'na ve yardımlarını esirgemeyen hocam Yrd. Doç. Dr. Serap TAŞKAYA'ya ve Arş. Gör. Uzm. Songül ÇINAROĞLU'na çok teşekkür ederim.

Eğitim hayatım boyunca ilgi ve bilgilerini benimle paylaşıp ufkumu genişleten Hacettepe Üniversitesi İktisadi ve İdari Bilimler Fakültesi Sağlık İdaresi Bölümü'nün değerli öğretim üyelerine ve bugünlere gelmemde büyük emekleri olan anneme, babama, kardeşlerime ve eşim Doğan'a tüm kalbimle teşekkür ederim.

## İÇİNDEKİLER

## SİMGELER VE KISALTMALAR

**AAFP** : American Academy of Family Physician

**AAGP** : American Academy of General Practice

**ABD** : Amerika Birleşik Devletleri

**ABFM** : American Board of Family Medicine

**ABFP** : American Board of Family Practice

**AHUD** : Aile Hekimleri Uzmanlık Derneği

**ASM** : Aile Sağlığı Merkezi

**DSÖ** : Dünya Sağlık Örgütü

**GSS** : Genel Sağlık Sigortası

**LDL** : Low Density Lipoprotein

**n** : Örneklem Sayısı

**NHS** : National Health Services

**RCGP** : Royal Collage of General Practitioners

**TAHUD** : Türkiye Aile Hekimleri Uzmanlık Derneği

**WONCA** : World Organization of Family Doctors

## ŞEKİLLER

## TABLOLAR

# GİRİŞ

Son zamanlarda tüm dünyada hastalık yükünde yaşanan değişim, yaşlanan nüfus, yeni teknolojiler ve toplumsal beklentilerin yükselmesiyle sağlık hizmetlerinin maliyeti de yükselmektedir (Robert ve diğ., 2002). Bu nedenle sağlık ve sağlık hizmetleri ile ilgili ekonomik konular bütün ülkelerde giderek önem kazanmaktadır. Özellikle maliyet ve geri ödemelere yönelik gerçekleştirilen reform çalışmaları sağlık hizmetlerinin ekonomik boyutu konusundaki tartışmaların daha da ön plana çıkmasına neden olmuştur (Çalışkan, 2008). Sağlık ve sağlık hizmetleri ile ilgili tartışmaların temel kaynağını oluşturan harcamalardaki bu artış son yıllarda önemli bir sorun haline gelmektedir. Bunun sonucunda ülkelerin sağlık politikalarını yeniden gözden geçirme ve buna bağlı olarak çeşitli çözüm önerileri bulma süreci başlamıştır (OECD, 2008). Bu süreçte öne sürülen çözüm önerilerinden biri de; ikinci ve üçüncü basamak sağlık hizmetlerine göre daha ucuz olan birinci basamak sağlık hizmetlerini öne çıkarmak ve böylece kaynakların daha etkili ve verimli kullanılmasını sağlamaktır (Söyleyici, 2010). Bunu yapmanın en iyi yolu ise, insanları sürekli izleyebilecek yeni bir hekim tipi geliştirmektir. Önceleri semptoma yönelik olan tedavi anlayışı üzerinde durulurken ilerleyen yıllarda bu tedavi anlayışının toplum sağlığını koruma ve geliştirmede etkili bir yöntem olmadığı anlaşılmış ve birinci basamakta tıp fakültesinden mezun olduktan sonra alanında uzmanlaşmış hekim gereksinimi ortaya çıkmıştır (Oğuz, 2009). Diğer tüm uzmanlık dallarında olduğu gibi aile hekimliğinin doğuşu da bir gereksinim sonucu olmuştur.

Aile hekimliğinin zaman süreci içerisindeki gelişimi incelendiğinde, aile hekimliğine olan gereksinim ilk kez 1923 yılında Dr. Francis Peabody tarafından tıp biliminde oluşan aşırı uzmanlaşma sonucu insanları bir bütün olarak ele alan ve kişisel bakım sağlayan genel bir uzmanlık alanına duyulan ihtiyacın artması ile birlikte kendini göstermiştir (Rakel, 2011). Bu görüşün ilk olumlu yansıması 1947 yılında Amerika Birleşik Devletleri'nde genel hekimliğe olan ihtiyaç nedeni ile Amerika Genel Hekimlik Akademisi'nin (American Academy of General Practice, AAGP) kurulması olmuştur. Bunun ardından 1969'da aile hekimliği bir uzmanlık dalı olarak kabul edilmiş ve 1971'de Amerika Aile Hekimliği Akademisi (American Academy of Family Physician, AAFP) oluşturulmuştur. İngiltere'de ise, 1952'de Genel Pratisyenlik Akademisi

(College of General Practitioners) kurulmuştur (Taylor, 2003) Bütün bu gelişmelerin ardından aile hekimliği uygulaması tüm dünyada kabul görmüştür. Türkiye'de ise, aile hekimliği ilk olarak 1990 yılında sağlıkta reform sürecinde birinci basamak sağlık hizmetlerinin örgütlenmesinde bir model olarak gündeme gelmiştir. İlerleyen zamanlarda aile hekimliği uygulaması 2003 yılında gündeme gelen "Sağlıkta Dönüşüm" sürecinin önemli bir uygulaması olmuş ve ilk kez 2005 yılında pilot uygulama olarak Düzce ilinde başlamıştır. 2009 Ocak ayı itibariyle 33 il pilot uygulama kapsamına alınmıştır. 2010 yılı sonunda ise, tüm Türkiye'de "Aile Hekimliği Uygulamasına" geçilmiştir (Üstü ve diğ., 2011). Dünya Aile Hekimleri Örgütü'ne (World Organization of Family Doctors, WONCA); göre aile hekimliği; kendine özgü eğitim içeriği, araştırması, kanıt temeli, klinik uygulaması olan akademik ve bilimsel bir disiplin aynı zamanda da birinci basamak yönelimli klinik bir uzmanlıktır (WONCA, 2011). Aile hekimliği, gelişmekte olan sağlık hizmeti sisteminde birlikte çalışması gereken disiplinler arasında gerekli köprüyü kurmaktadır (Lane ve diğ., 1998). Bütünleşik sağlık sisteminde aile hekimliği hem bireysel hasta bakımını hem de halk sağlığı uygulamalarını kapsamaktadır. Bu bağlamda aile hekimliği, tedaviden daha çok sağlığı korumaya yönelik uygulamaları içermektedir (Katz ve diğ., 2009). Bir toplumun sağlığını iyileştirmek; nüfusun sağlık, risk ve ihtiyaçlarını belirleyecek epidemiyoloji bilgisi, toplum müdahalelerini koordine edecek takım oluşturma becerileri ve hastalığı engelleyecek koruyucu sağlık hizmeti sunma bilgisi gerektirir (Lane ve diğ., 1998). Aile hekimliği ile ilgili verilen bu bilgilerden de anlaşılacağı gibi aile hekimliğinde, hekimin rolü klasik tedaviye yönelik verilen hizmetten daha farklıdır. Örneğin tedavi hizmetlerinde hastalar şikayetlerini hekime anlatır ve bu doğrultuda çözüm arar. Fakat koruyucu sağlık hizmetlerinde hekim hastaya bir takım sorular sorarak, bir takım taramalar yaparak bireylerin şikayetlerini anlamaya çalışır, bireyin de şikayetlerini anlatması için teşviklerde bulunur ve bireyi eğitir. Bu noktada da hekimin becerisi çok önemlidir (Chuang, 2009). Aile hekimlerinin temel görevleri ise; bireylerin yaşam kalitelerini yükseltmelerine yardımcı olmak, hastalıkları tedavi etmek değil; hastalığın oluşmadan önlenmesi konusunda bireylere yol göstermek, tütün kullanımı, alkol kullanımı, emniyet kemeri kullanımı gibi konularda toplumu bilinçlendirmek, kronik hastalığı olan kişilerin gerekli sıklıkta takibini yapmak, özürlü kişilere yönelik sağlık hizmetlerini yürütmek, doğum öncesi, doğum sonrası loğusa ve bebek takibi yapmaktır (Katz ve diğ., 1998: 3; Chuang ve diğ., 2009).

Aile hekimliği sistemi çalışanları yukarıdaki görevleri yerine getirirken toplumun farklı kesimleri ile iletişim kurdukları için bu hizmeti sunan çalışanlarda meydana gelebilecek bir tatminsizlik veya motivasyon kaybı, aile hekimliği hizmeti alan kişileri olumsuz etkileyecektir. Başka bir deyişle aile hekimliği çalışanlarının iş ortamında yaşayacakları tatminsizlik ve mutsuzlukların sonuçları doğrudan doğruya hastalara yansıyacaktır (Clever, 2002). Bu olumsuzluğun ortaya çıkmaması için aile hekimliği çalışanlarının beklenti ve isteklerinin doğru anlaşılıp karşılanması sistemde başarıyı da beraberinde getirecektir. Bu nedenle bu çalışmada olduğu gibi, aile hekimliği çalışanlarının aile hekimliği sistemine ilişkin görüş ve önerilerini ortaya koyan çalışmaların yapılması aile hekimliği uygulamasının başarısının arttırılmasında önemli bir yere sahiptir.

Günümüze kadar Türkiye'de aile hekimliği sisteminin başarı ve başarısızlıklarına ilişkin yapılan çalışmalarda daha çok hasta– hekim memnuniyet analizleri ya da bazı hastalıkların önlenmesi, takibi ve tedavisi konusunda aile hekimlerinin katkılarının araştırılması gibi konular ele alınmıştır. Aile hekimliği sisteminin merkezinde yer alan ve bu sistemin daha iyi işlemesinde temel rol oynayan aile hekimleri ve aile sağlığı elemanlarının bu sistem hakkındaki görüş ve önerileri ile ilgili ise oldukça sınırlı ölçüde araştırma yapılmıştır. Bunlar arasında bulunan Ağdemir (2012) tarafından yapılan çalışmada aile hekimliği çalışanlarının aile hekimliği sistemine yönelik fikirleri incelenmemiş sadece hekimlerin memnuniyet düzeyi ele alınmamıştır. Korkmaz ve diğ. (2012) tarafından yapılan başka bir çalışmada ise araştırma kapsamı sadece uzman aile hekimleri ile sınırlı kalmış ve pratisyen aile hekimleri ile aile sağlığı elemanlarının görüşleri dikkate alınmamıştır. Korkmaz ve diğ. (2012) tarafından yapılan çalışmada sadece uzman aile hekimleri araştırma kapsamına alındığı için, verilen cevapların tüm çalışanlara genellenmesinin mümkün olmadığı düşünülmektedir. Bu araştırmada ise, tüm çalışanların görüşlerine yer verilerek çalışanların sistem hakkındaki görüşleri ortaya konulmuş ve araştırma esnasında farklı meslek gruplarının sisteme ilişkin görüşlerinin karşılaştırılması fırsatı yakalanmıştır. Diğer taraftan Şişman (2010) tarafından bu konuda yapılan başka bir çalışma ise, araştırma kapsamına yalnızca İstanbul il merkezinde bulunan 1. Sağlık Grup Başkanlığı'nda çalışan aile hekimleri dahil edilmiş olup sınırlı bir çalışan grubu üzerinde çalışılmıştır. Bu araştırmanın bir başka güçlü yönü ise sağlam bir örneklem temeline dayanması, bu nedenle genellenebilirliğinin yüksek olmasıdır.

Bilindiği gibi sağlık sisteminde, yeni politika ve uygulamaların sonuçlarının ölçülebilmesi için bu uygulamaların belirli bir zaman sürecinde etkisini göstermesi ve hem hizmet sunucular hem de hizmeti talep edenler tarafından uygulamaların yaşanılarak deneyimlenmesi gerekmektedir. Bu sayede hizmetin aksayan ve iyi işleyen yönleri daha net bir şekilde belirlenebilecek ve hizmeti arz ve talep edenler tarafından sunulan hizmetin nasıl daha kaliteli ve nitelikli hale getirilebileceği ile ilgili görüşlerin tespit edilmesi daha anlamlı hale gelecektir. Bu noktada ülkemizde Algın ve diğ. (2004) ve Ilgar (2006) tarafından aile hekimliği sitemindeki mevcut sorunlar ve çözüm önerileri ile Düzce ili aile hekimliği pre- pilot uygulamasının sahada sorumlu hekimlerce değerlendirilmesi adlı çalışmalar aile hekimliği uygulamasının henüz yerleşmediği ve sistemin yaygınlaşmadığı dönemlerde yapılmıştır. Yeni sağlık politika ve uygulamalarının etkilerinin ortaya konulabilmesi için araştırmanın zamanlamasının doğru belirlenmesi, sistemin tüm paydaşları tarafından yapılacak değerlendirmelere daha anlamlı katkı sağlayacaktır. Bu bağlamda; bu araştırma sonuçlarının aile hekimliği uygulamasının yaygınlaştığı ve tüm toplum genelinde kabul edilen bir sistem haline geldiği bir dönemde yapılmış olması sebebiyle politika belirleyiciler için ciddi bir bilgi kaynağı olacağı düşünülmektedir.

Sonuç olarak, Türkiye'de aile hekimliği sistemi konusundaki çalışmaların, aile hekimi ve aile sağlığı elemanlarının uygulamaya yönelik görüş ve önerilerini ön plana çıkarmayan, araştırma kapsamı ve örneklem bakımından sınırlılıkları bulunan, uygulamanın henüz yaygın etkilerinin görülmediği erken dönemde yapılmış olmalarından kaynaklanan birtakım eksiklikler taşıdıkları görülmektedir. Tüm bu eksiklikler göz önünde alındığında bu araştırmada, aile hekimliği merkezlerinde çalışan hekim ve aile sağlığı elemanlarının aile hekimliği sistemiyle ilgili görüş ve önerilerini ortaya koymak hedeflenmiştir. Çalışmanın evrenini Ankara Büyükşehir Belediye sınırları içerisindeki aile sağlığı merkezleri oluşturmaktadır. Araştırmada aile hekimliği sisteminde çalışan hekim ve aile sağlığı elemanlarının uygulamaya yönelik görüş ve önerilerinin neler olduğu yalnızca kantitatif teknikler kullanılarak değil aynı zamanda kalitatif teknikler de kullanılarak ortaya konulmuştur.

Çalışmanın ilk bölümünde, aile hekimliğinin tarihçesi, tanımı, aile hekimlerinin rolleri, görevleri, yetkinlikleri, aile hekimliği hizmetlerinin temel bileşenleri, aile hekimlerinin eğitimi, dünyada aile hekimliği uygulamaları ve Türkiye'de aile hekimliği uygulamaları hakkında bilgilere yer verilmiştir. Çalışmanın ikinci bölümünde, aile sağlığı merkezlerinde hizmet sunan aile hekimlerinin ve aile sağlığı elemanlarının aile hekimliği uygulamasına ilişkin görüş ve önerilerini belirlemeye yönelik yapılan araştırmanın metodolojisi ile ilgili açıklamalarda bulunulmuştur. Çalışmanın üçüncü bölümünde, araştırmanın hipotezlerini test etmek için yapılan analiz bulgularına, son bölümde ise, bu bulgulara yönelik tartışma, sonuç ve önerilere yer verilmiştir.

# 1. BÖLÜM

# GENEL BİLGİLER

Çalışmanın bu bölümünde aile hekimliğinin tarihçesi, tanımı, aile hekimlerinin rolleri, görevleri ve yetkinlikleri ile aile hekimliği hizmetlerinin temel bileşenleri hakkında genel bilgiler yer almaktadır.

## 1.1. AİLE HEKİMLİĞİNİN TARİHÇESİ

Tıp, en eski çağlardan beri bilinen ve ortaya çıktığı andan itibaren sık sık değişen bir bilimdir. Bu değişim, çoğu zaman teknolojik ve sosyal gelişmeler neticesinde oluşmaktadır. Aile hekimliği de, tıp biliminin eski bir dalı olan genel pratisyenlikten dönüşen ve tıp tarihinin gelişimi ile şekillenen, yeni disiplinlerden bir tanesidir (McWhinney ve Freeman, 2009).

Aile hekimliği, bazı ülkelerde birinci basamak sağlık hizmetleri ve genel pratisyenlikle eş anlamlı olarak kullanılmaktadır. Fakat genel pratisyenlik sadece sağlık bakımının toplumsal olması gerektiğine dikkat çekerken, aile hekimliği aynı zamanda bu bakımın kişisel ve sürekli olmasına da dikkat etmektedir. Bu nedenle aile hekimlerinin sunmuş olduğu hizmetler genel pratisyenliğe oranla daha kapsamlıdır (Sorinola ve Thistlethwaite, 2013; Rakel, 2011).

Genel olarak aile hekimliği, 1960'larda başta Büyük Britanya, Kanada, Avustralya, Yeni Zelanda ve ABD olmak üzere özellikle endüstrileşmiş ülkelerin öncülüğünde şekillenen, modern tipte yeni bir hekimliğin ortaya çıkışı olarak ifade edilmektedir. (Stephens, 1987). Aile hekimliğinin bir disiplin olarak gelişmesi ise, temel tıbbın varsayımlarının yeniden değerlendirilmesinin yanı sıra, daha erişilebilir ve kişisel bakıma daha çok önem veren bir hekimliğe olan ihtiyaca cevap vermek amacına dayanmaktadır (Freeman, 2012).

Aile hekimliğinin tarihçesine bakıldığında, bu yeni disiplinin gelişimini etkileyen ve aşağıda kısaca açıklanan bir takım eğilimler olduğu göze çarpmaktadır. Bu eğilimler; mortalite ve morbiditedeki değişimler, aşırı uzmanlaşma, davranış bilimlerindeki yeni gelişmeler ve hastanelerin değişen rolüdür (McWhinney ve Freeman, 2009).

***Mortalite ve Morbiditedeki Değişimler:*** Yirminci yüzyılın başlarında en gelişmiş ülkelerde bile salgın olan enfeksiyon hastalıklarının başarılı bir şekilde kontrol altına alınmasının ardından yeni bir hastalık yapısı ortaya çıkmıştır. Yani hekimler eskiden olduğu gibi tifo, difteri gibi ciddi hastalıklarla mücadele etmek yerine, çeşitli kronik hastalıklar, gelişimsel ve davranışsal bozukluklar, kazalar ve enfeksiyon hastalıklarının farklı türleriyle uğraşmak zorunda kalmışlardır. Bu hastalık yapısındaki değişimin yanısıra ölüm oranları da azalmaktadır. Özellikle gelişmiş ülkelerde, çocuklarda ve yetişkinlerde mortalite hızının azalması neticesinde toplumun yaşlı nüfus oranı artmaktadır. Bu yeni örüntü sonucunda ise, bireyi içinde yaşadığı çevre şartlarına göre değerlendirebilecek ve kişiye özel sağlık hizmeti sunabilecek bir hekime ihtiyaç duyulmuştur.

***Aşırı Uzmanlaşma:*** Yirminci yüzyılın ilk yarısında tıp bilimindeki teknolojik ilerlemelere ve araştırmalara yapılan karlı yatırımların sonucunda, her biri tıpta kabul görmüş pek çok sayıda ana uzmanlık dalları ortaya çıkmıştır. Uzmanlık alanları, tıp eğitimi, laboratuvar bilimleri ve tıp teknolojisi temel alınarak geliştirilmiştir. Ancak bu aşırı uzmanlaşmanın hasta – hekim iletişiminde bozulmalara, bakımın ve tıbbın kişisel yönlerinin ihmal edilmesine sebebiyet verdiği anlaşılmıştır. Söz konusu gelişmelerin ardından, hastaları bir bütün olarak inceleyebilecek yeni bir hekim tipine ihtiyaç duyulmuş ve bu yeni hekimlerin, eski genel pratisyenlerden farklı olması gerektiği savunulmuştur. Neticede genel pratisyenliğe verilen önem azalmış ve aile hekimliğine olan yönelim artmıştır.

***Davranış Bilimlerindeki Yeni Gelişmeler:*** İnsan davranışlarıyla ilgili yapılan çalışmalar genel pratisyenler için her zaman önemli olmuştur. Hastalıkların tedavi edilmesinde, hastalık sebeplerine ilişkin davranışsal ve sosyal faktörlerin de bilinmesi gerektiği, davranış bilimlerindeki araştırmalar sonucunda bulunmuştur. Davranış bilimlerindeki yaşanan gelişmeler hasta – hekim ilişkileri, aile ilişkileri ve hastalıklara davranışsal yaklaşım gibi pek çok yeni kuramı gündeme getirmiştir. Bu noktada da bireyleri tanıyan, onları içinde bulunduğu sosyal ve demografik şartlara göre değerlendirebilecek, birinci basamak sağlık bakım hizmetlerini sağlayan hekimlerin gerekliliği anlaşılmıştır.

***Hastanelerin Değişen Rolü:*** Yataklı tedavi kurumlarındaki yaşanan maliyet artışları, bireylerin hastaneye kabul edilmelerini zorlaştırmıştır. Ayrıca akut hastalıkların tedavi edildiği hastaneler günümüzde ileri teknoloji ve branşlaşmış hizmetlere ihtiyaç duyan hastaların sağlık bakımlarının yapıldığı kurumlara dönüşmüştür. Teknolojide ve uzmanlaşmada yaşanan gelişmeler sonucunda büyüyen hastaneler, içinde çok sayıda sağlık hizmeti barındırmakla birlikte kişilerin ihtiyaçlarına göre bütüncül hizmet veremeyecek kuruluşlar haline gelmişlerdir. Hastanelerin rollerinde yaşanan söz konusu değişiklikler, bireyleri hastane dışında, ancak hastane uygulamalarına yakın ve daha bütüncül sağlık hizmeti sunabilecek yeni uygulama arayışlarına zorlamıştır.

Tüm bu gelişmelerin yanı sıra, teknolojinin ilerlemesi ve toplum beklentilerinin artması gibi faktörlerin de etkisi ile aile hekimliğinin gelişimi, bir gereksinim sonucu ortaya çıkmıştır. Aile hekimliğine olan bu gereksinim ilk kez, 1923 yılında aile hekimliğinin ilk teorisyenlerinden biri olarak kabul edilen Dr. Francis Peabody tarafından vurgulanmıştır. Dr. Peabody, aşırı uzmanlaşmaya dikkat çekerek toplumda sık karşılaşılan sağlık sorunları için bireylere bir bütün olarak sağlık hizmeti sağlayabilecek yeni bir hekim tipinin geliştirilmesi gerektiğini belirtmiştir. Fakat Dr. Peabody'nin bütüncül ve kişisel hizmet verebilecek yeni hekim tipi geliştirme önerisi hem toplumda hem de tıp biliminde ilgi görmemiştir (Rakel, 2011).

Söz konusu yıllarda ortaya çıkan bir diğer önemli konu ise, 1950'den başlayarak ABD'de genel pratisyenlerin sayılarının giderek azalmasıdır. Bu durum II. Dünya savaşından sonra tıp fakültelerinde fiilen genel pratisyen yetiştirilmemesi ve ana uzmanlık dallarının yan dallara ayrılmasıyla daha da hızlanmıştır (Taylor, 2003). Bunun en büyük kanıtı; 1935'lerde %75'lik bir orana sahip olan genel pratisyenlik, 1957'de %45'e, 1970'lerde ise %17,3'e kadar düşmüştür (Jimbo, 2004; Stephens, 1987; McWhinney ve Freeman, 2009). Buna karşın uzman oranları ise, 1949'da %39'larda iken, 1969'da %77'ye çıkmıştır (Stevens, 2001).

Amerika'da 1960'lı yılların başlarında mevcut sağlık sisteminde; hekim sayısının azlığı, koruyucu sağlık hizmetlerinin geri plana atılması gibi pek çok sıkıntı yaşanmıştır (Gutierrez ve Scheid, 2014; Future of Family Medicine Project Leadership Committee, 2004). Bu durum ise, sağlık bakımının yeniden yapılandırılması ve genel pratisyenlik anlayışının yeniden oluşturulması için uygun bir ortamın oluşmasını sağlamıştır. Kısacası 60'lı yıllardan sonra ABD'de aile hekimliği fikri toplumda yavaş yavaş kabul görmeye başlamıştır (Geymen, 2004; Taylor, 2006; Olesen veDickinson, 2000).

Bu benimsenmenin ardından 1966 yılında Amerikan Tıp Birliği (American Medical Association - AMA) tarafından aile hekimliğinin gerekliliğine dikkat çeken Millis ve Willard adlarıyla art arda iki rapor yayınlanmıştır (Geymen, 2004; Jimbo, 2004). Hekimlerin Mezuniyet Eğitimi olarak da bilinen Millis raporunda; tıp eğitiminin organizasyonu ve kontrolü, tıp eğitimi ve pratiğinde ana eğilimler, eğitim hedefleri, kapsamlı sağlık bakımı, eğitim hastanesi, üniversitenin rolü ve uzmanlık eğitiminin denetlenmesi gibi konular yer almaktadır. "Aile Hekimliğinin Gereklerini Yerine Getirmek" olarak bilinen Willard raporunda ise, aile hekiminin tanımı ve işlevi, aile hekimliği için eğitim programı, aile hekimliğinin çevresi ve aile hekimliği eğitim programlarının finansmanı gibi konulardan detaylı olarak bahsedilmektedir (Millis Commission Report, 1966; Willard Committee, 1966).

Söz konusu raporların yayınlanmasından üç yıl sonra, 1969 yılında aile hekimliği bir uzmanlık dalı olarak kabul edilmiş ve "Amerika Aile Hekimliği Kurulu" (American Board of Family Practice, ABFP) kurulmuştur. ABFM ismi 2004 yılında değişerek Amerika Aile Hekimliği Kurulu (American Board of Family Medicine, ABFM) olmuştur. 1971'de ise, daha önceden kurulmuş olan Amerika Genel Hekimlik Akademisi (American Academy of General Practice, AAGP) kurumunun adı Amerika Aile Hekimi Akademisi (American Academiy of Family Physician, AAFP) şeklinde değiştirilmiştir. Bu isim değişikliklerinin amacı hem aile hekimliğini vurgulamak, hem de aile hekimliği uzmanlığının akademik bir disiplin olarak kabul görmesini sağlamaktır (Rakel, 2011).

Amerika'da bahsedilen gelişmeler yaşanırken, İngiltere'de de genel pratisyenliği korumak, genel bakım sağlık hizmetlerinin sunumunun sürekliliğini sağlamak ve aile hekimliğinin temelini sağlamlaştırmak amacıyla, 1952'de Kraliyet Genel Pratisyenlik Koleji (Royal Collage of General Practitioners; RCGP) kurulmuştur (Taylor, 2003). Ayrıca bu yıllarda Amerika ve İngiltere dışında Kanada ve Hollanda da ilk aile hekimliği akademik kürsüleri oluşturulmuştur.

Dünya genelinde ise 1972'de 118 üye ülke katılımı ile Dünya Genel Pratisyen/ Aile Hekimliği Akademileri ve Kolejleri Örgütü (World Organisation of National Colleges and Academies of General Practice/Family Medicine; WONCA) kurulmuştur. WONCA, Sağlık Sistemlerinde Aile Hekimi/ Genel Pratisyenin Rolü (Statement on the Role of the Family/ General Practitioner in

Health Care Systems) gibi projelerle aile hekimliğinin ve birinci basamak sağlık hizmetlerinin uluslararası çapta gelişmesine katkı sağlamıştır (McWhinney ve Freeman, 2009). 1978'de Dünya Sağlık Örgütü'nün (DSÖ) yayınlamış olduğu Alma Ata Bildirgesi ile de aile hekimliği gerçek anlamda da tüm dünyada tanınmıştır (McWhinney, 1998). Daha sonraki dönemlerde aile hekimliğindeki bu gelişim Orta ve Güney Amerika, Karayipler, Meksika ve Güney Afrika Cumhuriyeti ve daha pek çok ülkede yayılmıştır (Stephens, 1987).

Aile hekimliği ile ilgili dünyada yaşanan gelişmelerin yanında söz konusu süreç içerisinde aile hekimliği birtakım eleştirilere maruz kalmıştır. Yapılan eleştirilerden en fazla öne çıkanı ise, birinci basamak sağlık hizmetlerinin verilmesi görevinin genel pratisyenlerden alınıp aile hekimliği uzmanlarına verilmesinin disipline sadece simgesel bir anlam kattığı onun dışında hiçbir katkısının olmadığıdır (Frey, 2003; Moore, Showstack, 2003). Fakat bu düşünce, üzerinden çok zaman geçmeden yıkılmış ve aile hekimliğinin sağlık bakımına katkısının çok değerli olduğu anlaşılmıştır.

## 1.2. AİLE HEKİMLİĞİNİN TANIMI

Sağlık hizmetleri dağılımı oldukça karmaşıktır (Beasley ve diğ., 2004). Bu karmaşıklığı giderebilmek için sağlık hizmetleri 1960'lı yıllardan itibaren basamaklara ayrılmıştır. Günümüzde hekimlerin sunmuş oldukları sağlık hizmetleri; birinci, ikinci ve üçüncü basamak sağlık hizmetleri olmak üzere üç şekilde gruplandırılmaktadır (McWhinney ve Freeman, 2009).

Birinci basamak sağlık hizmetleri; hekimlerin bireylere sürekli ve kapsamlı bir bakım sağladıkları birimlerdir. İkinci basamak sağlık hizmetleri; uzman hekimlerin hastalara uzmanlık alanına göre hizmet verdikleri organizasyonlardır. Üçüncü basamak sağlık hizmetleri ise; ileri düzeyde uzmanların ve yan dal uzmanlarının sunduğu bakım hizmetleridir. İyi işleyen bir sağlık sisteminde bu hizmetler yukarıya doğru daralan bir piramit şeklini almaktadır (Olesen ve Fleming, 1998; McWhinney veFreeman, 2009). Bu piramidin en alt basamağında yer alan birinci basamak sağlık hizmetleri ise, bireylerin sağlık sistemine giriş kapısını oluşturmaktadır (WHO, 2011).

Birinci basamak sağlık hizmetleri, bireylerin sağlık hizmetlerine ulaşılabilirliklerini sağlayan en temel basamaktır ve bu işlevin en önemli uygulayıcısı ise aile hekimleridir. Aile hekimleri, hastalara uygun tedavi yönteminin seçilmesinde çok önemli bir yere sahiptir ve hastaların genellikle sağlık bakımına ilk başvurduğu kişilerdir (Fredericks, 2014). Bu bağlamda aile hekimliği uygulaması; bireylerle sürekli iletişim halinde olan, aile ve toplum bağlamında hizmet sunan, kişisel sağlık ihtiyaçlarının büyük bir kısmını karşılayabilen, ilk temasın gerçekleştiği, sürekli ve kapsamlı bakımın sağlandığı ve sağlık sistemlerinin diğer basamaklarıyla koordinasyonu sağlayan bir uygulamadır (Bodenheimer ve Grumbach, 2012).

Aile hekimliği uygulamasının daha iyi anlaşılabilmesi için öncelikle aile hekiminin tanımının yapılması gerekmektedir. Aile hekimliği terimi ilk kez 1974 yılında Hollanda'da "Avrupa Aile Hekimleri Eğitimi" toplantısında Leeuwenhorst tarafından dile getirilmiştir. Leeuwenhorst'a (1977) göre aile hekimi; yaş, cinsiyet ve hastalık ayırımı yapmaksızın, aileler ve belirli bir topluluğa kişisel, birinci basamak, sürekli ve devamlı bakım veren lisanslı tıp doktorudur. Hastalarına; hasta görüşme odasında, hastalarının evlerinde ve bazen bir klinik ya da hastanede hizmet sunmaktadır. Amacı, hastalığı erken teşhis etmek, hastalarının sağlık ve rahatsızlık durumlarını değerlendirirken fiziksel, psikolojik ve toplumsal etkenlerini göz önüne almaktır. Kronik, yineleyen ya da terminal dönem rahatsızlıkları olan hastaların sürekli bakım yönetimi sorumluluğunu üstlenmektedir. Aile hekimi tedavi, koruma ve eğitim yoluyla nasıl ve ne zaman hastalarının ve ailelerinin sağlığını geliştirme girişimlerinde bulunabileceğini bilen ve topluma karşı da mesleksel sorumluluğu olduğunu kabul eden hekimdir (Leeuwenhorst, 1977).

WONCA'nın (2011) tanımına göre, aile hekimi ise; aile hekimliği disiplinin ilkeleri doğrultusunda eğitilmiş uzman hekimlerdir. Yaş, cinsiyet ve hastalık ayrımı yapmaksızın bireylere kapsamlı, sürekli ve kişisel hizmet sunan meslek grubudur. Aile hekimleri, mesleksel görevlerini sağlığı geliştirerek, hastalıkları önleyerek, rahatsızlıklarda hafifleme sağlayarak yerine getirirler. Bunları, sağlık gereksinimlerine ve hizmet sundukları toplumun var olan kaynaklarına göre yaparlar. Aile hekimleri etkili ve güvenli hasta bakımının temelini oluşturan becerilerini, kişisel yaşamlarındaki denge ve değerleri geliştirme ve sürdürme sorumluluğunu üstlenmek zorundadırlar (WONCA, 2011). Türkiye'de 2004 yılında yayımlanan 5258 Sayılı Aile Hekimliği Pilot Uygulaması Hakkında Kanun ise aile hekimini; kişiye yönelik koruyucu sağlık hizmetleri ile birinci basamak teşhis, tedavi ve rehabilite edici sağlık hizmetlerini yaş, cinsiyet ve hastalık ayrımı yapmaksızın her kişiye kapsamlı ve devamlı olarak belli bir mekânda vermekle yükümlü, gerektiği ölçüde gezici sağlık hizmeti veren ve tam gün esasına göre çalışan aile hekimliği uzmanı veya Sağlık Bakanlığı'nın öngördüğü eğitimleri alan uzman tabip veya tabiptir şeklinde tanımlamıştır (Aile Hekimliği Uygulama Yönetmeliği, 2010). Diğer bir deyişle aile hekimleri, bireylere, hastalıklarının her aşamasında ve ömürleri boyunca sağlık bakımı sağlayan kişilerdir (Toy ve diğ., 2010).

Aile hekimliği ise, yine WONCA'nın (2011) tanımına göre; kendine özgü eğitim içeriği, araştırması, kanıt temeli ve klinik uygulaması olan akademik ve bilimsel bir disiplin ve birinci basamak yönelimli klinik bir uzmanlıktır (WONCA, 2011). Bu uzmanlığın tanımlanmasına yön veren pek çok ilke vardır. Bunlar; hasta merkezli yaklaşım, aile ve toplum bağlamına yönelim, sağlık bakımında süreklilik, karmaşık sağlık sorunları, bakımın koordinasyonunu sağlama, hastaların erken evrelerde görülmesi, verimlilik, kronik hastalıkların takibi, sağlık bakımında sürekli erişim ve kanıta dayalı uygulamadır (Sloane ve diğ., 2012; McWhinney ve Freeman, 2009; Lee, 2005; Gonzales, 2007; Goh ve Ong, 2014; Future of Family Medicine Project Leadership Committee, 2004).

***Hasta merkezli yaklaşım:*** Aile hekimleri belli bir hastalık grubu, özel bir tedavi ve teknikten ziyade, hastalara odaklanmaktadırlar. Hastalara odaklanma iki şekilde değerlendirilmektedir. Birinci odaklanmada aile hekiminin, gelen hastalarının yaşı ve cinsiyeti ne olursa olsun hizmet vermek zorunda olmasıdır. İkincide ise, hasta ile hekim arasındaki ilişkinin bir sonunun olmamasıdır. Yani hastalığın iyileşmesi ile veya hastalığın tedavi edilemeyeceğinin anlaşılması ile hekimin sorumluluğu bitmemektedir. Yukarıda bahsedilen hasta merkezli yaklaşım, Lee (2005) tarafından, Şekil 1'de görüldüğü gibi özetlenmiştir.

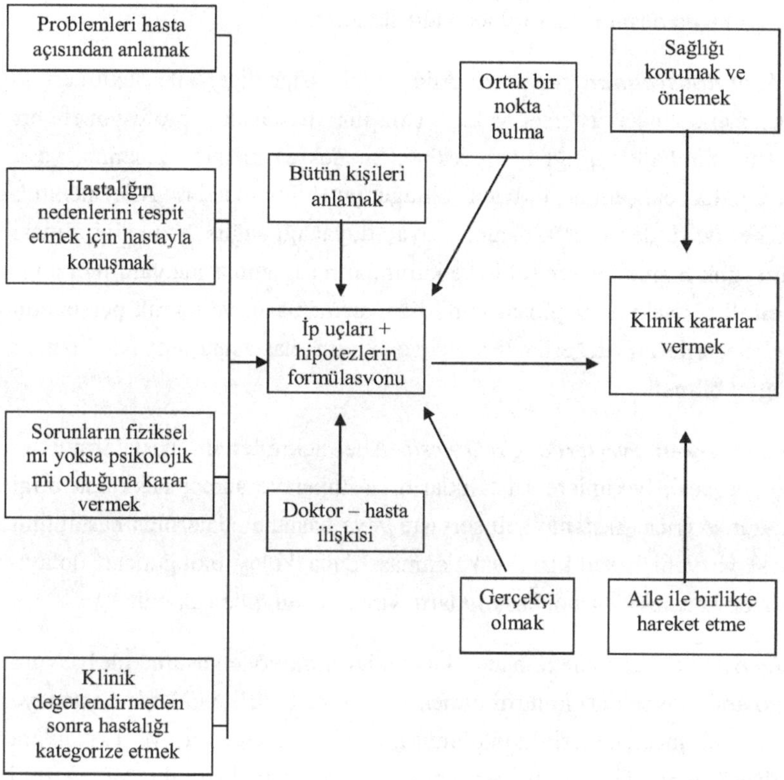


**Şekil 1:** Hasta Merkezli Yaklaşım

**Kaynak:** Lee, 2005

***Aile ve toplum bağlamına yönelim:*** Birçok hastalık kişisel, sosyal ve ailesel bağlamda görülmeden anlaşılmaz. Yani bireylerin rahatsızlıklarıyla ilgili karar verilirken, kişinin içinde bulunduğu çevre koşulları göz önünde bulundurulmalıdır.

***Sağlık bakımında süreklilik:*** Aile hekimliğinde hekim – hasta arasındaki ilişkinin sürekliliği esastır. Hekim her bir hastasını yılda ortalama dört kere görmelidir ve bu durum da koruyucu hekimlik uygulamaları için fırsat yaratır.

***Karmaşık sağlık sorunları:*** Aile hekimleri kendilerine kayıtlı hastaları risk grupları açısından gruplandırır ve her iki grup içinde sağlık bakımı sağlamak zorundadır. Normalde diğer uzmanlıklar sadece bir gruba hizmet sunarken aile hekimi iki grubu da düşünmek zorunda kalmaktadır.

***Bakımın koordinasyonunu sağlama:*** Aile hekimi ister diğer aile hekimleriyle bir sağlık merkezinde, isterse yalnız çalışsın, hastasının profesyonel bir fizyoterapiste, bir halk sağlığı hemşiresine, bir sosyal hizmet uzmanına veya başka bir sağlık çalışanına ihtiyacı olduğunun bilincindedir. Aile hekimi, hastasının her ne türden olursa olsun, ihtiyaç duyacağı sağlık hizmetini alması için bu tür sağlık hizmeti veren şahıs ve kurumların sağlanmasına yardımcı olur. Bunu da etkili bir şekilde yapması için, diğer uzmanların ve teknik personelin eğitim ve becerilerini değerlendirmeli ve kimin hastasına en iyi hizmeti verebileceğini bilmelidir.

***Hastalıkların erken evrelerde görülmesi:*** Aile hekimlerinin hastalarının ev ortamlarını bilmesi, hekimlere hastalıkların ekolojisi ve süreci hakkında bilgi sağlamaktadır. Ayrıca, hastanın acil serviste veya hastane odalarında hastalığını bulaştırması ve yeni hastalıklara yakalanması daha kolay olduğundan dolayı, hastayı evinde görmek bulaşıcı hastalıkların yayılmasını önlemektedir.

***Verimlilik:*** Aile hekimi aynı zamanda kaynakların da yöneticisidir. İlk başvuru hekimleri olarak kaynakları kontrol etmektedirler ve belirli ölçülerde hastaneye yatışları, tanısal incelemelerin kullanımını, tedavi reçetelerini ve uzmanlara sevkleri düzenlerler. Dünyanın her yerinde kaynaklar kısıtlıdır ve verimli kullanılmak zorundadır. Bu nedenle aile hekimleri de kaynakların verimli kullanılmasında etkin rol oynamaktadırlar.

***Kronik hastalıkların takibi:*** Kronik hastalıkların tedavi süreci, sürekli izlem ve yakın ilgi gerektirmektedir. Kronik hastalıklarda sağlanan bu kontrol; hastanelerde ekonomik kaybın ve işgücü kaybının azaltılmasına ve sağlık bakımının kalitesinin arttırılmasına katkıda bulunmaktadır. Bu bağlamda aile hekimliğinin ülkeye pek çok maddi fayda sağladığı bilinmektedir.

***Sağlık bakımında sürekli erişim:*** Bireyler aile hekimlerine istedikleri zaman erişebilmelidir. Aile hekimliğinde yapılan düzenlemelerle, hastaların rahatlıkla hekimlerine ulaşabilmesi mümkün olabilmektedir.

***Kanıta dayalı uygulama:*** Örnek bir sağlık sistemi kanıta dayalı olmak zorundadır. Bir aile hekimi, hastasının tedavisi ile ilgili kararları verirken mevcut en iyi kanıtları ve hekimlik deneyimini, hastanın değerleriyle birlikte kullanmaktadır.

Bu ilkeler tüm aile hekimlerinin arzu edebileceği bir ideali gösterir. Söz konusu ilkelerdeki unsurlardan bazıları, aile hekimlerine özgü değildir ve genel olarak tüm tıp mesleğine uygulanabilmektedir. Fakat aile hekimliği bu özelliklerin hepsini yerine getirebilecek tek disiplindir (WONCA, 2011). Aile hekimleri hastayı bir bütün olarak değerlendirmekte ve hastanın probleminin çözülmesi için her türlü sorumluluğu üstlenmektedir (Graham ve diğerleri, 2002). Diğer uzmanlıklarda uzmanlar, sadece kendilerinin alanlarına giren hastalığa odaklanıp diğer hastalıkları dikkate almazken, aile hekimi, hastalığın tedavisinde hastanın tüm vücudu için en doğru olan tedavi yöntemini kullanmaya çalışmaktadır. Bu nedenden ötürü aile hekimliği uzmanlığı diğer uzmanlıklardan daha farklı ilkelere sahiptir (Fortin ve diğ., 2006; McWhinney ve Freeman, 2009).

Aile hekimliği bu kadar önemli iken, günümüzde hâlâ hekimlerin aile hekimi olmakla ilgili bir takım endişeleri bulunmaktadır. Bu endişelerin temelinde, aile hekimlerinin tıp bilimindeki rolleriyle ilgili altı yanlış inanış yatmaktadır. Söz konusu inanışlar (McWhinney ve Freeman, 2009);

1. *Aile hekimi tıbbın tüm alanlarını bilmek zorundadır;* oysaki aile hekimleri de diğer uzmanlık dallarında olduğu gibi kendilerinin ihtiyaç duydukları bilgilere sahip olurlar.

2. *Aile hekimliği dışındaki diğer uzmanlar aile hekimi uzmanından daha çok bilgiye sahiptir;* aile hekimleri sık karşılaşılan problemler hakkında bilgi sahibi olurken diğer uzmanlar ise aile hekimleri tarafından gönderilmiş ender problemler hakkında bilgi sahibi olurlar.

3. *Tıp bilimindeki belirsizlikler uzmanlaşarak yok edilebilir;* oysaki belirsizlikler uzmanlaşarak daha çok artar.

4. *Tıp bilimindeki bilgi derinliği uzmanlaşarak sağlanabilir;* bilginin derinliği miktarına değil, niteliğine bağlıdır.

5. *Bilim ilerledikçe, bilgi yükü artar;* oysaki bu durumun tam tersi doğrudur. Yani henüz olgunlaşmamış branşlarda bilgi yükü fazladır.

6. *Tıpta hatalar, genellikle bilgi eksikliğinden kaynaklanır;* tıbbi hataların çok küçük bir oranı bilgi eksikliğinden kaynaklıdır. Hatalar genellikle dikkatsizlik, duyarsızlık, dinlerken yapılan hatalar ile iletişimdeki hatalardan kaynaklanmaktadır.

Aile hekimi olmak, tüm aile hekimlerinin birbirleriyle aynı bilgi ve beceriye sahip olduğu anlamına gelmemektedir. Ancak aile hekimlerinin paylaşmış olduğu ortak duygu, hastalarına bağlılıkları ve sorumluluklarıdır. Bu bağlılıkları ve sorumlulukları arttırmak içinse aile hekimleri, hizmet verdikleri toplumun özelliklerine göre bütünsel koruyucu ve tedavi edici sağlık hizmetini sunmaya çabalamaktadırlar (McWhinney ve Freeman, 2009).

## 1.3. AİLE HEKİMLERİNİN ROLLERİ VE GÖREVLERİ

Aile hekimlerinin hizmet sunduğu hasta ve toplum özellikleri ile uyumlu pek çok rolü bulunmaktadır (Phillips ve Haynes, 2001). Aile hekimliğinin özündeki görev ve sorumluluklar genel pratisyenlikle bağlantılıdır. Mevcut durumda, modern aile hekimliği işlevlerini genel pratisyenlikten devralmıştır ve bu rollerin yanına yeni roller de eklenmiştir. Özellikle de geleneksel anlamdaki aile hekimlerinin rolleri olan arkadaşlık ve öğretmenlik rolüne, yeni yaklaşımla danışman rolü de eklenmiştir (Phillips veHaynes, 2001; Egger, 1983; Drolet ve diğ., 2014).

Aile hekimlerinin arkadaşlık rolü tanımlanması, ölçülmesi ve öğretilmesi en zor rolüdür. Nitekim bu rol gerçekte bir tutumdur ve hekimin yeteneğine bağlıdır. Bu yetenek ise, hastanın izin verdiği ölçüde duygularını, sorunlarını ve özlemlerini yargılanma korkusu olmadan paylaşması ile ilgilidir. Bahsedilen durum, hastaların tedavilerinin olumlu sonuçlanması, koruyucu sağlık hizmetlerinin daha çok kullanılması gibi pek çok konuya katkı sağlamaktadır (Egger, 1983).

Öğretmenlik rolü hastaya verilen sağlık eğitiminin uygulamalarını içerir. Aile hekiminin en genel amacı, hastanın tedavi sürecine katkı sağlaması için elinden geleni hastaya öğretmesidir. Yani aile hekimliği kökeninde hasta - hekim ilişkisi dışında öğretmen - öğrenci ilişkisini de barındırmaktadır. Aile hekimlerinin öğretmenlik rollerini en iyi şekilde yerine getirebilmesi için, hastanın aktif katılımını sağlaması, denetim ve bağımsızlık dengesini iyi kurması, hastayı destekleyici kişilerarası ilişkileri geliştirmesi ve hastayı anlayabilmesi gerekmektedir (Mann ve diğ., 2001).

Genel pratisyenler hastalarına danışmanlık yapmak, onları dinlemek, onlara tavsiye vermek için çok isteksiz olurlarken; modern anlamda aile hekimlerinin belki de en temel rolü hastalarına danışmanlık yapmaktır. Çünkü bu rol diğer öğretmenlik ve arkadaşlık rollerinin pekişmesini sağlamaktadır. Aile hekimlerinin danışmalık rolü bireylerin hastalık ve sağlık konusundaki bilgilerini arttırmayı ve en iyi hizmeti alabilmeleri için gerekli yönlendirmeleri sağlamayı kapsamaktadır (Egger, 1983).

Modern anlamda aile hekimliğinin yukarıda bahsedilen rolleri dışında, hasta avukatı, koordinatör, bilim adamı ve akademisyen olma gibi roller de eklenmiştir. Bu rollerin içinde en önemlisi hastanın savunuculuğunu (avukatlığını) yapmaktır. Aile hekimi, hastalarının durumlarını, biyografilerini en iyi şekilde bilir ve hastalarına sunduğu tüm hizmetlerle ilgili sorumluluğu üstlenir (Baird ve diğ., 2014). Ayrıca aile hekimi hastanın savunuculuğunu yaparken hastanın ve ailesinin çıkarlarını korumalıdır ve hastanın diğer sağlık kuruluşlarıyla, devletle ya da üçüncü şahıslarla olan ilişkilerinde haklarını gözetmelidir (Gonzales ve diğ., 2007).

Koordinatörlük rolü, hasta savunucusu rolüyle yakından ilişkilidir. Tıp biliminin çok sayıda yan dallara ayrılmasıyla hastalar rahatsızlıkları için hangi uzmana başvurmaları gerektiği konusunda kararsız kalmaktadırlar. Bu karmaşıklığı aile hekimi kişiyi yönlendirerek gidermelidir. Koordinatörlük rolü aile hekimliği eğitim sürecinde öğrenilir.

Aile hekimleri aynı zamanda bilim adamı ve akademisyendir. Bu bağlamda aile hekimleri uygulama, araştırma ve eğitimler sayesinde hastalık ve şifa kavramlarına biyomedikal modelinin ötesinde yaklaşabilmelidir. Aile hekimi bu rolünü araştırma yaparak geliştirebilmektedir (Tannenbaum, 2009; Phillips ve Haynes, 2001; Baird ve diğ., 2014; Egger, 1983).

Yukarıda bahsedilen rolleri gerçekleştirebilmek için aile hekimleri, hastalarına ve onların ailelerine kapsamlı, sürekli ve karşılıklı güvene dayalı bir ilişki içerisinde sağlık hizmeti sunabilecek klinik becerilere sahip olmalıdır. Ayrıca hastalara profesyonel sağlık bakımı sağlarken aile hekiminin iletişime açık olması gerekmektedir. Bunun yanı sıra aile hekimleri optimal hasta bakımı sağlamak için; hasta ve hasta yakınları, sağlık ekipleri ve diğer sağlık profesyonelleri ile işbirliği yaparak çalışmalıdır (Tannenbaum, 2009; Baird ve diğ., 2014; Valentinis ve diğ., 2014). Nihayetinde aile hekimleri hastalara ve onların yakınlarına kapsamlı, sürekli, erişilebilir ve diğer sağlık bakımlarıyla koordineli birinci basamak sağlık hizmeti sunan en önemli kişilerdir (Breton ve diğ., 2014).

Ancak aile hekimliğinde karşılaşılan hastalıklar, sorunlar, kullanılan hizmetin kapsamı tüm dünyada benzerlik göstermesine rağmen, uygulamada aile hekimlerinin rolleri toplumun özelliklerine göre farklılık göstermektedir (Ssenyonga ve Seremba, 2007). Bu farklılıkların temel nedenleri (McWhinney ve Freeman, 2009):

1. *Yerel Koşullar:* Nüfusun yapısı, ülkenin ekonomik gelişmişliği, ülkedeki hekim sayısı ve diğer birinci basamak sağlık hizmetlerine ulaşılabilirlik gibi faktörler aile hekimliği uygulamasında oldukça etkilidir.

2. *Hekimin Cinsiyeti:* Bayan hekimler, erkek hekimlere göre daha fazla kadın hasta görürler. Güney California Üniversitesi'ndeki çalışmada ve Ulusal Gezici Sağlık Hizmetleri Araştırması'nda bayan hekimlerin görmüş olduğu kadın hasta sayısının, erkek hekimlerce görülen kadın hasta sayısına göre %58 daha fazla olduğu bulunmuştur.

3. *Tanıların Dağılımı:* Bazı tanılar yüksek düzeyde sağlık hizmeti kullanmayı gerekli görürken, bazı tanılar ise daha düşük düzeyde sağlık hizmetini gerektirir. Örneğin kronik hastalıklarda başvuru sıklığı yüksek iken, akut hastalıklarda başvuru daha düşüktür.

4. *Uzmanlık Eğitimi:* Uzmanlık eğitimi almış aile hekimleri ile, almamış hekimlerin hastaya yaklaşımları daha farklıdır. Güney California Üniversitesi çalışmasında uzmanlık eğitimi almış olan aile hekimlerinin daha fazla tanı testi uyguladığı, daha az ilaç reçete ettiği, hastalara daha fazla zaman ayırdığı ve hastalarını daha fazla bilgilendirdiği bulunmuştur.

Bütün bu nedenlerin dışında aile hekimliği uygulaması kültür, din, siyasi yapı ve gelişmişlik düzeyine göre de farklılık gösterebilmektedir (Ssenyonga ve Serenba, 2007). Örneğin, gelişmişlik düzeyi yüksek olan ülkelerde; aile hekimleri; temiz su kaynakları olan ve gıda denetimini yapan bir çevrede hizmet sundukları için aile hekimliğinin çevreyle ilişkili yönleri hakkında daha az eğitime ihtiyaç duyarlarken, gelişmekte olan ülkelerde bu tarz eğitimlere daha çok zaman ayrılmaktadır. Bu durum da uygulamada birtakım farklılıklara sebebiyet verebilmektedir (McWhinney ve Freeman, 2009).

## 1.4. AİLE HEKİMLERİNİN YETKİNLİKLERİ

Yetkinlik bazlı tıp eğitimi konularına verilen önem son yıllarda artmıştır (Frank ve diğ., 2010). Bu nedenle günümüzde tıp biliminin eğitim hedefleri belirlenirken yetkinlikler göz önünde bulundurulmaktadır (Albanese ve diğ., 2008; Leung, 2002). Yetkinliklerin belirlenmesi birinci basamak sağlık hizmetlerindeki kaynak israfının engellenmesi ve sağlık hizmetlerinin etkili bir şekilde sunulup sunulmadığının değerlendirilmesi açısından, aile hekimliği birimlerinde çalışan doktorlar için önemli bir konudur (Lane ve Ross, 1998).

Yetkinlik en genel anlamıyla, karmaşık bir görev veya işlevi yerine getirebilme becerisidir. İş ortamlarında belirlenen standartlara göre bir işi yerine getirebilmenin yanı sıra, bilgi ve becerilerin yeni durumlara aktarılabilmesidir (Larkin ve diğ., 2002; Allen ve diğ., 2011). Yetkinlik; iletişimi, bilgiyi, teknik becerileri, duyguları, değerleri ve klinik kararları toplumsal ve bireysel sağlık refahı için uygulamalarda bir arada kullanmak manasına da gelmektedir (Epstein ve Hundert, 2002).

Birinci basamak sağlık hizmetlerinde çalışan doktorların gereksinim duyduğu yetkinlik ve beceriler; toplumun ve belirlenmiş nüfusun sağlık ihtiyaçlarını değerlendirebilmek, tıbbi uygulamalarla sağlığı geliştirebilecek ve hastalıkları engelleyebilecek programları tasarlayabilmek bu programları kanıta dayalı bilgilerle uygulayabilmek ve ekonomik kararları yönlendirebilmek gibi konuları kapsamaktadır (Lee, 2005; Wetmore ve diğ., 2005; Lane ve diğ., 1999). Söz konusu bu yetkinlikler aşağıda sıralanmaktadır (Donoff ve diğ., 2012; Harvey ve diğ., 2011; Hsu ve diğ., 2006; Lawrance ve diğ., 2011; Laughlin ve diğ., 2012):

- Sağlık hizmetlerinin etkili bir şekilde sunulmasını sağlamak için uygun mali teknikleri ve iş tekniklerini uygulamak.

- Toplumun sağlığını iyileştirmek için sağlık hizmetleri sunum programlarını tasarlamak, yönetmek ve değerlendirmek.
- Aile sağlığı merkezlerini yönetebilmek için kurumsal ilkeleri uygulamak.
- Spesifik bir uzmanlık dalı gerektiren hastalıklar ile karmaşık bir sağlık bakımı gerektirmeyen hastalıkların ayrımını yapmak.
- Bulaşıcı hastalıklar için etkili bir yaklaşım göstererek hastalıkları önlemek ve kontrol etmek.
- Çevre temizliği için etkili bir yaklaşım göstermek.
- Toplumun sağlığını değerlendirebilecek klinik bilgi ve beceriye sahip olmak.
- Diğer sağlık çalışanlarıyla, hastayla ve hastaların aileleriyle sürekli, güvene dayalı iletişim halinde olmak.
- Sağlık koordinasyonunun önündeki engelleri tanımak ve iyileştirmeler önermek.
- Epidemiyolojik çalışmalarda; verileri toplamak, biyoistatistik teknikleri kullanmak.
- Hastaların sağlık ihtiyaçlarını net olarak belirlemek ve karşılamak.
- Profesyonel bakım sağlayabilmek için, mesleki faaliyetler aracılığıyla kendini sürekli geliştirmek.
- Etik uygulamalar yoluyla hastalara, mesleğe ve topluma bağlı kalmak.
- Hastaya uygulayacağı tedavi yöntemine karar verirken, hastanın demografik özelliklerini (yaş, cinsiyet, meslek gibi) göz önünde bulundurarak karar vermek.
- Hastaları için bireysel tedavi planları geliştirmek.
- Tıbbi uygulamaların sonuçlarını değerlendirmek.

Aile hekimliğinde hastaya kapsamlı bir sağlık hizmeti sunmak için yukarıda bahsedilen tüm bu yetkinliklerin aslında çokta yeterli olmadığı gözlemlenmektedir. Aile hekimliği uygulaması aynı zamanda diğer sağlık kuruluşlarıyla, disiplinlerle ve bireylerle olan işbirliği yetkinliklerini de içermektedir. Ayrıca aile hekimlerinin sadece klinik anlamda donanımlı olması tek başına yeterli değildir. Bunun dışında Şekil 2'de de görüldüğü üzere hasta bakımı ve güvenliği, etik, liderlik, mesleki gelişim, verimlilik, kalite ve tıbbi gereçler gibi örgütsel konularda da bilgili olması gerekmektedir (Czabanowska ve diğ., 2012).

**Şekil 2:** Aile Hekimleri Yetkinlik Çerçevesi

**Kaynak:** Czabanowska ve diğ., 2012

Aile hekimlerinin en önemli yetkinliklerinden bir diğeri de toplumun ve tıbbın kaynaklarını kendi hastaları için seferber edebilmesidir. Sürekli bakım ve aile hekiminin sorumluluğu olmadan, birbirinden bağımsız uzmanlıklar tarafından verilen, eşgüdümden yoksun sunulan sağlık hizmeti, hem israfa hem de zarara neden olabilmektedir. Bu nedenle aile hekiminin diğer hekimler ve sağlık çalışanlarıyla iyi iletişim kurabilmesi gerekmektedir (McWhinney ve Freeman, 2009). Bir aile hekiminin sunmuş olduğu sağlık hizmetinin kalitesinin, etkililiğinin ve verimliliğinin artması için tüm bu bilgi ve becerilere sahip olması beklenmektedir.

## 1.5. AİLE HEKİMLİĞİ HİZMETLERİNİN TEMEL BİLEŞENLERİ

Aile hekimliği kapsamında sunulan birinci basamak sağlık hizmetlerinin etkili, verimli, kaliteli bir hasta bakımı sağlaması, hakkaniyete uygun finansman yapısının oluşturulması ve sağlık hizmetleri sunumunun temin edilmesi için, uygulamada önem arz eden bir takım temel bileşenlere sahip olması beklenmektedir. Bu temel bileşenler; ekip yaklaşımı, elektronik tıbbi kayıtlar, sevk ve konsültasyon, evde bakım, aile sağlığı birimi yönetimi ve kronik hasta yönetiminden oluşmaktadır. Bu bölümde söz konusu temel bileşenler ayrıntılı olarak açıklanmaktadır.

### 1.5.1. Ekip Yaklaşımı

Sağlık bakımı sağlayan kişiler tüm bireylerin sağlık gereksinimlerini tek başlarına karşılayamazlar ve dolayısıyla ekip içinde çalışma ihtiyacı duyarlar (McWhinney ve Freeman, 2009). Etkili disiplinlerarası takım çalışması, sağlık hizmetlerine erişimin kolaylaştırılmasında, hasta memnuniyetinin arttırılmasında, sağlık çıktılarının iyileştirilmesinde, sağlık hizmetinde sürekliliğin sağlanmasında, kronik hastalıklarda ve sağlık hizmetlerinde bakım kalitesinin yükseltilmesinde hayati önem taşımaktadır. Bu durum aile hekimleri için de geçerli olup, aile hekimleri kendilerine tanımlanmış nüfusun tüm sağlık ihtiyaçlarını birlikte çalışabilecekleri ve gerektiğinde fikir alışverişinde bulunabilecekleri ekiplerle karşılamaya çalışmaktadırlar. (Zerehi ve diğ., 2010; Grumbach ve Bodenheimer, 2004; Sloane ve diğ., 2012).

Ekip yaklaşımında hekimler hastaların bakım sorumluluğunu üstlenmekte ve risk paylaşımını yapmaktadır (Rosser ve diğ., 2011). Aile hekimlerinin ayrıca, akut ve kronik hastalıkların bakımı ile takip edilmesi, koruyucu sağlık hizmetlerinin verilmesi, psikolojik sağlık sorunlarının giderilmesi ve hastaların kişisel ihtiyaçlarının belirlenmesi gibi çok geniş bir hizmet yelpazesi vardır. Aile hekimleri tüm bu görevleri yerine getirirken diğer uzmanlık dallarının da bilgisine ihtiyaç duymaktadırlar. Bu nedenle aile hekimliği birimlerinde verilen sağlık hizmetlerinin hemşire, fizyoterapist, sosyal çalışmacı, psikiyatrist, diyetisyen ve diş hekimi gibi multidisipliner bir ekiple sunulması gerekmektedir (McWhinney ve Freeman, 2009). Böyle bir ekip yaklaşımı ile çalışmak hastalar açısından zaman kaybının önlenmesini ve sağlık bakımının daha kaliteli olmasını sağlarken; aile hekimleri için de sağlık bakım riskinin paylaşılmasına olanak tanımaktadır (Sloane, 2012; Brody ve diğ., 2004).

### 1.5.2. Elektronik Tıbbi Kayıtlar

Sağlık hizmeti sunucularının, hasta bakım kalitesini iyileştirebilmeleri için izleyebilecekleri bir yol da, hasta kayıtlarının sürekli ve düzenli tutulmasını garanti etmektir (Chaudhry ve diğ., 2006; Linder ve diğ., 2007; Terry ve diğ., 2008). Hekimler tarafından tutulan bu tıbbi kayıtların; tedavi sürelerinin kısaltılması, yanlış ilaç yazma oranlarının azaltılması, hasta bakım ve gözetiminin geliştirilmesi ile hasta güvenliğinin sağlanması gibi pek çok yararı olduğu saptanmıştır (Bennett ve Steen, 2010; Future of Family Medicine Project Leadership Committee, 2004; Crosson ve diğ., 2005). Ayrıca elektronik tıbbi kayıtların laboratuvar ve radyoloji hizmetlerinin kullanım oranlarını azalttığından dolayı birinci basamak sağlık hizmetlerine ve tüm sağlık sistemlerine önemli finansal katkılarda bulunduğu bilinmektedir (Wang ve diğ., 2003; Blumenthal, 2009).

Aile hekimleri için tıbbi kayıt tutmak biraz daha önemlidir. Bunun nedeni aile hekimlerinin sorumlu olduğu kişi sayısının yüksek olması ve aile hekimlerinin sürekli diğer sağlık hizmeti sunucularıyla işbirliği içerisinde olma zorunluluğudur (Bazemore ve diğ., 2011). Elektronik tıbbi kayıtların aile hekimliği uygulamasındaki kullanımını etkileyen diğer nedenler ise şunlardır (McWhinney ve Freeman, 2009);

- Hastanın temel bilgilerine (demografik, özgeçmiş, aile öyküsü gibi) kolayca ulaşabilmek,
- Tüm hastalıkların klinik ilerleyişlerini kayıt altına almak,
- Hastaların başvuru sıklıklarını takip edebilmek,
- Tolumdaki koruyucu hekimlik hedeflerine (aşılama hızı gibi) ulaşmadaki başarıyı izlemek,
- Hastanın kullandığı ilaçları, daha önceki testleri, ve alerjileri gibi bilgilere kolayca ulaşmak,
- İlaç etkileşimi ya da alerjisi olan hastaya uygun ilaçların verilmesini sağlamak,

- Birinci basamak sağlık hizmeti sunan diğer sağlık sunucularıyla bilgi alışverişini sağlamaktır.

Söz konusu nedenlerden dolayı aile hekimlerinin elektronik hasta kayıtlarını diğer uzmanlık dallarına göre daha yaygın olarak kullandıkları saptanmıştır (Simon ve diğ., 2006; DesRoches ve diğ., 2008). Örneğin, Kanada'da yapılan bir çalışmada, aile hekimlerinin %89,8'nin elektronik hasta kayıtlarını kullandığı bulunmuştur (National Physcian Survey, 2012).

### 1.5.3. Sevk ve Konsültasyon

Hastaneler ve tıp biliminin ilerlemesi sonucu, hastanede çalışan hekimler ve birinci basamakta çalışan hekimler arasında; hastaların tanı, tedavi ve bulgularının değerlendirilmesi, acil sağlık ihtiyaçlarının karşılanabilmesi ve kaliteli sağlık bakımının sunulabilmesi için konsültasyon önemli bir olgudur (Wachter ve Goldman, 2002; Kripalani ve diğ., 2007). Konsültasyon, hastadan sorumlu hekimin, hastasının sağlık ya da hastalık durumu ile ilgili başka bir hekimin görüşüne başvurmasıdır. Konsültasyon yapılan hekim bir başka dal uzmanı, aile hekimi veya başka bir sağlık mesleği üyesi olabilmektedir. Aile hekimlerinin hastalarına olan sorumluluklarından bir tanesi de, hastanın gereksinimine uygun olan konsültan hekimi seçmektir (McWhinney ve Freeman, 2009).

Sevk ise, hekimin, hastasının bakımının bir bölümünde sorumluluğu başka bir hekime devretmesidir. İyi bir sevk sisteminde birinci, ikinci ve üçüncü basamak sağlık hizmetleri arasındaki bilgi alışverişi gözlemlenebilmektedir. Aile hekimleri sevk işlemini diğer hekimlerin fikrini almak, uzmanlık bilgisine başvurmak, hasta ve üçüncü kişilerin taleplerini karşılamak gibi sebeplerle gerçekleştirebilmektedirler. (Forrest ve diğ., 2002; McWhinney ve Freeman, 2009). Yapılan bir araştırmada aile hekimlerinin sevk nedenlerinin: tanı ve tedavi (%40,3), doğrudan cerrahi müdahale (%37,8), doğrudan tıbbi müdahale (% 25,9), hastanın talebi (%13,6), cerrahi olmayan bir test (%11,7) ve multidisipliner bakım (%10,6) olduğu bulunmuştur (Forrest ve diğ., 2002).

Sevk sistemi birinci basamak sağlık hizmetlerinde çalışan hekimlerin kendi hastalarının daha kapsamlı bir bakım için ikinci ya da üçüncü basamak sağlık hizmetinde çalışan hekimlere sevk etmesiyle başlar ve hastanın tam olarak iyileşmesiyle sona erer. Fakat aile hekimleri hastadan sorumlu esas hekim oldukları için hastasını sevk etse de sorumluluğu tamamen devredemezler (Forrest, 2002; McWhinney ve Freeman, 2009).

### 1.5.4. Ev Ziyaretleri

Dünyada aile hekimliğinin kabul edildiği yıllarda ev ziyareti yapmak aile hekimlerinin işlerinin ana parçasıyken, günümüzde pek çok faktör sebebiyle ev ziyaretleri azalmıştır. Örneğin, Hollanda'da hekimler tarafından hastaların evde ziyaretleri 1985'de %17 iken 2001'de bu oran %8,5'e düşmüştür (Jones ve diğ., 2004). Aile hekimliğinde ev ziyaretlerinin azalmasının nedenleri arasında ulaşım imkânlarının artması, akut hastalıkların azalması, teknolojik ilerlemeler ile birçok hastalığın tedavisinin sadece hastane ortamında yapılması ve telefon kullanımının yaygınlaşması sonucu hekimlerin telefonla danışmanlık hizmeti vermesi sıralanabilmektedir (Scherger, 2009; McWhinney ve Freeman, 2009; Landers, 2006).

Günümüzde aile hekimlerinin ev ziyaretlerinin azalmasına sebep olan faktörlere karşın, ev ziyaretlerinin önemini vurgulayan gelişmeler de yaşanmaktadır. Özellikle nüfus içerisindeki oranı gittikçe artan ve evde bakıma daha çok ihtiyaç duyan yaşlı bireyler için evde bakım önemli bir hal almaktadır. Yaşlı hastalar hastanelerde enfeksiyon riskiyle daha çok karşı karşıya kaldıkları için evde bakıma daha fazla ihtiyaç duymaktadır (Akiyama ve diğ., 2011; Larsson ve diğ., 2004).

Evde bakım; sağlık bakım kalitesinin artmasını, sağlık bakımının koordinasyonunun düzenlenmesini ve sağlık bakımına ulaşımın kolaylaşmasını sağlamaktadır (McAllister ve diğ., 2014; Adams ve diğ., 2009; Rogers, 2008; McWhinney ve Freeman, 2009). Evde sağlık hizmetinin verilmesi bireylerin günlük aktivitelerinin sağlık çalışanlarının bakış açısıyla organize edilmesini garanti altına almaktadır. Hastaya kendi ev ortamında bir sağlık çalışanı tarafından sağlık bakımının sunulması, hasta bakım sorumluluğunun sağlık personeli ve aile bireyleri arasında paylaştırılmasında olanak tanımaktadır (Ewers, 2002; Casarett, 2001). Evde bakım hizmetleri sayesinde hasta, hasta ailesi ve sağlık çalışanları arasındaki ilişki de kuvvetlenmektedir. Sağlık sistemi açısından bakıldığında ise, evde bakım hizmetlerinin sağlık politikası planlayıcılarına uzun vadede tasarruflar sağladığı bilinmektedir (Nielsen ve diğ., 2014; Maeng ve diğ., 2012; Reid ve diğ., 2009).

Evde bakım hizmeti hasta memnuniyetini de arttırmaktadır. Harris ve diğ. (2005) tarafından yapılan bir çalışmaya göre; evde ve hastanede tedavi edilen hastaların memnuniyet düzeyleri karşılaştırıldığında evde tedavi edilen hastaların memnuniyetlerinin hastanede tedavi edilenlere oranla çok daha yüksek olduğu saptanmıştır. Yani evde tedavi edilen hastaların hastanede tedavi edilen hastalara göre aldıkları sağlık hizmetinden daha çok memnun oldukları belirlenmiştir (Harris ve dig., 2005).

Kronik hastalar için evde bakım zaman kaybına yol açmasına rağmen koruyucu sağlık hizmetleri açısından önemli katkılar sağlamaktadır (Landers ve diğ., 2010; Goldberk ve Kuzel, 2009; Rosentbal, 2008; Kruse, 2013). Phillips ve diğ. (2011) tarafından Texas eyaletinin San Antonio şehrinde 2000 – 2008 yılları arasında yapılan bir çalışmada da, aile hekimlerinin evde sunmuş oldukları sağlık hizmetleri sonucunda; diyabet hastalarının kan şekerlerinin kontrol altına alınma oranının %81'den %93'e yükseldiği, kalp hastalarının LDL seviyelerinin (%51'den %95'e) daha iyi kontrol edilebildiği, hipertansiyon hastalarının kan basıncı seviyelerinin kontrol altına alınma oranının ise %67'den %90'na çıkarılarak koruyucu sağlık hizmetlerinde iyileşmeler sağlandığı bulunmuştur (Phillips ve diğ., 2011). Steiner ve diğ. (2008) tarafından yapılan çalışmaya göre de, evde sağlık hizmetleri ile koruyucu sağlık hizmetlerinin en önemli ayaklarından olan erken teşhis ve bağışıklama çalışmalarında iyileşmeler yaşandığı, astım hastalığı teşhisinin %21 daha erken evrelerde fark edildiği ve grip aşısı olan birey sayısının %112 arttığı saptanmıştır (Steiner ve diğ., 2008).

### 1.5.5. Aile Sağlığı Biriminin Yönetimi

İyi bir aile hekimi olmak sadece klinik becerilere sahip olmaya bağlı değildir. Aynı zamanda yönetsel becerilere sahip olmayı da gerektirmektedir. Aile hekimliği biriminin kötü yönetilmesi, hasta bakım kalitesinin azalmasına, hastaların memnuniyetlerinin düşmesine ve Aile Sağlığı Merkezindeki diğer çalışan hekim ve hemşirelerin moralinin bozulmasına sebebiyet vermektedir (McWhinney ve Freeman, 2009). Aile hekimlerine hastalarına en iyi sağlık bakımını sunabilmeleri için tıbbi eğitimlerin yanı sıra, aile sağlığı biriminin yönetimi hakkında da eğitimler verilmelidir (Rakel, 2011). İyi yönetilen bir aile hekimliği biriminin ideal yönetim süreci Şekil 3'de verilmektedir (McWhinney ve Freeman, 2009).

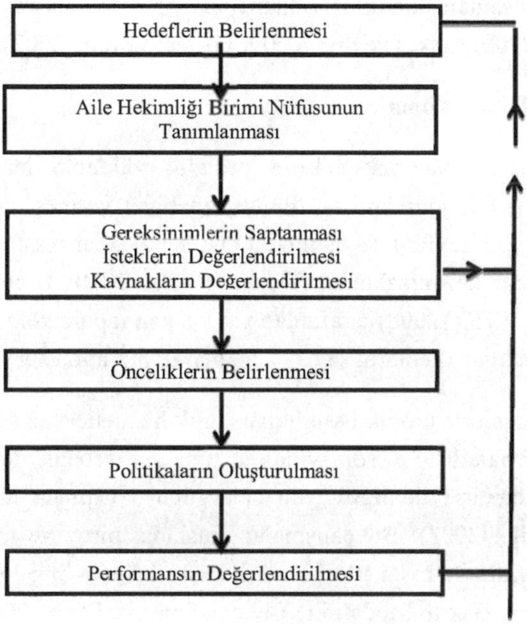


**Şekil 3:** Yönetsel Süreç

**Kaynak:** McWhinney ve Freeman, 2009

Yönetsel süreçte sıralı bir akış söz konusudur. Süreç, hedeflerin tanımlanması ile başlamaktadır. Hedefler, hasta beklentisi ve doktorların sahip olduğu değerler ışığında belirlenmelidir. Bu değerler sağlık hizmetine ulaşılabilirlik, sağlık bakımının sürekliliği, hasta hekim ilişkisi ve aile hekimliğinin sahip olduğu ideallere göre şekillenmektedir. Ardından aile sağlığı birimine kayıtlı kişilerin sayısı saptanmalıdır. Bu kişilerin taleplerine göre de, ihtiyaçlar saptanmalı ve bu ihtiyaçları karşılayacak kaynaklar değerlendirilmelidir. Daha sonra belirlenen ihtiyaçlar ışığında öncelikler ortaya konulmalı ve gereken politik düzenlemeler oluşturulmalıdır. Son olarak da hedeflere ulaşılıp ulaşılmadığı, ihtiyaçların karşılanıp karşılanmadığı ve aile sağlığı biriminin kaynakları en verimli şekilde kullanılıp kullanılmadığı değerlendirilir. Süreç kendisini sürekli olarak yenilemektedir (McWhinney Freeman, 2009).

Aile sağlığı biriminin yukarıda bahsedilen yönetsel sürece dayanarak yönetilmesi; hastaların sağlık bakımlarının planlı olmasını, bakım maliyetlerinin kontrol altına alınmasını, bakım kalitesinin artmasını, sağlık çalışanlarının ve hastaların memnuniyetinin yükseltilmesi ve sağlık hizmetine erişimin kolaylaşmasını sağlamaktadır (Stoddard ve diğ., 2001; Grembowski ve diğ., 2004; Sekhri, 2000; Linzer ve diğ., 2000; Forrest ve diğ., 2002).

### 1.5.6. Kronik Hasta Yönetimi

Kronik hastalıklar, bir çok ülkede hastalık yükünün büyük bir kısmını oluşturması, diğer hastalıklara ve ölüme sebebiyet vermesi ile günümüzde bu hastalıklara sahip bireylerin sayısının da gün geçtikçe artması nedeniyle giderek daha fazla önem kazanmaktadır (Dent ve diğ., 2010; Bruin ve diğ., 2012; Horton, 2005). WHO (2008) tarafından yayınlanan rapora göre, dünya genelinde kronik hastalıklardan ölenlerin sayısı %60 olarak bulunmuştur (WHO, 2008).

Söz konusu nedenlerle kronik hastalıklar sağlık hizmetlerinin sürdürülebilirliğini tehlikeye sokmaktadır ve son yıllarda tüm bu sebeplerden dolayı kronik hastalıkların yönetimi ile ilgili çalışmalar dünya çapında hız kazanmaktadır (Morgan ve diğ., 2007). Bu çalışmalar arasında, birey ve toplum sağlığının, sağlık sistemlerinin ve hasta çıktılarının iyileştirilmesi için geliştirilen en önemli yaklaşım, Kronik Bakım Modelidir (Bodenheimer ve Pham, 2010; Bodenheimer ve diğ., 2002). Kronik Bakım Modeli, kronik rahatsızlığı olan ve karmaşık sağlık bakımına ihtiyaç duyan bireylere kapsamlı sağlık hizmeti sunmayı öngören modeldir. Bu model altı bileşenden oluşmaktadır (Davidson ve O'Boyle 2010):

- Sağlık Sistemi
- Toplum Kaynaklarının Seferberliği
- Öz – Yönetim Desteği
- Dağıtım Sistemi Tasarımı
- Karar Destek
- Klinik Bilgi Sistemleri

Kronik Bakım Modeli, hasta ve sağlık hizmeti sağlayıcıları arasında verimli bir etkileşim sağlayarak, kronik bakım sonuçlarının iyileşmesini sağlar. Bu durum Şekil 4.'te özetlenmiştir (Boult ve diğ., 2008).

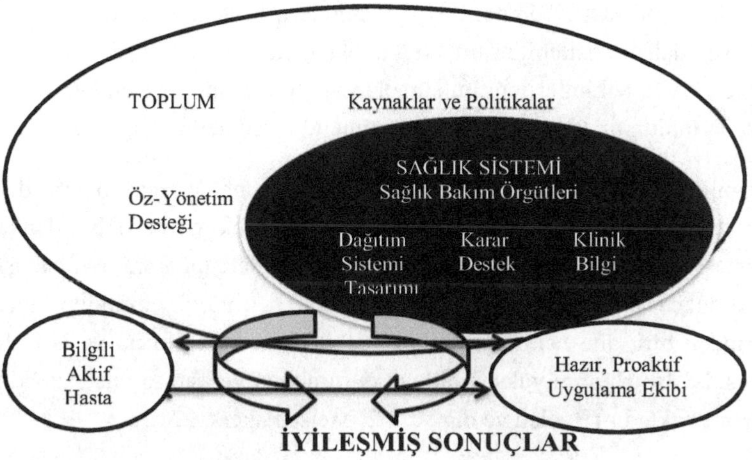


**Şekil 4:** Kronik Bakım Modeli

**Kaynak:** Wagner, 1998

Aile hekimleri kendilerine tanımlanmış nüfusa kapsamlı bir sağlık bakım hizmeti sundukları için, kronik rahatsızlığı olan bireylerle karşılaşma oranları oldukça yüksektir. Bu nedenle aile hekimlerinin; kronik rahatsızlığı olan bireylere, hastalıklarıyla baş etme yollarını öğretmeleri ve hastaların günlük yaşam aktivitelerini planlamaları konusunda gerekli bilgileri sağlamaları beklenmektedir. Sürecin iyi işlemesi ise, aile hekimleri ve kronik rahatsızlığı olan bireyler arasındaki iletişimin kuvvetli olmasına bağlıdır (Hudon ve diğ., 2012; Russell ve diğ., 2009; Starfield ve diğ., 2003).

## 1.6. AİLE HEKİMLERİNİN EĞİTİMİ

Birinci basamak sağlık hizmetlerinde aile hekimliği sisteminin gelişmesi ile birlikte, genel tıp eğitimi içeriğinde değişiklikler ve yenilikler yaşanmıştır. Bu bağlamda son yıllarda tıp eğitimi alan öğrencilere, toplumun sağlık sorunları ve toplumda sık karşılaşılan rahatsızlıklar ile ilgili birinci basamakta teşhis ve tedavi yöntemleri konusunda gerekli eğitimler verilmesi amaçlanmaktadır (Rakel, 2011). Ayrıca yeni müfredata göre, aile hekimlerine sadece klinik eğitimler vermek yerine, sosyal sorumluluk ve yetkinlik bazlı eğitimler de verilmektedir. Söz konusu yeni eğitim anlayışında hekimlerin özellikle hastalara daha kapsamlı, sürekli ve eğitim odaklı bir hizmet sunması gerektiği vurgulanmaktadır (Kerr ve diğ., 2011).

Aile hekimliği eğitimleri; öğrencileri ve fakülteleri, hastalara ve topluma daha kapsamlı ve daha erişilebilir bir sağlık hizmeti sunmak için bir araya getirmektedir. Aile hekimleri eğitim süreçlerinde toplumun problemleri ve özel ihtiyaçları ile toplumun kaynakları örtüştürülmelidir (Boelen ve diğ., 2002).

Aile hekimliği eğitimlerinde, hekim hasta iletişimine verilen önem diğer uzmanlık dallarına göre daha önemlidir. Bir aile hekiminin tıbbi alandaki uzmanlaşması ne kadar gelişmiş olsa da hasta ile iletişim kuramıyorsa işini yapması oldukça zorlaşacaktır. Bu nedenle aile hekimliği eğitiminin temel bileşenlerinden biri, aile hekiminin aileler ile iletişim kurabilmesi ve iş birliği yapabilmesidir. İşbirliğinin yüksek olduğu durumlarda verilen sağlık hizmetinin kalitesi de artmaktadır (Boelen ve diğ., 2002; Metsemakers, 2012).

Eğitimlerde öğrenilmesi gereken bir diğer alan, mali sorumluluktur. Mali sorumluluk aile hekimlerinin gerek devlete, gerekse başka kişiye verdiği zararları karşılaması sonucunda doğan yükümlülüktür. Aile hekimlerinin hizmet verdikleri topluma, ekonomik sisteme ve sağlık sisteminin sürdürülebilir olmasına karşı mali sorumluluk taşıdıkları hiçbir zaman unutulmamalıdır (Metsemakers, 2012).

Mesleki ve akreditasyon kuruluşları aile hekimliği eğitiminin temel bileşenlerinden bir diğerini tıp etiği olarak kabul etmektedir. Bunun sebebi ise, tıptaki her bir kararın aynı zamanda bir etik karar olmasıdır. Bir hekim, hastasının hastalığı için en uygun tedavi yöntemine tıbbi bilgiye göre karar verirken, hastası için en iyi tedavinin hangisi olacağına tıp etiği konusundaki bilgisine göre karar verir. Aile hekimlerinde tıp etiği eğitiminin amacı; hekimlerde değer bilinci oluşturmak, temel etik ilkelerini benimsetmek, mesleki yükümlülüklerle ilgili bilgi vermek ile klinik kararların akla ve etik ilkelere uygun çerçevede verilmesini sağlamaktır (Manson, 2008).

Aile hekimlerinin topluma ve bireye sunmuş oldukları sağlık hizmetinin büyük kısmını koruyucu sağlık hizmetleri oluşturmaktadır. Aile hekimleri eğitim süreçlerinde koruyucu sağlık hizmetinin temelini öğrenmeli ve klinik rotasyonlar döneminde bunu uygulamaya dönüştürmelidir (Boelen ve diğ., 2002).

Halk sağlığı uzmanlarının ve aile hekimlerinin temel görevleri sağlığı geliştirme ve sürdürme, hastalıkları önlemedir. Toplum sağlığı merkezleri ile iletişimin sağlanmasında aile hekimi önemli bir köprüdür. Bu nedenle de aile hekimliği eğitiminde toplum sağlığı sisteminin öğretilmesi gerekmektedir (McWhinney ve Freeman, 2009). Campos-Outcalt (2004) aile hekimlerinin toplum sağlığı hizmetleri kapsamında yerine getirmesi gereken beş işlevi tanımlamıştır: (1) koruyucu sağlık hizmetleri kılavuzunu kullanmak, (2) olgularla ilk karşılaşan hekim olarak görev yapmak (örneğin, laboratuvar tetkikine karar veren hekim), (3) hastaları uygun toplum sağlığı merkezine yönlendirmek, (4) toplum sağlığı merkezinden gelen yönlendirmeleri kabul etmek (örneğin, herhangi bir aile hekimine kayıtlı olmayan hastaları kabul etmek) ve (5) yerel sağlık hizmeti sunanlarla etkili bir iletişim içerisinde olmaktır (Campos-Outcalt, 2004).

Aile hekimlerinin sık karşılaştığı durumlardan bir tanesi de, birden fazla hastalığın aynı bireyde görülmesi anlamındaki multimorbiditedir (Starfield ve diğ., 2003). Bu nedenle aile hekimleri, uzman hekimlere göre multimorbidite ile daha çok karşılaştıkları için, çoklu morbidite durumu ile nasıl baş edeceği konusunda eğitim almalıdırlar. Nitekim Fortin ve diğ. (2005) tarafından Kümülatif Hastalık Değerlendirme Ölçeği (Cumulative Illness Rating Scale= CIRS) kullanılarak yapılan bir çalışmada, 21 aile hekiminin bekleme salonundan seçilen 980 hastanın on tanesinden dokuzunda birden fazla hastalığa sahip olduğu, yaklaşık %50'sinde beş veya daha fazla hastalığa sahip olduğu bulunmuştur (Fortin ve diğ., 2005)

Çoklu morbidite ile baş etmeyi bilmenin aile hekimlerine katkısı oldukça fazladır. Örneğin çoklu morbiditenin zaman yönetimi üzerine büyük etkisi vardır (Ostbye ve diğ., 2005). Çoklu morbiditenin aile hekimlerine bir diğer önemli katkısı ise, bilişsel stratejileri öğrenmeyi kolaylaştırmasıdır (Christensen ve diğ., 2005).Tüm bu eğitimlerin yanı sıra aile hekimliği eğitimlerinde saha çalışmaları önemli bir yere sahiptir. Saha eğitimlerinde öğrenciler, uygulamaya yönelik bilgi ve beceri kazanmaktadırlar. Bununla birlikte hastalarla beraber çalışmayı öğrenirler ve birinci basamakta çalışan sağlık personelinin deneyimlerinden yararlanırlar (Clements, 2006). Aile hekimliği uzmanlık eğitimi ve saha eğitimi süreleri ülkeden ülkeye farklılık göstermektedir. Ülkelere göre bu farklılıklar Tablo 1'de sunulmaktadır. Örneğin, mezuniyet öncesi tıp eğitiminin dünyanın çoğu yerinde altı yıl olduğu görülmektedir. Mezuniyet öncesi saha eğitim süreleri ise, 0,5 ile 6 ay arasında değişmektedir. Aile hekimliği mezuniyet sonrası eğitimleri açısından değerlendirildiğinde ise, uzmanlık eğitim süresinin 2 ile 5,5 yıl arasında değiştiği gözlemlenmektedir. Saha eğitim süresinin mezuniyet sonrasında en uzun sürede verildiği ülke 4 yıl ile Norveç'tir. Avusturya'da ise, saha eğitim süresi sadece 6 aydır. Türkiye'de aile hekimliği uzmanlık eğitim süresi 3 yıl iken, saha eğitim süresi 1,5 yıl olarak belirlenmiştir.

**Tablo 1. Dünyada Bazı Ülkelerde Aile Hekimliğinde Mezuniyet Öncesi ve Sonrası Eğitim ve Saha Eğitimi Süreleri**

| ÜLKE | Mezuniyet Öncesi | | Mezuniyet Sonrası | |
|---|---|---|---|---|
| | Tıp Eğitimi Süresi | Saha Eğitim Süresi | Uzmanlık Eğitim Süresi | Saha Eğitim Süresi |
| Türkiye | 6 yıl | 2 ay | 3 yıl | 1,5 yıl |
| Avusturya | 6 yıl | 6 ay | 3 yıl | 0,5 yıl |
| Bulgaristan | 6 yıl | 0,5 ay | 3 yıl | 1,5 yıl |
| Yunanistan | 6 yıl | 1 ay | 4 yıl | 1 yıl |
| Polonya | 6 yıl | 1 ay | 4 yıl | 2,2 yıl |
| İspanya | 6 yıl | 6 ay | 4 yıl | 2 yıl |
| İsveç | 5,5 yıl | 2 ay | 5,5 yıl | 2,5 yıl |
| Rusya | 6 yıl | 0,5 - 2 ay | 2 yıl | 0,5 – 1,5 yıl |
| Norveç | 6 yıl | 1 – 2 ay | 5 yıl | 4 yıl |
| Portekiz | 6 yıl | 3 ay | 4 yıl | 2 yıl |

**Kaynak:** EURACT, 2014. http://www.euract.eu/resources/specialist-training

Aile hekimleri kendilerine tanımlanmış nüfusa, en iyi şekilde sağlık hizmeti sunmayı deneyimli aile hekimlerinden öğrenirler. Bu nedenle saha eğitimleri aile hekimliği eğitim kapsamında kesinlikle olması gereken bir eğitim sürecidir (Boelen ve diğ., 2002). Ancak aile hekimlerinin yukarıda bahsedilen eğitim içeriklerini ve saha eğitimlerini almış olmaları yeterli değildir. Aile hekimlerine sürekli tıp eğitimi imkanları da sağlanmalıdır. Sürekli tıp eğitimi; konferanslarla, aylık çıkarılan dergilerle, videolarla, internet üzerinden verilen seminerlerle, çalıştaylarla ve uygulama eğitimleri yoluyla gerçekleştirilmektedir (Boelen ve diğ., 2002).

## 1.7. DÜNYADA AİLE HEKİMLİĞİ UYGULAMALARI

Günümüzde aile hekimliği uygulaması ülkelerin gelişmişliğine, toplum yapısına, sağlık politikalarına ve sağlık hizmeti sunum şekline göre farklılık gösterse de, birçok ülkede aile hekimliği, birinci basamak sağlık hizmetlerinin temelini oluşturmaktadır. Bu bölümde bazı ülkelerde aile hekimliği hizmet sunumuna ilişkin bilgiler verilmiştir.

### 1.7.1. Amerika Birleşik Devletleri

ABD'deki sağlık sisteminde sağlık hizmetleri genellikle kar amaçlı kuruluşlarca sağlanmaktadır. Bireyler; özel sigortalar, özel hastaneler, klinikler gibi geniş bir yelpazede, kendilerine uygun olan hizmeti, hekimi ya da hastaneyi seçebilmektedirler. ABD sağlık sisteminin kendine özgü karmaşık bir yapı içinde olması ve hastalara tanıdığı özgürlükler nedeniyle düzenli bir sevk zinciri sistemi bulunmamaktadır. Tedavi edici sağlık hizmetleri dışındaki birinci basamak sağlık hizmetleri, ayrı örgütler aracılığı ile ve "Halk Sağlığı Hizmetleri" adı altında verilmektedir. Dolayısıyla ABD için birinci basamak diye adlandırabileceğimiz yapı; insanların hastalandıklarında gidebilecekleri özel hekim muayenehaneleri ya da hastanelerden oluşmaktadır (Türk Halk Sağlığı Kurumu, 2014).

ABD'deki aile hekimi uzmanlarından %82'si hastanelerde ve polikliniklerde hizmet vermektedir. Aile hekimleri koruyucu sağlık hizmetleri kapsamında aşılama hizmetleri, danışmanlık hizmetleri, sağlığın gelişmesi için hastaları eğitmek gibi hizmetler sunmaktadır. Ayrıca enfeksiyon, astım gibi akut rahatsızlığı olan ve diyabet, kalp hastalığı gibi kronik rahatsızlığı olan bireyleri de takip etmektedir (Beasley ve diğ., 2004; Zwar, 2010).

ABD'de birinci basamak sağlık hizmetlerini sadece aile hekimleri değil aynı zamanda çocuk doktorları ve dâhiliye uzmanları da sunmaktadır. Birinci basamakta çalışan hekim sayısı toplam sağlık iş gücünün %35'ini oluşturmaktadır. Bu oran Avustralya ve Kanada'ya oranla düşük olduğu için birinci basamaktaki iş gücüne olan gereksinim birinci basamak bakım hemşirelerince ve hekim asistanlarınca karşılanmaktadır. Toplam hemşire iş gücünün %80'i, toplam hekim asistanı iş gücünün ise %40'ı birinci basamak sağlık hizmetlerinde çalışmaktadır (Bodenheimer ve Grumback, 2007).

ABD'deki aile hekimleri, hizmetlerini genellikle hemşireler ile birlikte yürütmektedirler ve bir aile hekimine ortalama 2000 kişi düşmektedir. Bu sayının pek çok ülkeye göre fazla olmasına ve buradaki aile hekimlerinin tam zamanlı çalışmasına rağmen aile hekimlerine verilen ücret yetersizdir. Bu nedenle tıp fakültesi mezunlarının çok az bir kısmı aile hekimliğini seçmektedir (Zwar, 2010).

### 1.7.2. Hollanda

Hollanda'da sağlık hizmetleri kamu ve özel sigortalar aracılığıyla karşılanmaktadır. Sağlık sigortası toplumun %100'ünü kapsamaktadır. Birinci basamak sağlık hizmetleri aile hekimleri, ebe, diş hekimleri, fizyoterapist ve eczacılar tarafından sunulmaktadır. Birinci basamak sağlık hizmetlerinin sunulmasından sorumlu en temel kişiler aile hekimleridir. Ülkede toplamda yaklaşık 9000 aile hekimi bulunmaktadır. Bunların büyük çoğunluğu üç yıllık aile hekimliği uzmanlık eğitimi almış hekimlerdir (Grol, 2006; Thomson ve diğ., 2012).

Hollanda'da her birey kendi seçtiği bir aile hekimine kayıtlı olmak zorundadır. Kişiler aile hekiminin sevki olmadan herhangi bir hastaneye başvuruda bulunamazlar. Bir aile hekimine yaklaşık 2300 kişi kayıtlıdır ve bireyler yılda ortalama beş kere aile hekimlerine ziyaret etmektedirler. Aile hekimleri tam zamanlı çalışırlar ve hastalar aile hekimlerine mesai saatleri dışında ve hafta sonları rahatlıkla ulaşabilmektedirler (Schoen ve diğ., 2009; Grol, 2006; Thomson ve diğ., 2012).

Aile hekimliği birimlerinin %51'inde üç ya da daha fazla hekim bir arada çalışırken, %29'unda iki hekim birlikte görev almaktadır. Aile hekimliği birimlerinin %20'sinde ise, tek hekim hizmet vermektedir. Her aile hekimi, aile hekimliği hizmetlerini bir hemşire ile birlikte yürütmektedir (Weel ve diğ., 2012; Thomson ve diğ., 2012).

### 1.7.3. Küba

Sağlık Bakanlığı Ulusal Sağlık Sistemi Programı'nı yönetmekte, toplum sağlığı ile ilgili yasaları uygulamakta, tıp biliminin ve ilaç sanayinin gelişmesi için girişimlerde bulunmaktadır. Küba sağlık sistemi devlet tarafından finanse edilmektedir. Tüm sağlık hizmetleri ücretsiz olarak sunulmaktadır ve Küba'da yaşayan tüm nüfus sağlık sigortası kapsamındadır. Bireyler bu kapsamda, gelişmiş teknoloji gerektiren hastane bakımını, rutin tıbbi bakımı ve diş hekimliği hizmetleri gibi koruyucu, tedavi edici ve rehabilitasyon hizmetlerini ücretsiz olarak almaktadırlar. Buna ek olarak, hamilelere ve ayaktan bakım hizmeti alan kişilere, tüm tanısal testler ile ilaçlar da ücretsiz olarak sunulmaktadır (Gutierrez ve diğ., 2003).

Küba sağlık sisteminde hekimlerin sunmuş oldukları hizmetler, birinci, ikinci ve üçüncü basamak sağlık hizmetleri şeklinde gruplara ayrılmaktadır. Birinci basamak sağlık hizmetleri kliniklerde (consultorios), ikinci basamak sağlık hizmetleri polikliniklerde (policlinicos), hastaların evlerinde ve yerel sağlık kurumlarında verilmektedir (Hauge, 2007). Her klinik bir polikliniğe bağlı olarak çalışmaktadır ve klinik dışında bakım gerektiren hastalara polikliniklerde hizmet sunulmaktadır. Kliniklerde bir aile hekimi ve hemşire birlikte çalışmaktadır. Disiplinlerarası takımlardan oluşan polikliniklerde ise; genellikle pediatri, dahiliye, sosyal hizmet, fizik tedavi alanlarında uzmanlaşan hekimler bulunmaktadır. Bazen de kardiyoloji, göğüs hastalıkları, nöroloji, endokrinoloji, dermatoloji, psikiyatri uzmanları bulunmaktadır. Küba genelinde 440 tane poliklinik mevcuttur ve her Policlinico 30 - 40 klinikten sorumludur. (Dresang ve diğ., 2005; Reed, 2000; Waitzkin ve diğ., 1997; Novas ve Sacasas, 1989).

Küba'da 32.000 aile hekimi hizmet sunmaktadır ve Küba nüfusunun %99,1'i birinci basamak sağlık hizmeti kapsamında aile hekimliği hizmetlerinden yararlanmaktadır. Bir aile hekimi yaklaşık 500 - 600 kişiye hizmet vermektedir (Gutierrez ve diğ., 2003; Dresang ve diğ., 2005; WHO, 2012).

Küba'da aile hekimleri sağlık merkezlerinde ya da mahalle aralarındaki muayenehanelerde hizmet vermektedirler. Aile hekimleri ve hemşireleri toplum ile iç içe çalışmaktadırlar. Kişiler doğrudan hastaneye başvuru yapabilirler.Fakat genellikle ilk başvurular aile hekimine yapılmaktadır. Aile hekimleri genellikle hastalarına sabahları kliniklerde bakım sağlamaktadırlar, öğle sonlarında da ev ziyaretlerinde bulunmaktadırlar. Aile hekimleri; koruyucu sağlık hizmetlerinin sunulması, hastaların sağlıklı yaşam için eğitilmesi, gebe, bebek, yaşlı, kronik hastaların takibinin yapılması, diğer uzman hekimlerle düzenli aralıklarla görüşülmesi gibi hizmetlerin verilmesinden sorumludurlar (Gorry, 2013; Cooper ve diğ., 2006; Whiteford, Branch, 2008; Dresang ve diğ., 2005).

### 1.7.4. İngiltere

İngiltere birinci basamak sağlık hizmetleri Ulusal Sağlık Hizmeti ile şekillenmiştir. Ulusal Sağlık Sistemi'nin amacı; halkın tüm sağlık ihtiyaçlarını her yönüyle karşılayabilecek bir sistem oluşturmaktır. Birinci basamak sağlık hizmetlerini aile hekimleri karşılamaktadır ve her birey seçtiği bir aile hekimine kayıtlı olmak zorundadır. Ülke genelinde sağlık hizmetleri vergilerle finanse edilmektedir ve neredeyse ücretsizdir (Roland ve diğ., 2012).

Aile hekimlerinin çalışma koşulları ile uzman hekimlerin çalışma koşulları birbirinden farklıdır. Uzman hekimler genellikle hastanelerde çalışmaktadırlar ve aile hekimlerinin sevk ettiği hastalara bakmaktadırlar, aile hekimleri ise, tek başlarına ya da birkaç aile hekiminin bir araya gelmesiyle oluşturdukları sağlık merkezlerinde hizmet sunmaktadırlar. Genellikle 4 – 6 aile hekimi bir arada çalışmaktadır. Hastalar acil bir durum olmadıkça ya da kendi aile hekimleri tarafından sevk edilmedikçe hastaneye başvuruda bulunamamaktadırlar (Roland ve diğ., 2012).

İngiltere'de aile hekimleri hizmetlerini hemşirelerle birlikte sunmaktadır ve aile hekimliğinde çalışan sayısı giderek artmaktadır. Bazı durumlarda hemşireler aile hekimleri yerine hizmet vermektedirler (Laurant ve diğ., 2005). Yapılan araştırmalara göre, hemşirelerin kronik hasta yönetiminde bakım kalitesini iyileştirdiği bulunmuştur (Griffiths ve diğ., 2010).

İngiltere'de aile hekimleri genellikle hastaları ile yüz yüze görüşmeler yapmaktadır. Fakat hastalar istedikleri zaman aile hekimlerine telefonla ulaşabilmektedir. Ayrıca aile hekimleri ev ziyaretlerinde de bulunmaktadır. Aile hekimleri hastaları için kapsamlı bir sağlık hizmeti sunulmasından ve bakım koordinasyonunun sağlanmasından sorumlu olmaktadırlar (Roland ve diğ., 2012).

İngiltere'de aile hekimlerine yapılan ödemeler; kendilerine kayıtlı hasta sayısına ve vermiş oldukları hizmet başına göre yapılmaktadır. Belli bir orana kadar da vermiş olduğu koruyucu sağlık hizmetleri (aşılama gibi) dikkate alınmaktadır (Shortt, 2003; Roland ve diğ., 2012).

### 1.7.5. Portekiz

1979'da Portekiz'de tüm nüfusu kapsayan Ulusal Sağlık Hizmetleri (National Health Service – NHS)'nin temeli atılmıştır. Bundan önce kişiler sağlık hizmetlerinin finansmanını kendi ceplerinden yaptıkları ödemelerle karşılamaktaydı ve yoksul bireylerin sağlık hizmeti ihtiyaçları ise, sosyal yardımlaşma birimlerince gerçekleştirilmekteydi. Ancak Ulusal Sağlık Hizmetleri'nin yürürlüğe girmesiyle birlikte sağlık hizmetlerinin sunumu yeniden düzenlenmiştir (Barros ve diğ., 2011; Bentes ve diğ., 2004).

Portekiz'de birinci basamak sağlık hizmetleri hem özel hem de kamu sektörü tarafından sağlanmaktadır. Özel sektörde çalışan hekimlerin çoğunluğu NHS'ye bağlıdır. Birinci basamak sağlık hizmetlerinin büyük bir çoğunluğu aile hekimleri ve hemşireler tarafından sunulmaktadır. Aile hekimleri ve hemşireleri birinci basamak bakım merkezlerinde, yerel aile hekimliği birimlerinde, sağlık merkezlerinde veya uzun süreli bakım ünitelerinde çalışmaktadırlar. Bazı birinci basamak bakım merkezlerinde hizmetler bir ekiple sunulmaktadır. Bu ekipte, aile hekimi, psikiyatri uzmanı, dermatoloji uzmanı, pediatri uzmanı, kadın doğum uzmanı, gibi hekimler bulunmaktadır. (Barros ve diğ., 2011; Conceiçao, 2000; Bentes ve diğ., 2004).

Aile hekimleri; sağlığın teşviki, aile sağlığı, koruyucu sağlık hizmetleri, akut hastalıkların önlenmesi ve tedavisi, kronik hastalıkların tedavisi, erişkin sağlığı, çocuk sağlığı, kadın sağlığı, ruh sağlığı, palyatif bakım, rehabilitasyon hizmetleri ve terminal dönem bakımı gibi hizmetlerin sunumundan sorumludur (Villanueva, 2009).

Portekiz'de bireylerin aile hekimlerini seçme hakkı vardır. Aynı şekilde hekimlerin de kişileri seçme hakkı mevcuttur. Bir aile hekimine kayıtlı kişi sayısı minimum 1000, maksimum 2000'dir. Ortalama bir aile hekimi 1500 hastadan sorumludur (Barros ve diğ., 2011).

### 1.7.6. Almanya

2009'dan sonra tüm nüfus sağlık sigortası kapsamına alınmıştır. Sağlık hizmetleri bazı istisnaların dışında ücretsiz olarak sunulmaktadır. 2004'e kadar bireyler herhangi bir birincil bakım sağlayan hekime kayıtlı olmak zorunda değildi ve sevk olmadan istedikleri sağlık hizmetinden yararlanabiliyorlardı. 2004'ten sonra birinci basamak sağlık hizmetleri aile hekimleri tarafından sunulmaya başlanmıştır ve kişiler aile hekiminin sevkiyle başka bir hekime başvuru yapabilmektedir (Thomson ve diğ., 2012; Schoen ve diğ., 2009).

Kişilerin aile hekimini seçme, aile hekimlerinin de hastayı seçme hakkı vardır. Fakat bireyler seçmiş oldukları aile hekiminde en az üç ay kayıtlı kalmak zorundadır. Aile hekimleri hastalarının acil durumlarında mesai saatlerinin dışında da hastalara bakmakla yükümlüdür (Thomson ve diğ., 2012).

Aile hekimlerinin temel görevi; koruyucu sağlık hizmetlerini sunmaktır. Koruyucu sağlık hizmetlerinin önemli bir bölümü halkın sağlık eğitimine ayrılmıştır. Aile hekimleri ayrıca gebe ve bebek takibi, kanser taramaları, ayakta sağlık hizmeti gibi hizmetleri de sunmaktadır (Thomson ve diğ., 2012).

### 1.7.7. Kanada

Kanada nüfusunun tamamı ulusal sağlık sigortası kapsamındadır. Ayakta bakım hizmetleri, koruyucu sağlık hizmetleri, yataklı bakım hizmetleri, hemşirelik hizmetleri, tüm diş sağlığı hizmetleri, evde bakım hizmetleri gibi hizmetlerin hepsi sağlık sigortası kapsamında ücretsiz olarak karşılanmaktadır (Thomson ve diğ., 2012).

Kanada'da toplam hekim sayısının yarısı aile hekimi olmasına rağmen, sürekli büyüyen, yaşlanan nüfusun ihtiyaçlarına cevap verecek kadar yeterli değildir (Oandasan, 2011; Organek ve diğ., 2012). Aile hekimleri muayenehanelerde, sağlık merkezlerinde ve hastanelerde hizmet sunarlar (Tepper, 2004).

Bireyler kendi seçtikleri bir aile hekimine kayıtlı olmak zorundadır. Kayıtlı oldukları aile hekimleri kişilerin her türlü sağlık ihtiyaçları ile ilgilenir. Hastalar daha kapsamlı sağlık hizmetine ihtiyaçları olduğunda aile hekimlerinin sevkleriyle hastanelere başvuru yapabilirler (Pullon, 2011; Goldsand ve Thurber, 2003).

Aile hekimlerine hizmet başına ödeme ve performansa göre ödeme yöntemine göre ücret verilmektedir (Thomson ve diğ., 2012). Aile hekimlerinin eğitimleri için her üniversitede aile hekimliği bölümü vardır. Aile hekimleri mezuniyeti sonrasında iki yıllık uzmanlık eğitimi almak zorundadır. İsteyenler bu süreyi üç yıla çıkarıp geriatri, acil tıp veya akademik kariyer yapabilir (Pullon, 2011).

### 1.7.8. Ukrayna

Ukrayna'da sunulan sağlık hizmetlerinin kontrolleri tamamen devlete aittir. Sağlık hizmetlerinin koordinasyonunu, sunumunu ve finansmanını Sağlık Bakanlığı ulusal ve yerel bütçeler aracılığı ile sağlar. Ukrayna anayasasına göre sağlık hizmetleri ücretsiz olarak devlet tarafından karşılanır (Kolesnyk, Svab, 2013). Ukrayna'da her 10000 kişiye 47 hekim düşmektedir. Kiev, Donetsk ve Dnipropetrovs gibi büyük şehirlerde bu rakam her 10000 kişiye 80 hekim olacak şekilde bir dağılım göstermektedir (Lekhan, Rudiy, 2007).

Aile hekimliği uygulaması Ukrayna'nın yapmış olduğu sağlık reformları arasında en önemlilerinden biridir. 1999 – 2000 yılları arasında aile hekimliği uygulaması için yasal düzenlemeler yapılmıştır. Ukrayna mevzuatına göre aile hekimleri şehirlerde 1500 kişiye, köylerde 1200 kişiye hizmet vermek zorundadır. 2000 yılından sonra aile hekimliği eğitimi almış hekimlerin sayısı hızla artmıştır. Günümüzde Ukrayna'da 7000'den fazla aile hekimi uzmanı hizmet vermektedir (Gibbs ve diğ., 2008). Aile hekimleri hastane ve kliniklerde bu hizmetleri vermektedir. Kendi kliniklerinde hizmet veren aile hekimi o kliniğin her türlü giderini kendi maaşından karşıladığı için bu tarz klinikler teknik ekipman bakımından yetersizdir (Kolesnyk, Svab, 2013).

Ukrayna henüz 20 yıl önce bağımsızlığını ilan etmiş bir devlet olduğu için sağlık hizmeti sunumunda da bir takım eksiklikler, sorunlar yaşamaktadır. Fakat yine de topluma en iyi şekilde ve en kaliteli birinci basamak sağlık hizmeti sunabilmek amacıyla aile hekimliği uygulaması ile ilgili yeni düzenlemeler yapmaktadır (Kolesnyk, Svab, 2013).

## 1.8. TÜRKİYE'DE AİLE HEKİMLİĞİ UYGULAMASI

Türkiye'de sağlık hizmetleri Cumhuriyet'in ilanından günümüze kadar bir gelişim süreci içerisindedir. Günümüzdeki sağlık teşkilatlanmasının temeli Cumhuriyet'in ilk yıllarında atılmıştır. Cumhuriyet'in ilanından beri sadece tedavi edici sağlık hizmetlerinde gelişmeler yaşanmamış, aynı zamanda koruyucu sağlık hizmetlerinde de önemli gelişmeler yaşanmıştır. Aile hekimliği uygulaması da koruyucu sağlık hizmetlerini geliştirmek için atılmış önemli adımlardan biridir. Aile hekimliğinin Türkiye'de uygulamaya girmesi birtakım süreçlerin sonunda olmuştur. Aile hekimliği ile ilgili atılan ilk adım, 1961 yılında kabul edilen 224 sayılı Sağlık Hizmetlerinin Sosyalleştirilmesi Hakkında Kanun ile hükümet tabipliğinin yerine sağlık ocaklarının kurulması kararı alınmasıdır. 1983 yılında, aile hekimliği uzmanlık eğitiminin verilmesi zorunlu hale gelmiştir ve aile hekimliği Tababet Uzmanlık Tüzüğü'ne alınarak aile hekimliği uzmanlık dalı olarak kabul edilmiştir. Bunun hemen ardından 1984'te Gazi Üniversitesi Tıp Fakültesi'nde ilk Aile Hekimliği Anabilim Dalı kurulmuştur. 1985 yılında aile hekimliği uzmanlık eğitimi Ankara, İstanbul ve İzmir'de Sağlık Bakanlığı'na ve Sosyal Sigortalar Kurumu'na bağlı eğitim hastanelerinde başlamıştır. 1990 yılında Ankara'da Aile Hekimleri Uzmanlık Derneği (AHUD) kurulmuştur. 1998 yılında bakanlar kurulu kararıyla AHUD isim değiştirerek, Türkiye Aile Hekimleri Uzmanlık Derneği (TAHUD) adını almıştır. 2000 yılında ki Sekizinci Beş Yıllık Kalkınma Planında (2001 – 2005) ülkemizdeki birinci basamak sağlık hizmetlerinin örgütlenmesi içerinde aile hekimliğinin de yer alacağı bildirilmiştir. 2002 yılında yayınlanan Acil Eylem Planı'yla daha önce uygulanamayan reformların temel prensipleri belirlenmiştir. 2003 yılında Sağlık Bakanlığı Sağlıkta Dönüşüm Programı'nı uygulamaya koymuştur (OECD, 2008; Hazine Müsteşarlığı, 2011, Akdağ, 2007).

Sağlıkta Dönüşüm Programı ile sağlık hizmetlerinin etkili, verimli ve hakkaniyete uygun olarak organize edilmesi, finansmanının sağlanması ve sunulması amaçlanmıştır. (Sağlık Bakanlığı, 2003). Sağlıkta Dönüşüm Programı ile pek çok kurumsal ve organizasyon değişiklikleri öngörülmüştür. Bu değişikliklerden bazıları; Sağlık Bakanlığı'nın yeniden yapılandırılması, SSK, Bağ-Kur, Emekli Sandığı ve Yeşil Kart programlarını tek bir çatıda toplayan Genel Sağlık Sigortası'nın (GSS) kurulması, yaygın, erişilebilir ve güler yüzlü bir sağlık hizmeti sisteminin sağlanması, etkili ve kademeli bir sevk zincirinin kurulması, idari ve mali özerkliğe sahip sağlık işletmelerinin kurulması, bilgi, beceri ile donatılmış, yüksek motivasyonla çalışan sağlık iş gücünün oluşturulması, sistemi destekleyecek eğitim ve bilim kurumlarının arttırılması, nitelikli, etkili sağlık hizmeti sunumu için kalite ve akreditasyonun sağlanması, akılcı ilaç ve malzeme yönetiminde kurumsallaşma, sağlık bilgi sistemlerinin geliştirilmesi ve güçlendirilmiş temel sağlık hizmeti sunumunu sağlamak için aile hekimliğine geçilmesidir (OECD, 2008; Sağlık Bakanlığı, 2003).

Sağlıkta Dönüşüm Programı'nın önemli bir ayağını oluşturan, sağlık ocağı uygulamasına yeni bir yapılanma getiren aile hekimliği uygulamasına 5258 sayılı "Aile Hekimliği Pilot Uygulaması Hakkında Kanun" kapsamında 2005 yılında pilot il olarak seçilen Düzce ilinde geçilmiştir. İlerleyen yıllarda yeni iller kapsama alınmıştır ve 2010 yılının sonlarında aile hekimliği uygulamasına tüm illerde geçilmiştir. Temel sağlık hizmeti sunan kuruluşların sorumlu oldukları koruyucu sağlık hizmetleri; topluma yönelik ve kişiye yönelik sağlık hizmetleri olarak ikiye ayrılmıştır. Topluma yönelik sağlık hizmetleri sağlık ocakları yerine kurulan toplum sağlığı merkezlerinde, kişiye yönelik sağlık hizmetleri ise aile hekimleri tarafından sunulmaktadır (Erol ve Özdemir, 2014; Hazine Müsteşarlığı, 2011; Sülkü, 2011).

Aile hekimliği uygulamasına geçmeden önce 17.800 hekim birinci basamak sağlık hizmeti sunarken, aile hekimliğine geçildikten sonra 2010 yılı sonlarında aile sağlığı merkezlerinde ve toplum sağlığı merkezlerinde çalışan aile hekimi sayısı 22.352'dir. 2012 yılında ise, bir aile hekimi başına düşen kişi sayısı 3.634'dir. Aile hekimliği hizmeti, kişilerin sağlık sigortası olup olmamasına bakılmaksızın herkes için ücretsiz olarak verilmektedir. Aile hekimliği hizmetleri aile hekimi ve aile sağlığı elemanı tarafından verilmektedir. Hemşire, ebe, sağlık memuru ve acil tıp teknisyeni aile sağlığı elemanı unvanını alabilmektedirler (Sağlık Bakanlığı, 2012; Akdağ 2011; TBMM, 2013).

Türkiye'de bir hekimin aile hekimi uzmanı olabilmesi için eğitim hastanelerinde alanla ilgili üç yıl eğitim alması gerekmektedir. Fakat ülkemizde bu alanda yetişmiş yeterli sayıda aile hekimi olmadığı için sadece tıp fakültesi mezunu olan hekimler birinci basamak sağlık hizmetleri alanında bir takım eğitimler aldıktan sonra, sahada aile hekimi olarak çalışabilmektedir (Öztek, 2009). Sözleşmeli olarak çalıştırılan aile hekimlerine yapılan ödeme çalışılan gün sayısı dikkate alınarak yapılır. Bu ödemenin dışında aylık olarak yapılacak ödemeler ise aşağıda açıklanmıştır (Resmi Gazete, 2010).

*Kayıtlı Kişiler İçin Ödenecek Ücret:* Aile hekiminin görev tanımında verilen hizmet kapsamına göre ücretlendirme; 0 – 59 yaş grubu için 1,6 katsayısı, gebeler için 3 katsayısı, 65 yaş üstü için 1,6 katsayısı, ceza evi ve tutuklu hükümlüler için 2,25 katsayısı, diğer kişiler için 0,79 katsayısı dikkate alınarak ödemeler yapılır.

*Sosyoekonomik Gelişmişlik Düzeyi Ücreti:* Aile hekiminin hizmet sunduğu il veya ilçeler sosyoekonomik gelişmişlik düzeyine göre A, B, C ve D şeklinde sınıflandırılmıştır ve bu gruplandırma esas alınarak aile sağlığı merkezlerine ödemeler yapılır.

*Aile Sağlığı Merkezi Giderleri:* Aile hekiminin hizmet verdiği merkezin kira, elektrik, su, yakıt, telefon, internet, bilgi-işlem, temizlik, büro malzemeleri, küçük onarım, danışmanlık, sekretarya ve tıbbi sarf malzemeleri gibi giderler için her ay 2014 yılı itibariyle 3757,34 TL olan tavan ücretin % 50'sinin, Türkiye İstatistik Kurumu tarafından yayımlanan illerin satın alma gücü paritesi puanı ile çarpımı sonucuna göre bulunacak tutara göre ödeme yapılır. Ayrıca bunlara ek olarak her aile sağlığı merkezine sınıflandırma kriterlerine göre ödeme yapılır.

*Gezici Sağlık Hizmeti Giderleri:* Aile hekiminin yapmış olduğu gezici sağlık hizmetinin giderleri için, gezici sağlık hizmeti verilen her yüz kişi başına 3757,34 TL olan tavan ücretin binde on altısı oranında ödeme yapılır.

*Tetkik ve Sarf Malzemeleri Giderleri:* Aile hekiminin ihtiyaç duyduğu tetkikler, müdürlüğün belirlediği laboratuvarlarda yaptırılır. Bu tetkikler için gerekli sarf malzemelerini müdürlük temin eder. Müdürlüğün belirlediği laboratuvarlarda yaptırılan tetkikler için belge karşılığında ödeme yapılır; belgelendirilemeyen kısım için herhangi bir ödeme yapılmaz.

Bireyler herhangi bir aile hekimine kayıtlı olmak zorundadır. Kentsel bölgelerde açık bir kayıt sistemi vardır ve kişiler istedikleri aile hekimini seçebilirler. Yeterli aile hekiminin bulunmadığı kırsal bölgelerde ise kişiler sistem tarafından bir aile hekimine kaydedilmektedir. Aile hekimleri kendilerinin kiraladığı ya da Sağlık Bakanlığı'na ait sağlık ocaklarında belirli bir miktar kira ödeyerek çalışabilirler. Aile hekimleri; bir aile hekimi ile en az bir aile sağlığı elemanından oluşan aile sağlığı birimlerinde çalışabileceği gibi birden fazla aile hekimi ile aile sağlığı elemanlarının bir araya gelerek oluşturduğu aile sağlığı merkezlerinde de çalışabilirler.

Ülkemizdeki aile hekimleri genellikle 4- 5 hekiminin bir araya gelerek oluşturduğu aile sağlığı merkezlerinde hizmet sunmaktadır (OECD, 2008). Sağlık Bakanlığı 2013 yılı verilerine göre Türkiye'de toplam 6756 aile

sağlığı merkezi ve 21.175 aile sağlığı birimi bulunmaktadır. Ortalama bir aile hekimine düşen hasta sayısı ise, 3621'dir (Sağlık Bakanlığı, 2013).

Aile hekimlerinin temel görevi koruyucu sağlık hizmeti sunmaktır. Bunun dışında aile hekimlerinin, aile sağlığı merkezini yönetmek, hizmet içi eğitimlere katılmak gibi sorumlulukları; kendisine kayıtlı kişilere yönelik koruyucu sağlık hizmetleri (gebe, loğusa, bebek, çocuk izlemleri aşılama gibi) tedavi edici sağlık hizmetleri, rehabilitasyon hizmetleri danışmanlık hizmetleri, ana çocuk sağlığı ve aile planlaması gibi görevleri vardır. Özürlü, yaşlı, yatalak hastaları için evde veya gezici sağlık hizmeti sunmak, tanı ve tedavisi yapılamayan hastaları sevk etmek, sevk ettiği hastaların geri bildirimlerini değerlendirmek, sağlık raporu, sevk evrakı ve reçete gibi belgeleri düzenlemek de aile hekimlerinin görevleri arasında yer alır (TBMM, 2013; Akdağ, 2011; OECD, 2008).

# 2. BÖLÜM

# GEREÇ VE YÖNTEM

## 2.1. ARAŞTIRMANIN AMACI VE KAPSAMI

Bu çalışma ile, aile hekimliği sisteminde çalışan sağlık personelinin (aile hekimi ve aile sağlığı elemanı) aile hekimliği sistemine ilişkin görüş ve önerilerinin belirlenmesi ve hekim ve aile sağlığı elemanının aile hekimliği sistemine ilişkin değerlendirmeleri arasında fark olup olmadığının ortaya konulması amaçlanmıştır.

Bu amaca yönelik yapılan araştırmada, aile hekimi ve aile sağlığı elemanlarının aile hekimliği uygulamasına yönelik görüşleri; çalışma koşulu, iş yükü, ücret, işe bağlılık ve memnuniyet, hizmete erişim, verimlilik ve hizmet kalitesi boyutları açısından değerlendirilmiştir. Aile hekimliğinin olası sorunlarını gidermek için geliştirilen çözüm önerileri ise, yasal düzenleme, mesleki gelişim, çalışma koşullarının iyileştirilmesi, klinik rehber geliştirme, personel eksikliğini giderme ve bilgi sistemi geliştirme boyutları açısından incelenmiştir.

## 2.2. PROBLEM CÜMLESİ

Araştırmanın problem cümlesini; aile hekimliği sisteminde çalışan sağlık personelinin aile hekimliği uygulamasına ilişkin değerlendirmeleri arasında fark var mıdır? sorusu oluşturmaktadır ve bu problem cümlesine aşağıdaki alt problem cümleleri ile cevap aranmaya çalışılacaktır:

1. Aile hekimliği sisteminde çalışan sağlık personelinin aile hekimliği uygulamasına ilişkin görüşleri arasında fark var mıdır?

2. Aile hekimliği sisteminde çalışan sağlık personelinin aile hekimliği uygulamasında karşılaştıkları sorunların çözümüne ilişkin önerileri arasında fark var mıdır?

Çalışmanın amacı ve bu amaç doğrultusunda ortaya konulan alt problemler Şekil 5'te şematize edilmiştir.

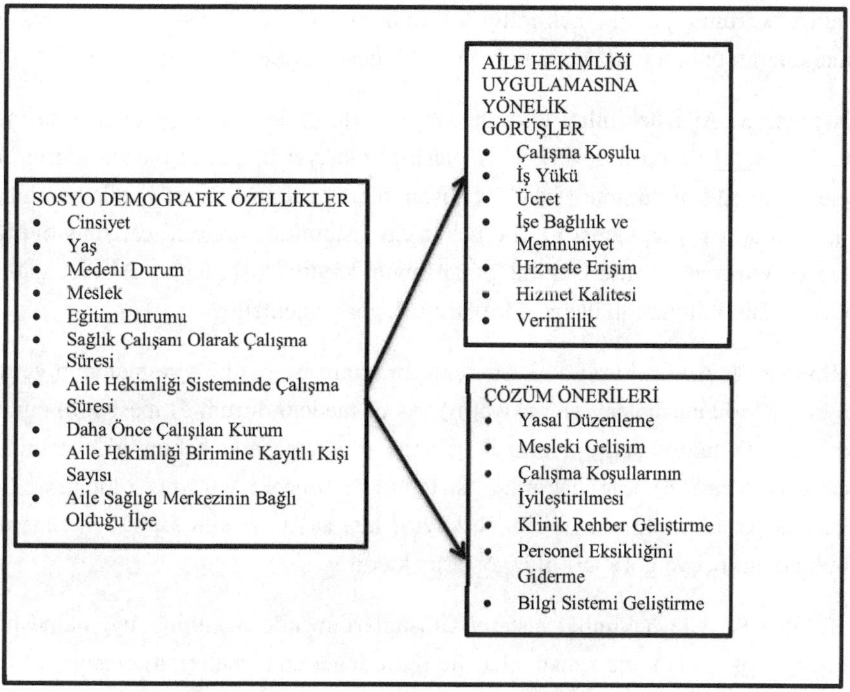


**Şekil 5:** Araştırma Modeli

## 2.3. HİPOTEZLER

Araştırmanın problem cümlesi aşağıdaki hipotezler yoluyla cevaplanmaya çalışılacaktır.

**Hipotez 1.** Aile hekimliği sistemi çalışanlarının aile hekimliği uygulamasındaki çalışma koşulu ile ilgili değerlendirmeleri; a) cinsiyet b) yaş c) medeni durum d) meslek e) eğitim durumu f) sağlık çalışanı olarak çalışma süresi g) aile hekimliği sisteminde çalışma süresi h) aile hekimliği sisteminden önceki çalışmış olduğu sağlık kurumu ı) aile hekimliği birimine kayıtlı kişi sayısı i) aile sağlığı merkezinin bulunduğu ilçeye göre farklılık göstermektedir.

**Hipotez 2.** Aile hekimliği sistemi çalışanlarının aile hekimliği uygulamasındaki iş yükü ile ilgili değerlendirmeleri; a) cinsiyet b) yaş c) medeni durum d) meslek e) eğitim durumu f) sağlık çalışanı olarak çalışma süresi g) aile hekimliği sisteminde çalışma süresi h) aile hekimliği sisteminden önceki çalışmış olduğu sağlık kurumu ı) aile hekimliği birimine kayıtlı kişi sayısı i) aile sağlığı merkezinin bulunduğu ilçeye göre farklılık göstermektedir.

**Hipotez 3.** Aile hekimliği sistemi çalışanlarının aile hekimliği uygulamasında verilen ücret ile ilgili değerlendirmeleri; a) cinsiyet b) yaş c) medeni durum d) meslek e) eğitim durumu f) sağlık çalışanı olarak çalışma süresi g) aile hekimliği sisteminde çalışma süresi h) aile hekimliği sisteminden önceki çalışmış olduğu sağlık kurumu ı) aile hekimliği birimine kayıtlı kişi sayısı i) aile sağlığı merkezinin bulunduğu ilçeye göre farklılık göstermektedir.

**Hipotez 4.** Aile hekimliği sistemi çalışanlarının işe bağlılık ve memnuniyet ile ilgili değerlendirmeleri; a) cinsiyet b) yaş c) medeni durum d) meslek e) eğitim durumu f) sağlık çalışanı olarak çalışma süresi g) aile hekimliği sisteminde çalışma süresi h) aile hekimliği sisteminden önceki çalışmış olduğu sağlık kurumu ı) aile hekimliği birimine kayıtlı kişi sayısı i) aile sağlığı merkezinin bulunduğu ilçeye göre farklılık göstermektedir.

**Hipotez 5.** Aile hekimliği sistemi çalışanlarının aile hekimliği uygulamasının hizmet erişimi üzerine yansımaları ile ilgili değerlendirmeleri; a) cinsiyet b) yaş c) medeni durum d) meslek e) eğitim durumu f) sağlık çalışanı olarak çalışma süresi g) aile hekimliği sisteminde çalışma süresi h) aile hekimliği sisteminden önceki çalışmış olduğu sağlık kurumu ı) aile hekimliği birimine kayıtlı kişi sayısı i) aile sağlığı merkezinin bulunduğu ilçeye göre farklılık göstermektedir.

**Hipotez 6.** Aile hekimliği sistemi çalışanlarının aile hekimliği uygulamasının verimlilik üzerine yansımaları ile ilgili değerlendirmeleri; a) cinsiyet b) yaş c) medeni durum d) meslek e) eğitim durumu f) sağlık çalışanı olarak çalışma süresi g) aile hekimliği sisteminde çalışma süresi h) aile hekimliği sisteminden önceki çalışmış olduğu sağlık kurumu ı) aile hekimliği birimine kayıtlı kişi sayısı i) aile sağlığı merkezinin bulunduğu ilçeye göre farklılık göstermektedir.

**Hipotez 7.** Aile hekimliği sistemi çalışanlarının aile hekimliği uygulamasının hizmet kalitesi üzerine yansımaları ile ilgili değerlendirmeleri; a) cinsiyet b) yaş c) medeni durum d) meslek e) eğitim durumu f) sağlık çalışanı olarak çalışma süresi g) aile hekimliği sisteminde çalışma süresi h) aile hekimliği sisteminden önceki çalışmış olduğu sağlık kurumu ı) aile hekimliği birimine kayıtlı kişi sayısı i) aile sağlığı merkezinin bulunduğu ilçeye göre farklılık göstermektedir.

**Hipotez 8.** Aile hekimliği sistemi çalışanlarının aile hekimliği uygulamasındaki olası sorunların giderilmesine yönelik yasal düzenleme ile ilgili çözüm önerileri; a) cinsiyet b) yaş c) medeni durum d) meslek e) eğitim durumu f) sağlık çalışanı olarak çalışma süresi g) aile hekimliği sisteminde çalışma süresi h) aile hekimliği sisteminden önceki çalışmış olduğu sağlık kurumu ı) aile hekimliği birimine kayıtlı kişi sayısı i) aile sağlığı merkezinin bulunduğu ilçeye göre farklılık göstermektedir.

**Hipotez 9.** Aile hekimliği sistemi çalışanlarının aile hekimliği uygulamasındaki olası sorunların giderilmesine yönelik mesleki gelişim ile ilgili çözüm önerileri; a) cinsiyet b) yaş c) medeni durum d) meslek e) eğitim durumu f) sağlık çalışanı olarak çalışma süresi g) aile hekimliği sisteminde çalışma süresi h) aile hekimliği sisteminden önceki çalışmış olduğu sağlık kurumu ı) aile hekimliği birimine kayıtlı kişi sayısı i) aile sağlığı merkezinin bulunduğu ilçeye göre farklılık göstermektedir.

**Hipotez 10.** Aile hekimliği sistemi çalışanlarının aile hekimliği uygulamasındaki olası sorunların giderilmesine yönelik çalışma koşullarını iyileştirme ile ilgili çözüm önerileri; a) cinsiyet b) yaş c) medeni durum d) meslek e) eğitim durumu f) sağlık çalışanı olarak çalışma süresi g) aile hekimliği sisteminde çalışma süresi h) aile hekimliği sisteminden önceki çalışmış olduğu sağlık kurumu ı) aile hekimliği birimine kayıtlı kişi sayısı i) aile sağlığı merkezinin bulunduğu ilçeye göre farklılık göstermektedir.

**Hipotez 11.** Aile hekimliği sistemi çalışanlarının aile hekimliği uygulamasındaki olası sorunların giderilmesine yönelik klinik rehber geliştirme ile ilgili çözüm önerileri; a) cinsiyet b) yaş c) medeni durum d) meslek e) eğitim durumu f) sağlık çalışanı olarak çalışma süresi g) aile hekimliği sisteminde çalışma süresi h) aile hekimliği sisteminden önceki çalışmış olduğu sağlık kurumu ı) aile hekimliği birimine kayıtlı kişi sayısı i) aile sağlığı merkezinin bulunduğu ilçeye göre farklılık göstermektedir.

**Hipotez 12.** Aile hekimliği sistemi çalışanlarının aile hekimliği uygulamasındaki olası sorunların giderilmesine yönelik personel eksikliğini giderme ile ilgili çözüm önerileri; a) cinsiyet b) yaş c) medeni durum d) meslek e) eğitim durumu f) sağlık çalışanı olarak çalışma süresi g) aile hekimliği sisteminde çalışma süresi h) aile hekimliği sisteminden önceki çalışmış olduğu sağlık kurumu ı) aile hekimliği birimine kayıtlı kişi sayısı i) aile sağlığı merkezinin bulunduğu ilçeye göre farklılık göstermektedir.

**Hipotez 13.** Aile hekimliği sistemi çalışanlarının aile hekimliği uygulamasındaki olası sorunların giderilmesine yönelik bilgi sistemi gelişimi ile ilgili çözüm önerileri; a) cinsiyet b) yaş c) medeni durum d) meslek e) eğitim durumu f) sağlık çalışanı olarak çalışma süresi g) aile hekimliği sisteminde çalışma süresi h) aile hekimliği sisteminden önceki çalışmış olduğu sağlık kurumu ı) aile hekimliği birimine kayıtlı kişi sayısı i) aile sağlığı merkezinin bulunduğu ilçeye göre farklılık göstermektedir.

## 2.4. VARSAYIMLAR

Ankete cevap veren aile hekimliği sisteminde çalışan aile hekimi ve aile sağlığı elemanının verdiği yanıtların yansız olduğu ve başkalarının fikirlerinden etkilenmediği ya da kişilerin bilinçli olarak yanlış / eksik bilgi vermediği düşünülmektedir.

## 2.5. KISITLILIKLAR

Bu araştırma Ankara Büyükşehir Belediye sınırları içinde yer alan sekiz ilçeden seçilen 56 aile sağlığı merkezinde çalışan sağlık personeline yapıldığı için sonuçları tüm aile hekimliği uygulamasında çalışanlara genellemek olası değildir. Fakat yine de ulaşılan sonuçların, aile hekimliği uygulamasına ilişkin önemli ipuçlarını ortaya koyabileceği söylenebilir.

Araştırmada kullanılan soru kağıdının geçerliliği, içerik geçerliliği ve yapı geçerliliği açısından test edilmiştir. İçerik geçerliliği ile ilgili değerlendirmeler iyi sonuçlar vermekle birlikte yapı geçerliliğini test etmek için kullanılan faktör analizi sonucunda birbiriyle ilişkili olması beklenen değişkenlerin bir araya gelmediği görülmüş ve bu nedenle çalışmanın esasına ilişkin maddeler araştırmacılar tarafından gruplandırılmıştır.

Ayrıca araştırmada kullanılan ölçeğin güvenilirliğini ortaya koymak için içsel tutarlılık katsayıları (Cronbach Alfa) hesaplanmış ve çalışma koşulu, ücret, çalışma koşullarının iyileştirilmesi ve personel eksikliğini giderme boyutlarına ilişkin katsayıların muhtemelen bu boyutların altında yer alan madde sayısının azlığı nedeniyle kabul edilebilir güvenirlik düzeyinin ($\alpha$= 0,50) altında olduğu bulunmuştur.

## 2.6. EVREN VE ÖRNEKLEM

Araştırma; ilk aşama kalitatif, ikinci aşama kantitatif olmak üzere iki aşamadan oluşmaktadır. Kalitatif araştırmadan oluşan birinci aşamada, aile hekimliği sistemiyle ilgili görüş ve önerileri ortaya koymak için Ankara Büyükşehir Belediyesi sınırları içinde hizmet veren ve araştırma kapsamındaki tüm ilçelerden en az bir çalışan olacak şekilde belirlenen 15 aile hekimi ve 15 aile sağlığı elemanı ile görüşülmüştür. İkinci aşama olan kantitatif araştırma aşamasında ise, araştırmanın evrenini temsil eden bir örnek üzerinde çalışmak için Ankara Büyükşehir Belediye sınırları içerisinde hizmet veren aile sağlığı merkezleri belirlenmiştir. Buna göre belediye sınırları içinde toplam 272 aile sağlığı merkezi bulunduğu ve aile sağlığı merkezlerinde 1126 aile hekimi, 1126 aile sağlığı elemanı olmak üzere toplam 2252 kişinin çalıştığı tespit edilmiştir. Örneklem büyüklüğü ise, aşağıdaki formülden yararlanılarak %95'lik güven düzeyi için, 348 kişi olarak hesaplanmış ve bu sayı yuvarlanarak örneklem sayısının 350'ye tamamlanmasına karar verilmiştir.

$$n=\frac{N\,t^2\,p\,q}{d^2\,(n-1)\,t^2\,p\,q} \qquad n=\frac{2252 \times (1{,}96)^2 \times 0{,}50 \times 0{,}50}{(0{,}05)^2 \times (2252-1)+(1{,}96)^2 \times 0{,}50 \times 0{,}50}=348$$

Örneklem büyüklüğü hesaplanmasının ardından rastgele tabakalı örnekleme yöntemine dayalı olarak Tablo 2'deki örnek seçimi yapılmıştır. Örnekleme giren aile sağlığı merkezlerinden aile sağlığı birimlerinin seçimi ise sistematik örnekleme yöntemiyle belirlenmiştir. Soru formunun uygulanması aşamasında seçilmiş olan aile sağlığı birimlerine ulaşılamaması durumunda, ilgili birim yerine aynı aile sağlığı merkezinde bulunan diğer aile sağlığı birimleri ikame olarak kullanılmıştır.

**Tablo 2. Evren ve Örneklemde Yer Alan Aile Sağlığı Merkezi ve Personel Sayılarının Dağılımı**

| Ankara Büyükşehir Sınırları İçindeki İlçeler | Evrendeki ASM Sayısı | Evrendeki Personel Sayısı | Örnekleme Giren ASM Sayısı | Örneklemdeki Personel Sayısı |
|---|---|---|---|---|
| **Altındağ** | 26 | 206 | 5 | 32 |
| **Çankaya** | 52 | 412 | 9 | 64 |
| **Etimesgut** | 24 | 204 | 6 | 32 |
| **Gölbaşı** | 14 | 58 | 3 | 8 |
| **Keçiören** | 60 | 464 | 11 | 72 |
| **Mamak** | 35 | 294 | 8 | 46 |
| **Sincan** | 24 | 264 | 6 | 40 |
| **Yenimahalle** | 37 | 350 | 8 | 54 |

**Kaynak:** Sağlık Bakanlığı Personel Genel Müdürlüğü.

## 2.7. VERİ TOPLAMA ARACI VE YÖNTEMİ

Kalitatif araştırma aşamasında 15 aile hekimi ve 15 aile sağlığı elemanı ile derinlemesine görüşme yapılmıştır. Derinlemesine görüşmelerde aile hekimliği çalışanlarının aile hekimliği uygulamasına ilişkin görüşlerini ve aile hekimliği uygulamasının olası sorunlarının giderilmesine yönelik çözüm önerilerini öğrenmek amacıyla toplam üç sorudan oluşan yapılandırılmış bir görüşme aracı kullanılmıştır (Ek 1). Yapılandırılmış görüşme aracı kullanılarak cevapların elde edilmesinde bireysel görüşme yönteminden faydalanılmıştır. Bu yöntem kullanılırken söz konusu çalışanların rahat bir şekilde yanıt verebilmeleri için uygun ortam sağlanmıştır.

Görüşme verileri not alma yöntemi ile kaydedilmiştir. Not almada görüşmeci ile bire bir mülakat yapılması gerekmektedir. Not alma yönteminin yanı sıra kalitatif araştırmalarda kayıt cihazı kullanılması da önerilmektedir. Ancak bu çalışmada görüşmecilerin üzerlerinde baskı hissetmemesi ve görüşmenin güvence altına alınabilmesi için kayıt cihazı kullanımı tercih edilmemiştir.

Birinci aşamada yapılan görüşmelerin ardından, bu görüşmelerden elde edilen veriler ışığında bir soru formu oluşturulmuştur. Kantitatif araştırma için hazırlanmış olan bu soru formu üç bölümden oluşmaktadır. Birinci bölümde, sağlık çalışanlarının sosyo-demografik özelliklerini belirlemeye yönelik toplam 10 soru bulunmaktadır.

Veri toplama aracının ikinci bölümünde, aile hekimliği uygulamasına yönelik görüşleri ortaya koymak için 34 maddeye yer verilmiş ve söz konusu maddeler 7 boyuta ayrılmıştır. İlk boyut çalışma koşuludur ve sekiz maddeden oluşmaktadır (1-8. maddeler). Bu maddelerde aile sağlığı merkezinin fiziki koşulları, aile sağlığı merkezi için verilen ödenek miktarı ile aile sağlığı merkezlerindeki sınıflandırma kriterleri hakkında ifadeler bulunmaktadır. Söz konusu boyutun altında yer alan "aile sağlığı merkezlerindeki sınıflandırma kriterleri ve bölgesel farklılıklar aile hekimleri arasında adaletsiz iş dağılımına neden olmaktadır" ifadesi olumsuz bir anlam içerdiği için analizlerde bu madde yeniden kodlanmıştır. İkinci değişken olan "iş yükü" boyutunda ise, üç madde bulunmaktadır (9-11. maddeler) ve aile hekimlerinin ve aile sağlığı elemanlarının haftalık çalışma süresi ve nöbet ile ilgili düşüncelerini ortaya koyacak ifadeler yer almaktadır. Bu boyutta uygulamaya yönelik ifadelerin hepsi olumsuz olduğu için analizlerde yeniden kodlama yapılmayıp sadece yorumlamada dikkat edilmiştir. Üçüncü değişken olan "ücret" boyutu üç madde içermektedir (12-14. maddeler). Bu maddeler; aile hekimliği uygulamasında çalışanlara verilen ücret, çalışanların emekli olma durumları ve performansa göre ödeme yöntemine ilişkin ifadeleri barındırmaktadır. Bu boyuttaki "uygulamada verilen ücretler emekliliğe yansıtılmadığından çalışanlar arasında emekli olma isteği azalmaktadır" ifadesi de olumsuz olduğu için yeniden kodlanmıştır. Dördüncü değişken "işe bağlılık ve memnuniyet" boyutudur. Bu boyutta beş ifade vardır (15-19. maddeler) ve aile hekimliği uygulamasının çalışanları nasıl etkilediği, çalışanların özlük hakları konusunda ve mesleki doyum ile ilgili ne düşündüğünü belirlemeye yönelik değerlendirmeler bulunmaktadır. İlgili boyutun altındaki "aile sağlığı merkezlerinde çalışan hekimler yeterince motive edilmemektedir" ve "aile sağlığı merkezlerinde çalışan aile sağlığı elamanları yeterince motive edilmemektedir" maddeleri de olumsuz anlam taşıdığı için analiz esnasında yeniden kodlanmıştır. Beşinci boyut olan hizmete erişim boyutunda beş ifade yer almaktadır (20-24. maddeler) ve bu ifadeler aile hekimliği uygulamasının hizmet erişimini nasıl etkilediğini belirlemeye yöneliktir. Üç madde içeren (25-27. maddeler) verimlilik boyutu ise, uygulamanın verimliliği hakkında aile hekimi ve aile sağlığı elemanlarının görüşlerini ortaya koymaya çalışmaktadır. Son boyut olan hizmet kalitesi ise yedi maddeden oluşmaktadır (28-34. maddeler). Bu maddeler aile hekimliği kapsamında sunulan sağlık hizmetinin kalitesini çalışan gözüyle değerlendirmek için geliştirilmiştir.

Veri toplama aracının üçüncü bölümünde ise, aile hekimliği uygulamasındaki olası sorunların giderilmesine yönelik 20 çözüm önerisi mevcuttur ve bu çözüm önerileri yasal düzenleme, mesleki gelişim, klinik rehber geliştirme, personel eksikliğini giderme, çalışma koşullarını iyileştirme ve bilgi sistemini geliştirmeden oluşan 6 boyuta ayrılmıştır. Yasal düzenleme boyutunda yedi çözüm önerisi (1-7. maddeler), mesleki gelişim boyutunda dört madde (8-11. maddeler), çalışma koşullarının iyileştirilmesi boyutunda iki öneri (12-13. maddeler), klinik rehber geliştirme boyutunun altında iki madde (14-15. maddeler), personel eksikliğini giderme boyutunda üç tane çözüm önerisi (16-18. maddeler), bilgi sistemi gelişimi ile ilgili boyutta ise, iki öneri (19-20. maddeler) yer almaktadır.

Tüm bu maddeler beşli Likert ölçeğine göre hazırlanmıştır. Ölçeğe göre; 1= kesinlikle katılmıyorum, 2= katılmıyorum, 3= kararsızım, 4=katılıyorum ve 5= kesinlikle katılıyorum anlamına gelmektedir.

## 2.8. VERİ TOPLAMA ARACININ UYGULANMASI

Yukarıda bahsedilen şekilde hazırlanan soru formunun araştırmaya katılanlar tarafından anlaşılır olup olmadığını test etmek için 3 - 14 Şubat 2014 tarihleri arasında aile hekimliği dernek başkanları ve çalışanları, aile hekimliği çalışanları ve üniversitelerin aile hekimliği anabilim dalı başkanlarından oluşan 20 kişi üzerinde ön uygulama yapılmıştır.

Yukarıda bahsedilen ön uygulamanın ardından, geliştirilen ve araştırmada kullanılan ölçeklerin güvenilirliği içsel tutarlık katsayıları ve test-tekrar test yöntemi kullanılarak belirlenmeye çalışılmıştır. Bu amaçla Konya'da bulunan aile sağlığı merkezlerinde hizmet sunan 13 aile hekimi ve 12 aile sağlığı elemanından oluşan toplam 25 çalışana test-tekrar test uygulaması yapılmıştır. Test-tekrar test yöntemi çalışmanın evreni içinde yer almayan bu 25 kişilik gruba, 10 gün arayla iki kez soru formunun uygulanması ile gerçekleştirilmiştir.

Test-tekrar test uygulaması ile ankete verilen cevapların zamana göre değişmezliğini ya da tutarlılığını ortaya koymak amaçlanmıştır.

Araştırma için belirlenen örnekleme soru formunun uygulanması ise, 01 Nisan – 02 Haziran 2014 tarihleri arasında, aile hekimleri ve aile sağlığı elemanlarıyla yüz yüze görüşme ile gerçekleştirilmiştir. Bir soru formunun katılımcı tarafından doldurulması ortalama 10- 15 dakika sürmüştür. Anket uygulaması esnasında katılımcılara bu soru formunda yer alan bilgilerin sadece bilimsel amaçlı kullanılacağı, cevapların gizli tutulacağı ve istedikleri zaman araştırmadan çekilebileceği belirtilmiştir. Anket uygulaması, aile sağlığı merkezlerinde, hekim ve aile sağlığı elemanının hastalarının olmadığı zamanlarda muayene odalarında gerçekleştirilmiştir. Anket bire bir uygulandığı için soruların eksik doldurulmamasına özen gösterilmiştir.

## 2.9. VERİLERİN ANALİZİ

Kalitatif araştırma kapsamında 15 aile hekimi ve 15 aile sağlığı elemanı ile gerçekleştirilen görüşmeler üzerinde yapılan betimsel analiz sonucunda 34 tane aile hekimliği uygulamasına yönelik görüşlere ve 20 tane aile hekimliğinin olası sorunlarının giderilmesine ilişkin çözüm önerisine ulaşılmıştır. Kantitatif araştırmada ise, çalışmanın amacına uygun olarak derlenen veriler SPSS programı (18.0) ile analiz edilmiştir. Araştırma kapsamındaki aile hekimliği sistemi çalışanlarının özellikleri; ortalama, standart sapma, frekans ve yüzde dağılımı gibi betimleyici istatistiklerle incelenmiştir. Bağımsız iki grup arasında fark olup olmadığını sınamak için iki ortalama arasındaki farkın önemlilik testi (student's-t test) kullanılırken, ikiden fazla grup arasında fark olup olmadığını test etmek için ise tek yönlü varyans analizi (ANOVA) kullanılmıştır. İkiden çok grup arasında fark olup olmadığını karşılaştırırken parametrik test varsayımlarının yerine gelmemesi durumunda ise Kruskal Wallis varyans analizi kullanılmıştır.

Yapılan tek yönlü varyans analizi ve Kruskal Wallis varyans analizi sonucunda istatistiksel olarak anlamlı farklılıkların bulunması durumunda ise, farkın hangi grup ya da gruplardan kaynaklandığı post-hoc testleri ile belirlenmeye çalışılmıştır. Bu araştırmada tek yönlü varyans analizi için post-hoc testlerinden LSD testi, Kruskal Wallis varyans analizi için ise iki gruplu karşılaştırmalar kullanılmıştır.

Ayrıca araştırmalarda kullanılan ölçüm araçlarının kullanışlı olup olmadığını ortaya koymak için geçerlilik ve güvenilirlik analizlerinin de yapılması gerekmektedir (Stenbacka, 2001: 551; Morse ve diğ., 2002: 1). Bu amaçla yapılan analizler ile ilgili açıklamalar aşağıda yer almaktadır.

**Geçerlilik Analizi**

Geçerlilik, ölçülmek istenen özelliğin gerçekte ölçülüp ölçülmediği ile ilgili bir kavramdır. Bu kapsamda, bir testin ölçmek istenen özelliği doğru ve diğer özelliklerle karıştırmadan ölçüyor olması söz konusu testin geçerli olduğunu gösterir (Alpar, 2012: 410).

Bu araştırmada kullanılan soru formu içerik geçerliliği ile yapı geçerliliği açısından değerlendirilmiştir. İçerik geçerliliğini belirlemek amacıyla, aile hekimi dernek başkanları, aile hekimliği çalışanları ve üniversite aile hekimliği anabilim dalı başkanlarından oluşan toplam 20 kişiden kalitatif araştırma aşamasında gerçekleştirilen görüşmeler sonucunda elde edilen maddeleri incelemeleri istenmiş ve her bir maddeyi "uygun", "uygun ancak, düzeltilmeli" ve "uygun değil, çıkarılmalı" seçenekleri çerçevesinde değerlendirmeleri istenmiştir. Görüşleri alınan uzmanlar, ifadelerin anlaşılır ve araştırmanın amacına uygun olduğunu dile getirmişlerdir. Ancak görüşü alınan uzmanlar kalitatif araştırma aşamasında yapılan görüşmelerden elde edilen "aile hekimliği uygulamasında çalışma saatlerim artmıştır" ifadesinin "aile hekimliği uygulamasında, haftalık çalışma süresinin üzerinde hizmet vermek zorunda kalabiliyorum" ifadesiyle, "aile hekimliği uygulamasını destekleyen yasalar yeterlidir" ifadesinin "mevcut aile hekimliği mevzuatı ihtiyaçlara cevap verecek düzeydedir" ifadesiyle, "uygulama, sorumlu hekimler açısından hasta bakmanın yanı sıra idari yükün de artmasına neden olmuştur" ifadesinin "aile hekimliği uygulaması özellikle, ASM yönetici hekimleri açısından aile hekimliği hizmetlerinin yanı sıra idari yükün de artmasına neden olmuştur" ifadesiyle ve "aile hekimliği uygulamasındaki çalışanların almış oldukları maaş iyi düzeydedir" ifadesinin "aile hekimliği uygulamasında çalışanlara verilen ücret yeterlidir" ifadesiyle değiştirilmesini; "aile hekimliği uygulamasında az sağlık personeliyle çok iş yapıldığı için iş yükü artmıştır", "aile hekimliği uygulaması çalışanlar arasındaki iletişimi arttırır", "aile hekimliği uygulaması ile daha çok okuyorum ve daha çok araştırıyorum", aile hekimliği uygulaması ile pratisyen hekimlerin hizmet verme yeterliliği artmıştır", "aile hekimliği uygulaması ile aşılama oranları artmıştır", "aile hekimliği uygulaması ile aile planlaması uygulama oranları artmıştır", aile hekimliği uygulaması ile gebe izlem oranları artmıştır" "aile hekimliği uygulaması ile sağlam çocuklar daha sık takip edilmektedir", "aile hekimliği uygulaması ile kronik hastaların takip sıklığı artmıştır" ve "aile hekimliğine nöbeti getirmek yerine halkı bilinçlendirip gereksiz insan gücü ve kaynak kullanımı engellenmeli" ifadelerinin de anketteki diğer maddelerle benzer anlam içerdiği için soru formundan çıkarılmasını önermişlerdir. Bu bağlamda kalitatif araştırma aşamasında elde edilen anket formu uzmanların söz konusu önerileri dikkate alınarak yeniden düzenlenmiş ve ankete son şekli verilmiştir.

Sonuçta kalitatif araştırma aşamasında yapılan derinlemesine görüşmelere dayalı olarak oluşturulan ve içerik geçerliliği açısından uzmanların görüşlerine göre son hali verilen anketin kapsamının konu ile ilgili literatür ile örtüştüğü bulgulanmış ve soru formunun aile hekimliği uygulamasına ilişkin değerlendirme yapmak için içerik açısından geçerli bir araç olduğu kabul edilmiştir.

Çalışmada kullanılan soru formunun geçerliliği ikinci bir yöntem olarak yapı geçerliliği açısından değerlendirildiğinde, yapılan faktör analizi sonucunda birbiriyle ilişkili olması beklenen değişkenlerin aynı faktörler altında bir araya gelmediği ve faktör analizinin kullanılabilir sonuçlar vermediği görülmüş ve bu nedenle kullanılan soru formu araştırmacı tarafından gruplandırılmıştır.

**Güvenilirlik Analizi**

Güvenilirlik analizi, bir ölçeğin, tekrarlanan ölçümleri arasındaki istikrarını belirlemek amacıyla yapılmaktadır. Kısacası güvenilirlik, aynı şeyin farklı ölçümleri arasındaki tutarlılık derecesi, yani ölçmenin tesadüfi yanılgılardan uzaklaşmasıdır. Güvenilirlik kavramı 0 ile 1 arasında ifade edilmektedir ve "0" güvenilirliğin olmadığını gösterirken, "1" en üst düzey güvenilirliğe sahip olduğunu gösterir. Bir ölçümün güvenilir olması, geçerli olduğu anlamına gelmemektedir (Golafshani, 2003: 599; Drost, 2011: 106; Oluwatayo, 2012: 395).

Güvenilirlik ile ilgili genel kabul görmüş katsayının 0,70 olduğu bilinmekle birlikte Stewart ve diğ. (1988) katsayının 0,50 veya daha yukarıda olması durumunda da güvenilirliğin gruplar arasında karşılaştırma yapmak için yeterli olduğunu belirtmektedir (Stewart ve diğ., 1988: 728).

Bu çalışmada soru kağıdının güvenirliği Tablo 3'de görüldüğü gibi içsel tutarlılık katsayısı (Cronbach alfa) ve 25 kişiye yapılan test-tekrar test analizleri ile değerlendirilmiştir. Çalışma koşulu, ücret, çalışma koşullarının iyileştirilmesi ve personel eksikliğini giderme boyutlarına ilişkin hesaplanan içsel tutarlılık katsayılarının (Cronbach Alfa) kabul edilebilirlik düzeyinin ($\alpha$=0,50) altında olduğu bulunmuştur. Bu boyutlara ilişkin katsayıların düşüklüğü ise, muhtemelen söz konusu boyutların altında yer alan soru sayısının azlığı ile açıklanabilir. Güvenirlik katsayısı düşük olan boyutlar dışarıda bırakılıp soru formunun genel güvenilirlik katsayısını yükseltmek mümkün olmakla birlikte, katsayısının düşüklüğü göze alınarak herhangi bir madde dışarıda bırakılmamıştır. İçsel tutarlılık katsayıları düşük olan bu boyutların test-tekrar test sonuçlarının ise %85'in üstünde olduğu hesaplanmıştır.

**Tablo 3. Kullanılan Ölçeğin Güvenilirlik Sonuçları**

| **Boyutlar** | **Madde Sayısı** | **Test-tekrar Test n= 25** | **İçsel Tutarlılık Katsayısı (Cronbach Alfa) n= 350** |
|---|---|---|---|
| **Çalışma Koşulu** | 8 | 0,97 | 0,42 |
| **İş Yükü** | 3 | 0,94 | 0,51 |
| **Ücret** | 3 | 0,96 | 0,27 |
| **İşe Bağlılık ve Memnuniyet** | 5 | 0,95 | 0,73 |
| **Hizmete Erişim** | 5 | 0,93 | 0,83 |
| **Verimlilik** | 3 | 0,93 | 0,74 |
| **Hizmet Kalitesi** | 7 | 0,93 | 0,69 |
| **Yasal Düzenleme** | 7 | 0,95 | 0,70 |
| **Mesleki Gelişim** | 4 | 0,97 | 0,65 |
| **Çalışma Koşullarını İyileştirme** | 2 | 0,90 | 0,16 |
| **Klinik Rehber Geliştirme** | 2 | 0,87 | 0,71 |
| **Personel Eksikliğini Giderme** | 3 | 0,97 | 0,21 |
| **Bilgi Sistemi Geliştirme** | 2 | 0,95 | 0,54 |
| **Genel** | 54 | | 0,86 |

# 3. BÖLÜM

# BULGULAR

Bu bölümde araştırmaya ilişkin bulgular yer almaktadır. Bulgular, kalitatif araştırma bulguları ve kantitatif araştırma bulguları olmak üzere iki başlık altında sunulmaktadır.

## 3.1. KALİTATİF ARAŞTIRMA BULGULARI

Kalitatif araştırma aşamasında Tablo 4'te belirtilen 15 aile hekimi ve 15 aile sağlığı elemanı ile birebir görüşme yapılmıştır. Kalitatif görüşme aşamasındaki tüm görüşler not tutma yöntemi ile kayıt altına alınmıştır. Görüşme yapılan kişilerin mesleği, görüşme tarihi ve görüşme sürelerine ilişkin bilgiler Tablo 4'te yer almaktadır.

**Tablo 4. Kalitatif Görüşme Bilgileri**

| Meslek | Görüşme Tarihi | Görüşme Süresi | Meslek | Görüşme Tarihi | Görüşme Süresi |
|---|---|---|---|---|---|
| Aile hekimi | 02.12.2013 | 30 dakika | Aile Sağlığı Elemanı | 19.12.2013 | 35 dakika |
| Aile Sağlığı Elemanı | 02.12.2013 | 35 dakika | Aile hekimi | 19.12.2013 | 30 dakika |
| Aile hekimi | 02.12.2013 | 30 dakika | Aile hekimi | 24.12.2013 | 40 dakika |
| Aile hekimi | 02.12.2013 | 30 dakika | Aile Sağlığı Elemanı | 24.12.2013 | 40 dakika |
| Aile Sağlığı Elemanı | 05.12.2013 | 35 dakika | Aile hekimi | 24.12.2013 | 25 dakika |
| Aile hekimi | 05.12.2013 | 35 dakika | Aile hekimi | 31.12.2013 | 30 dakika |
| Aile Sağlığı Elemanı | 05.12.2013 | 25 dakika | Aile Sağlığı Elemanı | 31.12.2013 | 30 dakika |
| Aile Sağlığı Elemanı | 10.12.2013 | 40 dakika | Aile Sağlığı Elemanı | 03.01.2014 | 35 dakika |
| Aile hekimi | 10.12.2013 | 30 dakika | Aile hekimi | 03.01.2014 | 40 dakika |
| Aile hekimi | 13.12.2013 | 25 dakika | Aile hekimi | 03.01.2014 | 30 dakika |
| Aile Sağlığı Elemanı | 13.12.2013 | 35 dakika | Aile Sağlığı Elemanı | 03.01.2014 | 30 dakika |
| Aile Sağlığı Elemanı | 13.12.2013 | 35 dakika | Aile hekimi | 09.01.2014 | 45 dakika |
| Aile Sağlığı Elemanı | 13.12.2013 | 35 dakika | Aile Sağlığı Elemanı | 09.01.2014 | 45 dakika |
| Aile hekimi | 13.12.2013 | 20 dakika | Aile Sağlığı Elemanı | 15.01.2014 | 30 dakika |
| Aile Sağlığı Elemanı | 19.12.2013 | 30 dakika | Aile hekimi | 15.01.2014 | 35 dakika |

Görüşmeler, 3 temel soru üzerinde yapılandırılmış görüşme şeklinde yapılmıştır. Sorulan sorular ve ortak verilen cevapların bazıları aşağıdaki gibidir;

Soru 1) Aile hekimliği uygulamasının muhtemel fayda ya da olumlu yönleri nelerdir?

- Aile hekimliği uygulaması ile hastalara eşit hakkaniyetli sağlık hizmeti sunulmaktadır (1 kişi görüş bildirmiştir).
- Aile hekimliği uygulaması ile hastalara sunulan sağlık hizmetinin kalitesi artmıştır (1 kişi görüş bildirmiştir).
- Aile hekimliği uygulaması ile hastaların sağlık hizmetine erişimi kolaylaşmıştır (2 kişi görüş bildirmiştir).
- Aile hekimliği uygulaması ile hasta odaklı sağlık hizmeti sunma anlayışı gelmiştir (4 kişi görüş bildirmiştir).
- Aile hekimliği uygulaması ile kronik hastaların takip sıklığı artmıştır (3 kişi görüş bildirmiştir).
- Aile hekimliği uygulaması ile koruyucu sağlık hizmet uygulamaları artmıştır ( 2 kişi görüş bildirmiştir).
- Aile hekimliği uygulaması ile sağlık personelinin hastalarına daha fazla vakit ayırabilmesi sağlanmıştır (4 kişi görüş bildirmiştir).
- Aile hekimliği uygulaması ile toplum sağlığı daha çok kontrol altına alınmıştır (2 kişi görüş bildirmiştir).
- Aile hekimliği uygulaması ile birinci basamakta sunulan hizmetin maliyeti düşmüştür (1 kişi görüş bildirmiştir).
- Aile hekimliği uygulaması ile çalışanların işe bağlılıkları artmıştır (2 kişi görüş bildirmiştir).

Soru 2) Aile hekimliği uygulamasının muhtemel olumsuz yönleri nelerdir?

- Aile sağlığı merkezinin fiziki koşulları rahat ve kullanışlı değildir (3 kişi görüş bildirmiştir).
- Aile hekimliği uygulamasında çalışanlara verilen ücret yeterli değildir (4 kişi görüş bildirmiştir).
- Aile hekimliğinde çalışanların iş yükleri artmıştır ( 1 kişi görüş bildirmiştir).
- Aile hekimliği birimlerine düşen hasta sayısı çok fazladır (1 kişi görüş bildirmiştir).
- Mevcut aile hekimliği mevzuatı ihtiyaçlara cevap verecek düzeyde değildir (3 kişi görüş bildirmiştir).

- Aile hekimliği uygulamasında yer alan hekim ve aile sağlığı elamanının görev tanımları açık ve belirgin değildir (4 kişi görüş bildirmiştir).
- Aile hekimliği uygulaması ile sağlık çalışanlarının özlük hakları elinden alınmıştır (2 kişi görüş bildirilmiştir).
- Aile hekimliği uygulamasında verilen eğitimler yetersizdir (1 kişi görüş bildirmiştir).
- Performansa göre ödeme yönteminde pozitif performansın yanında negatif performansın da dikkate alınması gerekir (3 kişi görüş bildirmiştir).

Soru 3) Aile hekimliği uygulamasının olası sorunlarının ve olumsuz yönlerinin giderilmesine yönelik çözüm önerileri nelerdir?

- Uygulamada çalışan hekim ve aile sağlığı elemanlarının özlük haklarında iyileştirmeler yapılmalıdır (5 kişi görüş bildirmiştir).
- Aile hekimliğinde çalışanların sürekli mesleki gelişimlerini sağlamak için kongre, sempozyumlara katılımları desteklenmelidir (2 kişi görüş bildirmiştir).
- Aile hekimliğinde çalışanların iş yükünü azaltmak için idari personel görevlendirilmelidir (2 kişi görüş bildirmiştir).
- Aile hekimliği birimine kayıtlı kişi sayısı azaltılmalıdır (1 kişi görüş bildirmiştir).
- Aile hekimliğinde çalışan hekim ve aile sağlığı elemanı sözleşmeli değil, 657 nolu yasaya bağlı çalışmalıdır (2 kişi görüş bildirmiştir).
- Pozitif ve negatif performansa yönelik ödeme uygulaması yerine sadece pozitif performansa göre ödeme yapılmalıdır (3 kişi görüş bildirmiştir).

Yapılan kalitatif görüşmelerin sonucunda; aile hekimliği uygulamasının olumlu yönlerine 30 farklı görüş, aile hekimliği uygulamasının olumsuz yönlerine 35 farklı görüş ve aile hekimliği uygulamasının olumsuz yönlerinin giderilmesine yönelik 25 farklı çözüm önerisi elde edilmiştir. Ancak bu aşamada önemli hiçbir ifadeyi dışarıda bırakmamak kaygısı ile hareket edildiği için aynı anlama gelen görüşler ve çözüm önerileriyle karşılaşılmıştır. Benzer ifadeler çıkartıldıktan sonra aile hekimliği uygulaması ile ilgili görüş ve öneriler; çalışma koşulu, ücret, işe bağlılık ve memnuniyet, iş yükü, hizmete erişim, hizmet kalitesi, verimlilik, yasal düzenleme, mesleki gelişim, klinik rehber geliştirme, personel eksikliğini giderme, çalışma koşullarını iyileştirme ve bilgi sistemi gelişimi gibi on üç boyutta toplanmış ve kişisel bilgilerle ilgili 10 adet soru da eklenerek toplam 64 maddeden oluşan ve kantitatif araştırma aşamasında kullanılan soru formu geliştirilmiştir.

## 3.2. KANTİTATİF ARAŞTIRMA BULGULARI

Bu bölümde, araştırmaya katılan aile sağlığı merkezi çalışanlarının sosyo-demografik özellikleri hakkında bilgiler sunulacak ve aile hekimliği uygulamasına yönelik görüş ve öneriler; cinsiyet, yaş, medeni durum, meslek, eğitim durumu, sağlık çalışanı olarak çalışma süresi, aile hekimliği sisteminde çalışma süresi, aile hekimliği sisteminden önceki çalışmış olduğu sağlık kurumu, aile hekimliği birimine kayıtlı kişi sayısı, aile sağlığı merkezinin bulunduğu ilçeye göre değerlendirilecektir.

Ankara Büyükşehir Belediye sınırları içinde hizmet sunan aile hekimleri ve aile sağlığı elemanları üzerinde yapılan bu çalışmaya toplam 350 kişi katılmıştır. Katılımcıların sosyo-demografik özelliklerine ilişkin bulguları Tablo 5'de yer almaktadır.

**Tablo 5. Araştırma Kapsamındaki Aile Sağlığı Merkezi Çalışanlarının Dağılımı (n= 350)**

| **Değişkenler** | **n** | **%** |
|---|---|---|
| **ASM Bölgesi** | | |
| Altındağ | 32 | 9,1 |
| Çankaya | 66 | 18,9 |
| Etimesgut | 32 | 9,1 |
| Gölbaşı | 8 | 2,3 |
| Keçiören | 72 | 20,6 |
| Mamak | 46 | 13,1 |
| Sincan | 40 | 11,4 |
| Yenimahalle | 54 | 15,4 |
| **Cinsiyet** | | |
| Erkek | 96 | 27,4 |
| Kadın | 254 | 72,6 |
| **Yaş** | | |
| 18-35 | 95 | 27,1 |
| 36-40 | 98 | 28,0 |
| 41-45 | 79 | 22,6 |
| 46-62 | 78 | 22,3 |

**Tablo 5. Araştırma Kapsamındaki Aile Sağlığı Merkezi Çalışanlarının Dağılımı (n= 350)**

| Değişkenler | n | % |
|---|---|---|
| **Medeni Durum** | | |
| Evli | 290 | 82,9 |
| Evli Değil | 60 | 17,1 |
| **Meslek** | | |
| Pratisyen Aile Hekimi | 157 | 44,9 |
| Uzman Hekim | 18 | 5,1 |
| Hemşire | 91 | 26,0 |
| Ebe | 73 | 20,9 |
| Diğer | 11 | 3,1 |
| **Eğitim Durumu** | | |
| Lise | 34 | 9,7 |
| Önlisans | 87 | 24,9 |
| Lisans | 191 | 54,6 |
| Yüksek Lisans & Doktora | 20 | 5,7 |
| Tıpta Uzmanlık | 18 | 5,1 |
| **Toplam Çalışma Süresi (ay)** | | |
| 4-144 | 89 | 25,4 |
| 145-216 | 92 | 26,3 |
| 217-264 | 80 | 22,9 |
| 265-432 | 89 | 25,4 |
| **ASM'deki Çalışma Süresi (ay)** | | |
| 2-46 | 158 | 45,1 |
| 47-84 | 192 | 54,9 |
| **Önceki Çalıştığı Kurum** | | |
| Sağlık Ocağı | 173 | 49,4 |
| AÇSAP | 26 | 7,4 |
| Hastane | 105 | 30,0 |
| Sağlık Müd & Sağ Bak & Diğer | 31 | 8,9 |
| Cevap yok | 15 | 4,3 |
| **Kayıtlı Kişi Sayısı** | | |
| 2950-3728 | 87 | 24,9 |
| 3729-3950 | 88 | 25,1 |
| 3951-4000 | 89 | 25,4 |
| 4001-4445 | 85 | 24,3 |
| Cevap yok | 1 | ,3 |

Araştırmaya katılan aile hekimleri ve aile sağlığı elemanlarının hizmet sunduğu aile sağlığı merkezinin bulunduğu ilçeye göre dağılımına bakıldığında katılımcıların; Keçiören (%20,6), Çankaya (%18,9), Yenimahalle (%15,4), Mamak (%13,1), Sincan (%11,4), Altındağ - Etimesgut (%9,1) ve Gölbaşı (%2,3) ilçelerinde çalıştığı görülmektedir. En fazla katılımcı oranının Keçiören ilçesinde olması aile sağlığı merkezi sayısının (60) çok olmasıyla açıklanırken, Gölbaşı ilçesinde en az katılımcının olması ise, aile sağlığı merkezi sayısının (14) düşük olmasıyla açıklanmaktadır.

Örneklem grubundaki aile hekimlerinin ve aile sağlığı elemanlarının cinsiyete göre dağılımlarına bakıldığında, kadınların oranının örneklemin 2/3'ünü oluşturduğu görülmektedir. Kadınların (%72,6) payının örneklemin yarısından fazla olması, hemşirelerin %97,7'sinin kadın olması ile açıklanmaktadır.

Araştırmaya katılanların yaşa göre dağılımlarına bakıldığında, katılımcıların büyük çoğunluğunun 18-35 (%27,1) ve 36-40 (%28) yaş gruplarında olduğu, bunu 41-45 (%22,6) ve 46-62 (%22,3) yaş gruplarının takip ettiği görülmektedir. Medeni durum açısından değerlendirildiğinde, katılımcıların 4/5'nin evlilerden (%82,9) oluştuğu saptanırken, 1/5'nin evli olmadığı gözlemlenmiştir.

Anketi cevaplayanların mesleklerine bakıldığında, %44,9'unun pratisyen aile hekimi, %5,1'inin uzman hekim ve %50'sinin hemşire, ebe ve diğer meslek (ATT gibi) grubunda olduğu bulunmuştur. Toplam örneklemde uzman hekim oranının bu kadar düşük olması, fiilen aile hekimliği sisteminde çalışan uzman hekim sayısının azlığı ile açıklanmaktadır.

Eğitim durumu açısından bakıldığında, çalışanların 1/2'sinin lisans mezunu (%54,9) olduğu görülmektedir. Diğer katılımcıların ise, %24,9'unun önlisans, %9,7'sinin lise, %5,7'sinin yüksek lisans & doktora, %5,1'inin de tıpta uzmanlık derecelerine sahip olduğu bulgulanmıştır. Eğitim durumu meslekler açısından incelendiğinde, lisans mezunlarının %40'ının pratisyen aile hekimlerinden, %14,6'sının da hemşire ve ebelerden oluştuğu görülmektedir.

Ankete katılan aile hekimi ve aile sağlığı elemanlarının sağlık çalışanı olarak toplam görev sürelerine bakıldığında %25,4'ünün görev süresinin 4–144 ay arasında olduğu, %26,3'ünün 145-216 ay arasında olduğu, %22,9'unun 217–264 ay arasında olduğu ve son olarak da %25,4'ünün 265-432 ay arasında olduğu belirlenmiştir. Aile hekimliği sisteminde çalışma süreleri açısından değerlendirildiğinde, %45,1'inin 2-46 ay aralığında, %54,9'unun 47-84 ay aralığında çalıştığı bulgulanmıştır.

Araştırmaya katılan çalışanların aile hekimliği sisteminden önceki çalıştığı kurumlara bakıldığında, sağlık ocağında çalışanların payının örneklemin neredeyse 1/2'sine tekabül ettiği görülmektedir. Sağlık ocağı çalışanlarının (%49,4) payını sırayla hastane çalışanları (%30), AÇSAP (%7,4), sağlık müdürlüğü & Sağlık Bakanlığı (%8,9) çalışanları takip etmektedir. Ayrıca ankete katılanların %4,3'nün daha önce herhangi bir sağlık kurumunda çalışmadığı saptanmıştır. Aile hekimliği birimine kayıtlı kişi sayıları açısından değerlendirildiğinde ise, kayıtlı kişi sayısı aralığının 2950 ile 4445 arasında değiştiği gözlemlenmiştir.

**Tablo 6. Aile Hekimliği Çalışanlarının Aile Hekimliği Uygulamasına İlişkin Görüşlerinin Cinsiyete Göre Karşılaştırılması**

| Değişkenler | Erkek | | Kadın | | | |
|---|---|---|---|---|---|---|
| | Ort. | Ss. | Ort. | Ss. | t testi | p |
| **Çalışma Koşulu** | 2,90 | 0,92 | 2,87 | 0,61 | 0,392 | 0,695 |
| Aile sağlığı merkezlerinin fiziki koşulları rahat ve kullanışlıdır. | 3,47 | 1,38 | 3,47 | 1,28 | -0,024 | 0,981 |
| Aile hekimliği uygulamasında çalışan hekim ve aile sağlığı elemanı arasındaki iletişim ve işbirliği yeterli seviyededir. | 3,65 | 1,18 | 3,66 | 1,16 | -0,083 | 0,934 |
| Aile hekimliği uygulamasında çalışan hekim ve hemşirelerin hizmet içi eğitim olanakları artmıştır. | 2,79 | 1,27 | 2,84 | 1,27 | -0,308 | 0,759 |
| Aile sağlığı merkezleri için verilen ödenek miktarı merkezin ihtiyaçlarını karşılamak için yeterlidir. | 3,14 | 1,24 | 3,30 | 1,25 | -1,119 | 0,264 |
| Aile hekimliği uygulamasında yer alan hekim ve aile sağlığı elemanlarının görev tanımları, açık ve belirgindir. | 2,47 | 1,40 | 2,69 | 1,33 | -1,362 | 0,174 |
| Mevcut aile hekimliği mevzuatı ihtiyaçlara cevap verecek düzeydedir. | 2,44 | 1,25 | 2,67 | 1,28 | -1,491 | 0,137 |
| Aile hekimliği uygulaması Türkiye'de birinci basamak sağlık hizmetlerini özelleştirmek için atılan bir adımdır. | 3,46 | 1,20 | 3,72 | 1,17 | -1,886 | 0,060 |
| Aile sağlığı merkezlerindeki sınıflandırma kriterleri ve bölgesel farklılıklar aile hekimleri arasında adaletsiz iş dağılımına neden olmaktadır. | 4,39 | 5,36 | 3,98 | 1,08 | 0,735 | 0,464 |
| **İş Yükü** | 4,06 | 0,86 | 3,86 | 0,92 | 1,796 | 0,073 |
| Aile hekimliği uygulamasında, haftalık çalışma süresinin üzerinde hizmet vermek zorunda kalabiliyorum. | 3,69 | 1,29 | 3,23 | 1,38 | 2,802 | **0,005** |
| Aile hekimliği uygulamasında çalışan personele zorunlu nöbet (adli, acil vb.) getirilmesi çalışanları olumsuz etkilemiştir. | 4,33 | 1,25 | 4,30 | 1,28 | 0,198 | 0,843 |
| Aile hekimliği uygulaması özellikle, ASM yönetici hekimleri açısından aile hekimliği hizmetlerinin yanı sıra idari yükün de artmasına neden olmuştur. | 4,15 | 1,23 | 4,05 | 1,16 | 0,697 | 0,486 |
| **Ücret** | 3,36 | 0,71 | 3,22 | 0,77 | 0,491 | 0,623 |
| Aile hekimliği uygulamasında çalışanlara verilen ücret yeterlidir. | 3,31 | 1,19 | 2,85 | 1,34 | 2,941 | **0,003** |
| Uygulamada verilen ücretler emekliliğe yansıtılmadığından çalışanlar arasında emekli olma isteği azalmaktadır. | 4,46 | 0,99 | 4,32 | 0,94 | 1,181 | 0,239 |
| Performans değerlendirmede pozitif performans yanında negatif performansa da yer verilmesi doğru bir uygulamadır. | 2,31 | 1,39 | 2,50 | 1,39 | -1,101 | 0,272 |

**Tablo 6. Aile Hekimliği Çalışanlarının Aile Hekimliği Uygulamasına İlişkin Görüşlerinin Cinsiyete Göre Karşılaştırılması (Devam)**

| Değişkenler | Erkek | | Kadın | | | |
|---|---|---|---|---|---|---|
| | Ort. | Ss. | Ort. | Ss. | t testi | p |
| **İşe Bağlılık ve Memnuniyet** | 3,31 | 0,65 | 3,25 | 0,66 | 0,864 | 0,388 |
| Aile hekimliği uygulaması çalışanların işe bağlılıklarını artırmıştır. | 3,45 | 1,22 | 3,37 | 1,25 | 0,524 | 0,601 |
| Aile hekimliği uygulaması ile hekim ve aile sağlığı elemanın mesleki doyumu artmıştır. | 3,21 | 1,34 | 2,98 | 1,33 | 1,449 | 0,148 |
| Aile hekimliği uygulaması ile sağlık personelinin özlük hakları iyileşmiştir. | 2,52 | 1,33 | 2,44 | 1,33 | 0,527 | 0,599 |
| Aile sağlığı merkezlerinde çalışan hekimler yeterince motive edilmemektedir. | 3,70 | 1,22 | 3,57 | 1,31 | 0,799 | 0,425 |
| Aile sağlığı merkezlerinde çalışan aile sağlığı elamanları yeterince motive edilmemektedir. | 3,70 | 1,21 | 3,89 | 1,27 | -1,277 | 0,202 |
| **Hizmete Erişim** | 3,70 | 0,87 | 3,70 | 0,87 | 0,010 | 0,992 |
| Aile hekimliği uygulaması ile hastalara eşit ve hakkaniyetli sağlık hizmeti sunulmaktadır. | 3,72 | 1,19 | 3,68 | 1,12 | 0,304 | 0,761 |
| Aile hekimliği uygulaması ile vatandaşların sağlık hizmetine ulaşımı kolaylaşmıştır. | 3,92 | 1,06 | 3,82 | 1,03 | 0,755 | 0,451 |
| Aile hekimliği uygulaması ile birinci basamakta tedavi edici sağlık hizmetleri uygulamaları artmıştır. | 3,34 | 1,21 | 3,44 | 1,17 | -0,686 | 0,493 |
| Aile hekimliği uygulaması ile birinci basamakta koruyucu sağlık hizmetleri uygulamaları artmıştır. | 3,80 | 1,16 | 3,82 | 1,14 | -0,122 | 0,903 |
| Aile hekimliği uygulaması ile kronik hastaların takip sıklığı artmıştır. | 3,71 | 1,14 | 3,72 | 1,10 | -0,121 | 0,904 |
| **Verimlilik** | 3,43 | 1,01 | 3,35 | 0,94 | 0,713 | 0,476 |
| Aile hekimliği uygulamasından sonra hastaların 2. ve 3. basamak sağlık hizmetlerine başvuru oranları düşmüştür. | 3,24 | 1,25 | 3,28 | 1,19 | -0,276 | 0,782 |
| Aile hekimliği uygulaması ile birinci basamakta etkili ve verimli sağlık hizmeti sunulmaktadır. | 3,48 | 1,15 | 3,53 | 1,17 | -0,375 | 0,708 |
| Aile hekimliği uygulaması birinci basamakta sunulan hizmetin maliyetini düşürmüştür. | 3,56 | 1,14 | 3,22 | 1,19 | 2,393 | **0,017** |
| **Hizmet Kalitesi** | 3,54 | 1,21 | 3,53 | 0,82 | 0,135 | 0,893 |
| Aile hekimliği uygulaması ile hastalara sunulan sağlık hizmetinin kalitesi artmıştır. | 3,68 | 1,23 | 3,60 | 1,17 | 0,525 | 0,600 |
| Aile hekimliği uygulaması hasta odaklı sağlık hizmeti sunma anlayışını getirmiştir. | 3,69 | 1,01 | 3,86 | 1,05 | -1,376 | 0,170 |
| Aile hekimliği uygulaması ile hasta ve sağlık personeli arasındaki iletişim sağlık ocağı uygulamasına göre daha da güçlenmiştir. | 3,71 | 1,16 | 3,74 | 1,20 | -0,223 | 0,823 |
| Aile hekimliği uygulaması sağlık personelinin hastalarına daha fazla vakit ayırabilmesini sağlamıştır. | 3,48 | 1,28 | 3,48 | 1,28 | -0,007 | 0,994 |
| Aile hekimliği uygulaması sadece aile hekimi uzmanları ile etkili olabilecek bir sistemdir. | 2,88 | 5,54 | 2,67 | 1,41 | 0,537 | 0,591 |
| Toplumun birinci basamak hizmetlere ilişkin memnuniyeti artmıştır. | 3,84 | 1,03 | 3,79 | 1,06 | 0,416 | 0,678 |
| Aile hekimliği uygulaması ile toplumun sağlığı daha çok kontrol altına alınmıştır. | 3,52 | 1,14 | 3,54 | 1,18 | -0,132 | 0,895 |

Tablo 6 aile hekimliği çalışanlarının aile hekimliği uygulamasına yönelik görüşlerinin cinsiyete göre karşılaştırılmasını göstermektedir. Buna göre aile hekimliği çalışanlarının görüşleri çalışma koşulu, iş yükü, ücret, işe bağlılık ve memnuniyet, hizmete erişim, verimlilik ve hizmet kalitesi açısından değerlendirildiğinde bu boyutlara ilişkin değerlendirmelerinin cinsiyete göre anlamlı bir farklılık göstermediği bulunmuştur ($p \geq 0,05$). Fakat İş yükü, ücret ve verimlilik boyutları açısından anlamlı bir farlıklık olmamasına rağmen her birinin altında yer alan birer maddeye ilişkin verilen cevapların istatistiksel olarak anlamlı bir farklılık gösterdiği tespit edilmiştir ($p<0,05$). Bu maddelere göre, iş yükü boyutunda yer alan "aile hekimliği uygulamasında, haftalık çalışma süresinin üzerinde hizmet vermek zorunda kalabiliyorum" ($p= 0,005$) maddesine erkeklerin kadınlara göre daha çok katıldığı gözlemlenmiştir. Aynı şekilde ücret boyutu altında yer alan "aile hekimliği uygulamasında çalışanlara verilen ücret yeterlidir" ($p= 0,003$) maddesi ile verimlilik boyutu altında yer alan "aile hekimliği uygulaması birinci basamakta sunulan hizmetin maliyetini düşürmüştür" ($p= 0,017$) maddesine erkekler kadınlara göre daha fazla katılmışlardır. Sonuç olarak Hipotez 1.a, 2.a, 3.a, 4.a, 5.a, 6.a ve 7.a reddedilmiştir.

**Tablo 7. Aile Hekimliği Çalışanlarının Aile Hekimliği Uygulaması Sorunlarının Çözümüne İlişkin Önerilerinin Cinsiyete Göre Karşılaştırılması**

| Değişkenler | Erkek | | Kadın | | | |
|---|---|---|---|---|---|---|
| | Ort. | Ss. | Ort. | Ss. | t testi | p |
| **Yasal düzenleme** | 4,25 | 0,54 | 4,34 | 0,56 | -1,322 | 0,187 |
| Uygulamada çalışan hekim ve hemşirelerin özlük haklarında iyileştirmeler yapılmalıdır. | 4,43 | 0,80 | 4,48 | 0,90 | -0,470 | 0,639 |
| Pozitif ve negatif performansa yönelik ödeme uygulaması yerine sadece pozitif performansa göre ödeme yapılmalıdır. | 3,97 | 1,07 | 4,15 | 1,03 | -1,446 | 0,149 |
| Performans hesaplamada sadece hasta sayısı gibi sayısal değerler değil, kalite göstergeleri de dikkate alınmalıdır. | 4,00 | 0,91 | 4,28 | 0,91 | -2,525 | **0,012** |
| Aile hekimliği sisteminden ihtar puanı uygulaması kaldırılmalıdır. | 4,28 | 0,93 | 4,13 | 1,04 | 1,218 | 0,224 |
| Aile Sağlığı Merkezlerinde çalışan hekim ve aile sağlığı elamanları sözleşmeli değil, 657 nolu yasaya bağlı çalışmalıdır. | 4,35 | 0,92 | 4,59 | 0,75 | -2,432 | **0,016** |
| Aile hekimlerine kayıtlı kişi sayısı düşürülerek aile hekimlerinin poliklinik hizmetlerine ayırdıkları zaman azaltılmalı ve daha çok koruyucu sağlık hizmeti vermesi sağlanmalıdır. | 4,47 | 0,77 | 4,43 | 0,85 | 0,358 | 0,720 |
| Gebe ve bebek takibinde yaşanan sorunları azaltmak için, 2. ve 3. basamak sağlık kuruluşuna başvurular kısıtlanarak bireyin aile hekimliğine yönlendirilmesi sağlanmalı ve bireye bildirim zorunluluğu getirilmelidir. | 4,24 | 1,07 | 4,30 | 0,99 | -0,525 | 0,600 |

**Tablo 7. Aile Hekimliği Çalışanlarının Aile Hekimliği Uygulaması Sorunlarının Çözümüne İlişkin Önerilerinin Cinsiyete Göre Karşılaştırılması (Devam)**

| Değişkenler | Erkek | | Kadın | | t testi | P |
|---|---|---|---|---|---|---|
| | Ort. | Ss. | Ort. | Ss. | | |
| **Mesleki Gelişim** | 3,94 | 0,68 | 3,95 | 0,74 | -0,093 | 0,926 |
| Aile hekimliğinde çalışan hekim ve hemşirelerin sürekli mesleki eğitimleri için kongre ve sempozyumlara katılımları desteklenmelidir. | 4,38 | 0,73 | 4,30 | 0,84 | 0,820 | 0,413 |
| Aile hekimliğinde çalışan hekimlere idari eğitimler de verilmelidir. | 3,81 | 1,04 | 4,03 | 0,98 | -1,832 | 0,068 |
| Aile hekimlerine periyodik olarak mesleki yeterliliklerini geliştirecek eğitimler verilmeli ve bu eğitimlerin sonunda yeterlilikleri ölçen sınavlar yapılmalıdır. | 3,34 | 1,28 | 3,53 | 1,26 | -1,213 | 0,226 |
| Aile hekimliği eğitimini tamamlayan hekimlere eğer isterlerse eğitim sürelerini uzatarak özellikle geriatri ve acil tıp alanlarında akademik kariyer imkanları sağlanmalıdır. | 4,24 | 0,96 | 3,95 | 1,05 | 2,361 | **0,019** |
| **Çalışma Koşullarının İyileştirilmesi** | 4,18 | 0,68 | 4,24 | 0,73 | -0,697 | 0,487 |
| Aile sağlığı merkezlerinde laboratuvar ve görüntüleme birimleri oluşturulmalıdır. | 3,66 | 1,26 | 3,84 | 1,10 | -1,280 | 0,202 |
| Evde bakım hizmetleri aile hekimleri tarafından değil, hastanelere veya TSM'lere bağlı evde sağlık hizmetleri birimlerince verilmelidir. | 4,71 | 0,60 | 4,64 | 0,82 | 0,729 | 0,466 |
| **Klinik Rehber Geliştirme** | 4,17 | 0,81 | 4,16 | 0,78 | 0,056 | 0,956 |
| Aile Sağlığı Merkezleri ve Toplum Sağlığı Merkezleri için tanı, tedavi ve uygulama rehberleri geliştirilmelidir. | 4,20 | 0,80 | 4,20 | 0,86 | -0,068 | 0,946 |
| Klinik ve pratik saha rehberi yayınlanarak tüm ülkede aile hekimliği uygulaması standart hale getirilmelidir. | 4,14 | 0,94 | 4,12 | 0,95 | 0,153 | 0,879 |
| **Personel Eksikliğini Giderme** | 4,11 | 0,70 | 4,38 | 1,03 | -2,366 | **0,019** |
| Aile hekimliği merkezlerinin büro ve yazışma işleri (fatura ödeme, kırtasiye, evrak fazlalığı vb. ) için bir idari personel görevlendirilmelidir. | 4,34 | 0,83 | 4,47 | 0,76 | -1,380 | 0,169 |
| Aile sağlığı merkezlerindeki çalışma ortamlarını daha güvenli hale getirebilmek için güvenlik görevlisi görevlendirilmelidir. | 4,31 | 0,84 | 4,46 | 0,78 | -1,508 | 0,132 |
| Aile hekimliği merkezlerinde verilen hizmetler; fizik tedavi uzmanı, diş hekimi, ebe, sosyal çalışmacı ve diyetisyen gibi personelin bulunduğu bir ekip ile sunulmalıdır. | 3,67 | 1,22 | 4,20 | 2,72 | -1,854 | 0,065 |
| **Bilgi Sistemi Geliştirme** | 4,33 | 0,70 | 4,40 | 0,66 | -0,774 | 0,440 |
| Aile hekimliği uygulamasında, bütün hizmet sağlayıcılarının ulaşabileceği bir hasta kayıt sistemi oluşturulmalıdır. | 4,13 | 0,95 | 4,26 | 0,78 | -1,201 | 0,232 |
| Gebe ve bebek takibinde yaşanan sorunları azaltmak için, herhangi bir sağlık kuruluşuna başvuran gebeler ortak bir veri tabanında izlenmeli. | 4,54 | 0,71 | 4,54 | 0,82 | 0,066 | 0,948 |

Tablo 7'ye göre aile hekimliği çalışanlarının aile hekimliği uygulamasının sorunlarına yönelik çözüm önerileri cinsiyete göre karşılaştırıldığında, sadece personel eksikliğini giderme boyutuna verilen cevapların istatistiksel olarak anlamlı bir farklılık yarattığı bulgulanmıştır (p= 0,019). Buna göre personel eksikliğini giderme boyutuna ilişkin ifadelere kadınların erkeklere oranla daha fazla katıldığı sonucuna varılmış ve Hipotez 12.a kabul edilmiştir.

Personel eksikliğini giderme boyutunun dışında kalan yasal düzenleme, mesleki gelişim çalışma koşullarının iyileştirilmesi, klinik rehber geliştirme ve bilgi sistemi geliştirme boyutlarına ilişkin görüşlerde istatistiksel olarak anlamlı bir farklılık olmamakla birlikte ($p \geq 0,05$), yasal düzenleme boyutundaki iki maddeye ve mesleki gelişim boyutundaki bir maddeye ilişkin görüşlerin cinsiyete göre istatistiksel olarak anlamlı farklılık gösterdiği saptanmıştır ($p < 0,05$). Söz konusu maddelere göre yasal düzenleme boyutunda yer alan "performans hesaplamada sadece hasta sayısı gibi sayısal değerler değil, kalite göstergeleri de dikkate alınmalıdır" ($p= 0,012$) ve "aile sağlığı merkezlerinde çalışan hekim ve aile sağlığı elamanları sözleşmeli değil, 657 nolu yasaya bağlı çalışmalıdır'' ($p= 0,016$) maddelerine kadınların erkeklere oranla daha fazla katıldığı gözlemlenmiştir. Mesleki gelişim boyutu cinsiyete göre karşılaştırıldığında bu boyutta yer alan "aile hekimliği eğitimini tamamlayan hekimlere eğer isterlerse eğitim sürelerini uzatarak özellikle geriatri ve acil tıp alanlarında akademik kariyer imkanları sağlanmalıdır" ($p= 0,019$) çözüm önerisine erkekler kadınlara göre daha fazla katılırken, personel eksikliğini giderme boyutuna da kadınların daha çok katıldığı bulgulanmıştır. Sonuç itibariyle Hipotez 8.a, 9.a, 10.a, 11.a ve 13.a reddedilmiştir.

**Tablo 8. Aile Hekimliği Çalışanlarının Aile Hekimliği Uygulaması İlişkin Görüşlerinin Yaşa Göre Karşılaştırılması**

| Değişkenler | 18-35 | | 36-40 | | 41-45 | | 46-62 | | F | p | Farklılığı Yaratan Grup / Gruplar |
|---|---|---|---|---|---|---|---|---|---|---|---|
| | Ort. | Ss. | Ort. | Ss. | Ort. | Ss. | Ort. | Ss. | | | |
| **Çalışma Koşulu** | 2,99 | 0,64 | 2,95 | 0,87 | 2,79 | 0,61 | 2,72 | 0,63 | 2,752 | **0,043** | 1-4 p=0,014<br>2-4 p=0,038 |
| Aile sağlığı merkezlerinin fiziki koşulları rahat ve kullanışlıdır. | 3,77 | 1,25 | 3,39 | 1,31 | 3,51 | 1,29 | 3,18 | 1,32 | 3,158 | **0,025** | 1-2 p= 0,04<br>1-4 p<0,001 |
| Aile hekimliği uygulamasında çalışan hekim ve aile sağlığı elemanı arasındaki iletişim ve işbirliği yeterli seviyededir. | 3,64 | 1,27 | 3,76 | 1,16 | 3,70 | 1,07 | 3,50 | 1,14 | 0,737 | 0,530 | |
| Aile hekimliği uygulamasında çalışan hekim ve hemşirelerin hizmet içi eğitim olanakları artmıştır. | 3,01 | 1,39 | 2,99 | 1,27 | 2,72 | 1,23 | 2,50 | 1,10 | 3,152 | **0,025** | 1-4 p=0,008<br>2-4 p=0,011 |
| Aile sağlığı merkezleri için verilen ödenek miktarı merkezin ihtiyaçlarını karşılamak için yeterlidir. | 3,51 | 1,25 | 3,32 | 1,26 | 3,16 | 1,19 | 2,97 | 1,26 | 2,832 | **0,038** | 1-4 p=0,005 |
| Aile hekimliği uygulamasında yer alan hekim ve aile sağlığı elemanlarının görev tanımları, açık ve belirgindir. | 2,88 | 1,46 | 2,66 | 1,35 | 2,51 | 1,33 | 2,40 | 1,20 | 2,151 | 0,094 | |
| Mevcut aile hekimliği mevzuatı ihtiyaçlara cevap verecek düzeydedir. | 2,86 | 1,41 | 2,70 | 1,34 | 2,41 | 1,13 | 2,36 | 1,10 | 3,155 | **0,025** | 1-3 p=0,018<br>1-4 p=0,010 |
| Aile hekimliği uygulaması Türkiye'de birinci basamak sağlık hizmetlerini özelleştirmek için atılan bir adımdır. | 3,76 | 1,16 | 3,71 | 1,13 | 3,67 | 1,14 | 3,42 | 1,30 | 1,331 | 0,264 | |
| Aile sağlığı merkezlerindeki sınıflandırma kriterleri ve bölgesel farklılıklar aile hekimleri arasında adaletsiz iş dağılımına neden olmaktadır. | 3,99 | 1,10 | 4,59 | 5,24 | 3,99 | 1,04 | 3,69 | 1,30 | 1,495 | 0,216 | |

**Tablo 8. Aile Hekimliği Çalışanlarının Aile Hekimliği Uygulaması İlişkin Görüşlerinin Yaşa Göre Karşılaştırılması (Devam)**

| Değişkenler | 18-35 | | 36-40 | | 41-45 | | 46-62 | | F | p | Farklılığı Yaratan Grup / Gruplar |
|---|---|---|---|---|---|---|---|---|---|---|---|
| | Ort. | Ss. | Ort. | Ss. | Ort. | Ss. | Ort. | Ss. | | | |
| **İş Yükü** | 3,69 | 0,99 | 4,04 | 0,82 | 4,10 | 0,88 | 3,84 | 0,89 | 3,933 | **0,009** | 1-2 p=0,003 |
| Aile hekimliği uygulamasında, haftalık çalışma süresinin üzerinde hizmet vermek zorunda kalabiliyorum. | 2,97 | 1,51 | 3,58 | 1,32 | 3,67 | 1,24 | 3,23 | 1,26 | 5,217 | **0,002** | 1-2 p=0,002<br>1-3 p=0,001<br>3-4 p=0,041 |
| Aile hekimliği uygulamasında çalışan personele zorunlu nöbet (adli, acil vb.) getirilmesi çalışanları olumsuz etkilemiştir. | 4,07 | 1,45 | 4,52 | 1,06 | 4,43 | 1,16 | 4,22 | 1,35 | 2,385 | 0,069 | |
| Aile hekimliği uygulaması özellikle, ASM yönetici hekimleri açısından aile hekimliği hizmetlerinin yanı sıra idari yükün de artmasına neden olmuştur. | 4,03 | 1,19 | 4,03 | 1,15 | 4,19 | 1,11 | 4,06 | 1,28 | 0,339 | 0,797 | |
| **Ücret** | 2,46 | 0,73 | 2,26 | 0,83 | 2,31 | 0,78 | 2,40 | 0,80 | 1,170 | 0,321 | |
| Aile hekimliği uygulamasında çalışanlara verilen ücret yeterlidir. | 3,12 | 1,42 | 2,67 | 1,34 | 3,08 | 1,25 | 3,10 | 1,17 | 2,514 | 0,058 | |
| Uygulamada verilen ücretler emekliliğe yansıtılmadığından çalışanlar arasında emekli olma isteği azalmaktadır. | 4,24 | 0,98 | 4,36 | 1,00 | 4,42 | 0,87 | 4,45 | 0,98 | 0,796 | 0,497 | |
| Performans değerlendirmede pozitif performans yanında negatif performansa da yer verilmesi doğru bir uygulamadır. | 2,49 | 1,41 | 2,46 | 1,49 | 2,28 | 1,32 | 2,54 | 1,32 | 0,536 | 0,658 | |
| **İşe Bağlılık ve Memnuniyet** | 2,77 | 0,97 | 2,77 | 0,90 | 2,60 | 0,77 | 2,57 | 0,90 | 1,281 | 0,281 | |
| Aile hekimliği uygulaması çalışanların işe bağlılıklarını artırmıştır. | 3,48 | 1,32 | 3,61 | 1,16 | 3,37 | 1,17 | 3,03 | 1,24 | 3,571 | **0,014** | 1-4 p=0,015<br>2-4 p=0,002 |
| Aile hekimliği uygulaması ile hekim ve aile sağlığı elemanın mesleki doyumu artmıştır. | 3,02 | 1,41 | 3,14 | 1,37 | 3,04 | 1,27 | 2,94 | 1,29 | 0,355 | 0,786 | |

**Tablo 8. Aile Hekimliği Çalışanlarının Aile Hekimliği Uygulaması İlişkin Görüşlerinin Yaşa Göre Karşılaştırılması (Devam)**

| Değişkenler | 18-35 | | 36-40 | | 41-45 | | 46-62 | | F | P | Farklılığı Yaratan Grup / Gruplar |
|---|---|---|---|---|---|---|---|---|---|---|---|
| | Ort. | Ss. | Ort. | Ss. | Ort. | Ss. | Ort. | Ss. | | | |
| Aile hekimliği uygulaması ile sağlık personelinin özlük hakları iyileşmiştir. | 2,60 | 1,45 | 2,50 | 1,41 | 2,51 | 1,24 | 2,19 | 1,13 | 1,477 | 0,220 | |
| Aile sağlığı merkezlerinde çalışan hekimler yeterince motive edilmemektedir. | 3,49 | 1,44 | 3,49 | 1,33 | 3,85 | 1,06 | 3,65 | 1,24 | 1,478 | 0,220 | |
| Aile sağlığı merkezlerinde çalışan aile sağlığı elamanları yeterince motive edilmemektedir. | 3,75 | 1,47 | 3,90 | 1,27 | 4,08 | 0,94 | 3,63 | 1,21 | 1,928 | 0,125 | |
| **Hizmete Erişim** | 3,72 | 0,77 | 3,84 | 0,82 | 3,66 | 0,91 | 3,53 | 0,97 | 2,014 | 0,112 | |
| Aile hekimliği uygulaması ile hastalara eşit ve hakkaniyetli sağlık hizmeti sunulmaktadır. | 3,71 | 1,11 | 3,86 | 1,07 | 3,72 | 1,07 | 3,42 | 1,28 | 2,177 | 0,090 | |
| Aile hekimliği uygulaması ile vatandaşların sağlık hizmetine ulaşımı kolaylaşmıştır. | 3,89 | 0,92 | 4,04 | 0,93 | 3,75 | 1,09 | 3,65 | 1,20 | 2,386 | 0,069 | |
| Aile hekimliği uygulaması ile birinci basamakta tedavi edici sağlık hizmetleri uygulamaları artmıştır. | 3,33 | 1,22 | 3,58 | 1,17 | 3,32 | 1,14 | 3,41 | 1,19 | 1,012 | 0,387 | |
| Aile hekimliği uygulaması ile birinci basamakta koruyucu sağlık hizmetleri uygulamaları artmıştır. | 3,81 | 1,12 | 3,95 | 1,09 | 3,78 | 1,14 | 3,68 | 1,25 | 0,826 | 0,480 | |
| Aile hekimliği uygulaması ile kronik hastaların takip sıklığı artmıştır. | 3,86 | 1,10 | 3,79 | 1,08 | 3,71 | 1,09 | 3,47 | 1,16 | 1,939 | 0,123 | |
| **Verimlilik** | 3,41 | 0,97 | 3,57 | 0,91 | 3,22 | 0,95 | 3,21 | 0,98 | 2,966 | **0,032** | 2-3 p=0,013<br>2-4 p=0,013 |
| Aile hekimliği uygulamasından sonra hastaların 2. ve 3. basamak sağlık hizmetlerine başvuru oranları düşmüştür. | 3,37 | 1,19 | 3,51 | 1,13 | 3,10 | 1,23 | 3,01 | 1,24 | 3,273 | **0,021** | 2-3 p=0,024<br>2-4 p=0,006 |
| Aile hekimliği uygulaması ile birinci basamakta etkili ve verimli sağlık hizmeti sunulmaktadır. | 3,57 | 1,20 | 3,80 | 1,10 | 3,38 | 1,12 | 3,24 | 1,18 | 3,824 | **0,010** | 2-3 p=0,017<br>1-4 p=0,002 |
| Aile hekimliği uygulaması birinci basamakta sunulan hizmetin maliyetini düşürmüştür. | 3,28 | 1,25 | 3,42 | 1,07 | 3,16 | 1,19 | 3,38 | 1,24 | 0,780 | 0,506 | |

**Tablo 8. Aile Hekimliği Çalışanlarının Aile Hekimliği Uygulaması İlişkin Görüşlerinin Yaşa Göre Karşılaştırılması (Devam)**

| Değişkenler | 18-35 | | 36-40 | | 41-45 | | 46-62 | | F | P | Farklılığı Yaratan Grup / Gruplar |
|---|---|---|---|---|---|---|---|---|---|---|---|
| | Ort. | Ss. | Ort. | Ss. | Ort. | Ss. | Ort. | Ss. | | | |
| **Hizmet Kalitesi** | 3,69 | 0,81 | 3,61 | 0,77 | 3,51 | 1,25 | 3,26 | 0,89 | 3,338 | **0,020** | 1-4 p=0,003<br>2-4 p=0,014 |
| Aile hekimliği uygulaması ile hastalara sunulan sağlık hizmetinin kalitesi artmıştır. | 3,79 | 1,07 | 3,76 | 1,15 | 3,51 | 1,19 | 3,37 | 1,33 | 2,475 | 0,061 | |
| Aile hekimliği uygulaması hasta odaklı sağlık hizmeti sunma anlayışını getirmiştir. | 3,91 | 1,04 | 4,00 | 0,93 | 3,71 | 1,03 | 3,56 | 1,12 | 3,130 | **0,026** | 1-4 p=0,031<br>2-4 p=0,005 |
| Aile hekimliği uygulaması ile hasta ve sağlık personeli arasındaki iletişim sağlık ocağı uygulamasına göre daha da güçlenmiştir. | 3,80 | 1,27 | 3,93 | 1,11 | 3,63 | 1,09 | 3,50 | 1,25 | 2,194 | 0,088 | |
| Aile hekimliği uygulaması sağlık personelinin hastalarına daha fazla vakit ayırabilmesini sağlamıştır. | 3,60 | 1,28 | 3,56 | 1,29 | 3,54 | 1,19 | 3,17 | 1,31 | 2,062 | 0,105 | |
| Aile hekimliği uygulaması sadece aile hekimi uzmanları ile etkili olabilecek bir sistemdir. | 3,02 | 1,47 | 2,52 | 1,39 | 3,08 | 6,08 | 2,28 | 1,20 | 1,277 | 0,282 | |
| Toplumun birinci basamak hizmetlere ilişkin memnuniyeti artmıştır. | 3,93 | 0,96 | 3,89 | 1,02 | 3,72 | 1,12 | 3,64 | 1,10 | 1,431 | 0,233 | |
| Aile hekimliği uygulaması ile toplumun sağlığı daha çok kontrol altına alınmıştır. | 3,79 | 1,10 | 3,60 | 1,08 | 3,38 | 1,21 | 3,29 | 1,25 | 3,243 | **0,022** | 1-3 p=0,020<br>1-4 p=0,005 |

Tablo 8'de aile hekimliği çalışanlarının aile hekimliği uygulamasına yönelik görüşleri yaşa göre incelenmiş ve dört (çalışma koşulu, iş yükü, verimlilik ve hizmet kalitesi) boyuta ilişkin değerlendirmelerinin anlamlı farklılık gösterdiği tespit edilmiştir (p<0,05). Buna göre, çalışma koşulu boyutu ile ilgili düşünceler istatistiksel olarak anlamlı farklılık göstermiştir (p= 0,043) ve aile hekimliği uygulamasındaki çalışma koşullarına yönelik görüşlerin yaşa göre anlamlı olduğunu gösteren Anova testi sonuçlarına göre; anlamlılığın 18-35 ve 46-62 (p= 0,014) yaş grupları ile 36-40 ve 42-62 (p= 0,038) yaş gruplarından kaynaklandığı görülmüştür. İlgili boyutun altında yer alan dört maddeye ilişkin görüşlerin de istatistiksel olarak anlamlı bir farklılık gösterdiği bulgulanmıştır (p< 0,05). Birinci madde olan, "aile sağlığı merkezlerinin fiziki koşulları rahat ve kullanışlıdır" ifadesi yaşa göre karşılaştırıldığında gruplar arasında istatistiksel olarak anlamlı bir farklılık saptanmıştır (p= 0,025). Bu maddedeki anlamlılık ise 18-35 ve 36-40 (p= 0,04) yaş grupları ile 18-35 ve 46-62 (p< 0,001) yaş gruplarından kaynaklanmaktadır. Yani, bu ifadeye 18-35 yaş grubundaki kişilerin 3,77 (± 1,27) ortalama değer ile 36-40 ve 46-62 gruplarında yer alan kişilere göre daha fazla katıldığı gözlemlenmiştir. İkinci madde olan "aile hekimliği uygulamasında çalışan hekim ve hemşirelerin hizmet içi eğitim olanakları artmıştır" ifadesine verilen cevaplar istatistiksel olarak anlamlı bir farklılık göstermektedir (p= 0,025). Bu farklılığın ise, 18-35 ve 46-62 (p= 0,008) grupları ile 36-40 ve 46-62 (p= 0,011) gruplarından kaynaklandığı bulunmuştur ve bu maddeye 18-35 yaş grubundaki kişilerin 3,01 (± 1,39) ve 36-40 yaş grubundaki kişilerin 2,99 (± 1,27) ortalama değerlerle 46-62 yaş grubundaki kişilere göre daha fazla katıldığı görülmektedir. Üçüncü maddedeki "aile sağlığı merkezleri için verilen ödenek miktarı merkezin ihtiyaçlarını karşılamak için yeterlidir" ifadesine ilişkin değerlendirmeler istatistiksel olarak anlamlı bir farklılık göstermektedir (p= 0,038). İlgili farklılık 18-35 ve 46-62 (p= 0,005) yaş gruplarından kaynaklanmaktadır ve 18-35 yaş grubunda yer alan kişilerin 46-62 yaş grubunda yer alan kişilere göre daha fazla bu ifadeye katıldığı saptanmıştır. Son madde olan "mevcut aile hekimliği mevzuatı ihtiyaçlara cevap verecek düzeydedir" görüşüne ilişkin değerlendirmelerin yaşa göre anlamlı farklılık gösterdiği anlaşılmaktadır (p= 0,025). Anlamlılık ise, 18-35 ve 41-45 (p= 0,018) yaş grupları ile 18-35 ve 46-62 (p= 0,010) yaş grupları arasındaki cevap farklılığından kaynaklanmaktadır. Buna göre, 18-35 yaş grubunda bulunan kişiler 2,86 (± 1,41) ortalama değer ile 41-45 ve 46-62 yaş gruplarındaki kişilere göre ilgili maddeye daha fazla katıldıklarını belirtmişlerdir. Sonuç olarak, Hipotez 1.b kabul edilmiştir.

Aile hekimliği uygulaması, iş yükü boyutu açısından yaşa göre karşılaştırıldığında bu boyuta ilişkin değerlendirmelerin yaşa göre anlamlı farklılık gösterdiği (p= 0,009) ve farklılığın da 18-35 ve 36-40 (p= 0,003) yaş gruplarından kaynaklandığı sonucuna ulaşılmıştır. Bu boyutun altında yer alan "aile hekimliği uygulamasında, haftalık çalışma süresinin üzerinde hizmet vermek zorunda kalabiliyorum" maddesine yönelik değerlendirmelerinde istatistiksel olarak anlamlı bir farklılık yarattığı görülmektedir. İlgili maddedeki anlamlılık ise, 18-35 ve 36-40 yaş gruplarından kaynaklanmaktadır. Buna göre, ilgili ifadeye 36-40 yaş grubunda bulunan kişilerin 3,69 (± 0,99) ortalama değerle 18-35 yaş grubundaki kişilere göre daha fazla katıldığı anlaşılmaktadır. Bu sonuçlara göre, Hipotez 2.b kabul edilmiştir.

Aile hekimliği çalışanlarının aile hekimliğindeki verimliliğe ilişkin görüşleri yaşa göre karşılaştırıldığında, verimlilik boyutunun istatistiksel olarak anlamlı bir farklılık gösterdiği (p= 0,032) ve bu anlamlı farklılığı yaratan grupların da 36-40 ve 41-45 (p= 0,013) yaş grupları ile 36-40 ve 46-62 (p= 0,013) yaş grupları olduğu bulgulanmıştır. Verimlilik boyutu altında yer alan "aile hekimliği uygulamasından sonra hastaların 2. ve 3. basamak sağlık hizmetlerine başvuru oranları düşmüştür" maddesine ilişkin değerlendirmelerin de istatistiksel olarak anlamlı bir farklılık gösterdiği saptanmıştır (p= 0,021). Bu anlamlılık 36-40 ve 41-45 (p= 0,024) yaş grupları ile 36-40, 46-62 (p= 0,006) yaş gruplarından kaynaklanmaktadır. Yani, "aile hekimliği uygulamasından sonra hastaların 2. ve 3. basamak sağlık hizmetlerine başvuru oranları düşmüştür" ifadesini 36-40 yaş grubundaki kişiler 3,51 (± 1,13) ortalama ile diğer gruplardaki kişlere göre daha fazla desteklemişlerdir. Yine ilgili boyutun altında yer alan "aile hekimliği uygulaması ile birinci basamakta etkili ve verimli sağlık hizmeti sunulmaktadır" maddesi yaşa göre incelendiğinde, değerlendirmelerde istatistiksel olarak anlamlı bir farklılığın olduğu ve bu farklılığın da 18-35 ve 46-62 (p= 0,002) yaş grupları ile 36-40 ve 41-45 (p= 0,017) yaş gruplarından kaynaklandığı bulunmuştur. 18-35 yaş grubundaki kişiler 46-62 yaş gruplarında yer alan kişilere göre ilgili maddeye daha fazla katılmışlardır. Aynı şekilde 36-40 yaş grubunda yer alan kişiler de 41-45 yaş grubundaki kişilere göre bu maddeye daha fazla katıldıklarını ifade etmişlerdir. Bu sonuçlara göre Hipotez 6.b kabul edilmiştir.

Aile hekimliği sisteminde çalışan hekim ve aile sağlığı elemanlarının hizmet kalitesine ilişkin görüşleri yaşa göre karşılaştırıldığında gruplar arasında istatistiksel olarak anlamlı farklılık olduğu (p= 0,020) ve bu farklılığın da 18-35 ve 46-62 (p=0,003) yaş grupları ile 36-40 ve 46-62 (p= 0,014) yaş gruplarından kaynaklı olduğu bulgulanmıştır. Hizmet kalitesi boyutunda bulunan "aile hekimliği uygulaması hasta odaklı sağlık hizmeti sunma anlayışını getirmiştir" ifadesine grupların vermiş oldukları cevaplar istatistiksel olarak anlamlı farklılık göstermektedir ve bu ifadeye ilişkin farklılık 18-35 ve 46-62 (p=0,031) yaş grupları ile 36-40 ve 46-62 (p= 0,005) yaş gruplarından dolayı oluşmuştur. Buna göre ilgili görüşe 18-35 ve 36-40 yaş gruplarındaki kişiler 46-62 yaş grubundaki kişilere göre daha fazla katıldıklarını belirtmişlerdir. Hizmet kalitesi boyutunda yer alan diğer bir maddeye ilişkin değerlendirmelerde yaşa göre anlamlı farklılık göstermektedir (p= 0,022). Mevcut farklılığın 18-35 ve 41-45 (p= 0,020) ile 18-35 ve 46-62 (p= 0,005) yaş gruplarında meydana geldiği bulgulanmıştır. Buna göre, 18-35 yaş grubunda bulunan hekim ve aile sağlığı elemanlarının 3,79 (± 1,10) ortalama değer ile "aile hekimliği uygulaması ile toplumun sağlığı daha çok kontrol altına alınmıştır" ifadesine 41-45 ve 46-62 yaş gruplarındaki çalışanlara göre daha fazla katıldıkları gözlemlenmiştir. Hizmet kalitesi boyutuna ilişkin Hipotez 7.b kabul edilmiştir.

Aile hekimliğinde çalışan hekim ve aile sağlığı elemanlarının aile hekimliği uygulamasına yönelik görüşleri yaşa göre; işe bağlılık ve memnuniyet, ücret ve hizmete erişim boyutları açısından karşılaştırıldığında istatistiksel olarak anlamlı bir farklılık bulunamamıştır ($p \geq 0,05$). Fakat işe bağlılık ve memnuniyet boyutunda yer alan "aile hekimliği uygulaması çalışanların işe bağlılıklarını artırmıştır" ifadesi yaşa göre gruplar arasında karşılaştırıldığına istatistiksel olarak anlamlı farklılık saptanmıştır (0,014). Bu farklılığın da 18-35 ve 46-62 ile 36-40 ve 46-62 yaş gruplarından kaynaklandığı görülmektedir. Yani, 18-35 ile 36-40 yaş grubunda yer alan çalışanlar ilgili ifadeye 46-62 yaş grubundaki çalışanlara göre daha fazla katılmışlardır. Sonuç olarak Hipotez 3.b, 4.b ve 5.b reddedilmiştir.

**Tablo 9. Aile Hekimliği Çalışanlarının Aile Hekimliği Uygulaması Sorunlarının Çözümüne İlişkin Önerilerinin Yaşa Göre Karşılaştırılması**

| Değişkenler | 18-35 | | 36-40 | | 41-45 | | 46-62 | | | | Farklılığı Yaratan Grup / Gruplar |
|---|---|---|---|---|---|---|---|---|---|---|---|
| | **Ort.** | **Ss.** | **Ort.** | **Ss.** | **Ort.** | **Ss.** | **Ort.** | **Ss.** | **F** | **p** | |
| **Yasal düzenleme** | 4,36 | 0,51 | 4,34 | 0,67 | 4,32 | 0,51 | 4,22 | 0,52 | 0,974 | 0,405 | |
| Uygulamada çalışan hekim ve hemşirelerin özlük haklarında iyileştirmeler yapılmalıdır. | 4,39 | 0,98 | 4,53 | 0,89 | 4,46 | 0,68 | 4,47 | 0,91 | 0,423 | 0,737 | |
| Pozitif ve negatif performansa yönelik ödeme uygulaması yerine sadece pozitif performansa göre ödeme yapılmalıdır. | 4,21 | 1,01 | 4,20 | 1,08 | 4,14 | 0,81 | 3,79 | 1,20 | 2,979 | **0,032** | 1-4 p=0,009<br>2-4 p=0,010<br>3-4 p=0,038 |
| Performans hesaplamada sadece hasta sayısı gibi sayısal değerler değil, kalite göstergeleri de dikkate alınmalıdır. | 4,32 | 0,82 | 4,28 | 0,99 | 4,05 | 0,95 | 4,12 | 0,90 | 1,653 | 0,177 | |
| Aile hekimliği sisteminden ihtar puanı uygulaması kaldırılmalıdır. | 4,11 | 1,04 | 4,15 | 1,12 | 4,27 | 0,87 | 4,19 | 0,97 | 0,384 | 0,764 | |
| Aile Sağlığı Merkezlerinde çalışan hekim ve aile sağlığı elamanları sözleşmeli değil, 657 nolu yasaya bağlı çalışmalıdır. | 4,64 | 0,67 | 4,49 | 0,92 | 4,56 | 0,66 | 4,38 | 0,91 | 1,578 | 0,194 | |
| Aile hekimlerine kayıtlı kişi sayısı düşürülerek aile hekimlerinin poliklinik hizmetlerine ayırdıkları zaman azaltılmalı ve daha çok koruyucu sağlık hizmeti vermesi sağlanmalıdır. | 4,47 | 0,85 | 4,46 | 0,91 | 4,37 | 0,88 | 4,46 | 0,64 | 0,287 | 0,835 | |
| Gebe ve bebek takibinde yaşanan sorunları azaltmak için, 2. ve 3. basamak sağlık kuruluşuna başvurular kısıtlanarak bireyin aile hekimliğine yönlendirilmesi sağlanmalı ve bireye bildirim zorunluluğu getirilmelidir. | 4,38 | 0,97 | 4,24 | 1,00 | 4,38 | 0,98 | 4,13 | 1,10 | 1,188 | 0,314 | |

**Tablo 9. Aile Hekimliği Çalışanlarının Aile Hekimliği Uygulaması Sorunlarının Çözümüne İlişkin Önerilerinin Yaşa Göre Karşılaştırılması (Devam)**

| Değişkenler | 18-35 | | 36-40 | | 41-45 | | 46-62 | | F | p | Farklılığı Yaratan Grup / Gruplar |
|---|---|---|---|---|---|---|---|---|---|---|---|
| | Ort. | Ss. | Ort. | Ss. | Ort. | Ss. | Ort. | Ss. | | | |
| **Mesleki Gelişim** | 4,01 | 0,80 | 3,99 | 0,71 | 3,95 | 0,70 | 3,82 | 0,67 | 1,183 | 0,316 | |
| Aile hekimliğinde çalışan hekim ve hemşirelerin sürekli mesleki eğitimleri için kongre ve sempozyumlara katılımları desteklenmelidir. | 4,41 | 0,69 | 4,21 | 0,90 | 4,25 | 0,85 | 4,40 | 0,78 | 1,367 | 0,253 | |
| Aile hekimliğinde çalışan hekimlere idari eğitimler de verilmelidir. | 3,99 | 1,05 | 4,16 | 0,97 | 3,95 | 0,96 | 3,73 | 0,99 | 2,767 | **0,042** | 2-4 p=0,004 |
| Aile hekimlerine periyodik olarak mesleki yeterliliklerini geliştirecek eğitimler verilmeli ve bu eğitimlerin sonunda yeterlilikleri ölçen sınavlar yapılmalıdır. | 3,56 | 1,29 | 3,58 | 1,23 | 3,58 | 1,15 | 3,14 | 1,36 | 2,394 | 0,068 | |
| Aile hekimliği eğitimini tamamlayan hekimlere eğer isterlerse eğitim sürelerini uzatarak özellikle geriatri ve acil tıp alanlarında akademik kariyer imkanları sağlanmalıdır. | 4,06 | 1,10 | 4,02 | 1,02 | 4,03 | 0,89 | 4,00 | 1,13 | 0,057 | 0,982 | |
| **Çalışma Koşullarının İyileştirilmesi** | 4,25 | 0,73 | 4,32 | 0,80 | 4,23 | 0,62 | 4,07 | 0,66 | 1,861 | 0,136 | |
| Aile sağlığı merkezlerinde laboratuvar ve görüntüleme birimleri oluşturulmalıdır. | 3,77 | 1,15 | 4,08 | 1,00 | 3,81 | 1,12 | 3,44 | 1,24 | 4,773 | **0,003** | 2-4 p=0,000<br>3-4 p=0,038 |
| Evde bakım hizmetleri aile hekimleri tarafından değil, hastanelere veya TSM'lere bağlı evde sağlık hizmetleri birimlerince verilmelidir. | 4,74 | 0,64 | 4,56 | 1,06 | 4,65 | 0,68 | 4,71 | 0,49 | 0,972 | 0,406 | |

**Tablo 9. Aile Hekimliği Çalışanlarının Aile Hekimliği Uygulaması Sorunlarının Çözümüne İlişkin Önerilerinin Yaşa Göre Karşılaştırılması (Devam)**

| Değişkenler | 18-35 | | 36-40 | | 41-45 | | 46-62 | | | | Farklılığı Yaratan Grup / Gruplar |
|---|---|---|---|---|---|---|---|---|---|---|---|
| | Ort. | Ss. | Ort. | Ss. | Ort. | Ss. | Ort. | Ss. | F | p | |
| **Klinik Rehber Geliştirme** | 4,23 | 0,70 | 4,15 | 0,78 | 4,16 | 0,86 | 4,09 | 0,82 | 0,469 | 0,704 | |
| Aile Sağlığı Merkezleri ve Toplum Sağlığı Merkezleri için tanı, tedavi ve uygulama rehberleri geliştirilmelidir. | 4,32 | 0,69 | 4,22 | 0,86 | 4,10 | 0,91 | 4,14 | 0,91 | 1,120 | 0,341 | |
| Klinik ve pratik saha rehberi yayınlanarak tüm ülkede aile hekimliği uygulaması standart hale getirilmelidir. | 4,15 | 0,99 | 4,08 | 0,96 | 4,23 | 0,91 | 4,04 | 0,92 | 0,614 | 0,606 | |
| **Personel Eksikliğini Giderme** | 4,29 | 0,68 | 4,48 | 1,47 | 4,24 | 0,64 | 4,17 | 0,59 | 1,794 | 0,148 | |
| Aile hekimliği merkezlerinin büro ve yazışma işleri (fatura ödeme, kırtasiye, evrak fazlalığı vb. ) için bir idari personel görevlendirilmelidir. | 4,47 | 0,71 | 4,48 | 0,85 | 4,39 | 0,79 | 4,38 | 0,76 | 0,369 | 0,775 | |
| Aile sağlığı merkezlerindeki çalışma ortamlarını daha güvenli hale getirebilmek için güvenlik görevlisi görevlendirilmelidir. | 4,46 | 0,81 | 4,51 | 0,79 | 4,33 | 0,75 | 4,33 | 0,85 | 1,154 | 0,327 | |
| Aile hekimliği merkezlerinde verilen hizmetler; fizik tedavi uzmanı, diş hekimi, ebe, sosyal çalışmacı ve diyetisyen gibi personelin bulunduğu bir ekip ile sunulmalıdır. | 3,93 | 1,17 | 4,45 | 4,18 | 3,99 | 1,06 | 3,78 | 1,15 | 1,318 | 0,268 | |
| **Bilgi Sistemi Geliştirme** | 4,46 | 0,61 | 4,36 | 0,70 | 4,46 | 0,56 | 4,22 | 0,78 | 2,275 | 0,080 | |
| Aile hekimliği uygulamasında, bütün hizmet sağlayıcılarının ulaşabileceği bir hasta kayıt sistemi oluşturulmalıdır. | 4,37 | 0,67 | 4,24 | 0,80 | 4,22 | 0,84 | 4,01 | 1,00 | 2,683 | **0,047** | 1-4 p=0,005 |
| Gebe ve bebek takibinde yaşanan sorunları azaltmak için, herhangi bir sağlık kuruluşuna başvuran gebeler ortak bir veri tabanında izlenmeli. | 4,55 | 0,80 | 4,47 | 0,88 | 4,71 | 0,51 | 4,44 | 0,89 | 1,921 | 0,126 | |

Aile hekimliği çalışanlarının aile hekimliği uygulamasındaki sorunların çözümüne ilişkin önerileri yaşa göre karşılaştırıldığında; yasal düzenleme, mesleki gelişim, çalışma koşullarının iyileştirilmesi, personel eksikliğini giderme, klinik rehber geliştirme ve bilgi sistemi boyutlarına verilen cevapların istatistiksel olarak anlamlı bir farklılık göstermediği bulunmuştur ($p \geq 0,05$). İlgili boyutlarda anlamlı bir farklılık bulunmamakla birlikte yasal düzenleme, mesleki gelişim, çalışma koşullarının iyileştirilmesi ve bilgi sistemi geliştirme boyutlarının altında yer alan birer maddeye ilişkin değerlendirmelerin anlamlı farklılık gösterdiği saptanmıştır. Yasal düzenleme boyutunda bulunan "pozitif ve negatif performansa yönelik ödeme uygulaması yerine sadece pozitif performansa göre ödeme yapılmalıdır" maddesine ilişkin görüşler yaşa göre incelendiğinde istatistiksel olarak anlamlı farklılık yarattığı (p= 0,032) ve bu farklılığın da 18-35 ve 46-62 (p= 0,009), 36-40 ve 46-62 (p= 0,010) ile 41-45 ve 46-62 (p= 0,038) yaş gruplarından kaynaklandığı bulgulanmıştır. Buna göre, 46-62 yaş grubunda bulunan çalışanlar 3,79 (± 1,20) ortalama değer ile 18-35, 36,40 ve 41-45 yaş gruplarındaki çalışanlara göre ilgili maddeye daha az katılmışlardır. Mesleki gelişim boyutunun altında yer alan "aile hekimliğinde çalışan hekimlere idari eğitimler de verilmelidir" ifadesine verilen cevaplar yaşa göre istatistiksel olarak anlamlı bulunmuştur (p= 0,042). Farklılık ise, 36-40 ve 46-62 (p= 0,004) yaş grubundan kaynaklanmaktadır. Yani 36-40 yaş grubundaki hekim ve aile sağlığı elemanları bu ifadeye 46-62 yaş grubundaki hekim ve aile sağlığı elemanlarına göre daha fazla katılmışlardır. Çalışma koşularının iyileştirilmesi boyutundaki "aile sağlığı merkezlerinde laboratuvar ve görüntüleme birimleri oluşturulmalıdır" maddesine ilişkin istatistiksel anlamlılık (0,003) ise, 36-40 ve 46-62 (p< 0,001) yaş grupları ile 41-45 ve 46-62 (p= 0,038) yaş gruplarından kaynaklanmaktadır. Bu bilgiye göre, 36-40 ve 41-45 yaş gruplarında bulunan çalışanlar 46-62 yaş gruplarında bulunan çalışanlara göre ilgili maddeye daha fazla katıldıklarını belirtmişlerdir. Son olarak bilgi sistemi geliştirme boyutundaki "aile hekimliği uygulamasında, bütün hizmet sağlayıcılarının ulaşabileceği bir hasta kayıt sistemi oluşturulmalıdır" ifadesine yönelik görüşlerin gruplar arasında istatistiksel olarak anlamlı farklılık gösterdiği (p= 0,047) ve bu farklılığında 18-35 ve 46-62 (p= 0,005) yaş gruplarından kaynaklandığı sonucuna ulaşılmıştır. Yani aile hekimliği uygulamasında, bütün hizmet sağlayıcılarının ulaşabileceği bir hasta kayıt sistemi oluşturulmalıdır ifadesine 18-35 yaş grubundakiler 46-62 yaş grubundakilere göre daha fazla katılmışlardır.

Yukarıdaki bilgiler doğrultusunda söz konusu boyutlara ilişkin tüm hipotezler reddedilmiştir. Bu hipotezler; 8.b, 9.b, 10.b, 11.b, 12.b ve 13.b'dir.

**Tablo 10. Aile Hekimliği Çalışanlarının Aile Hekimliği Uygulaması İlişkin Görüşlerinin Medeni Duruma Göre Karşılaştırılması**

| Değişkenler | Evli | | Evli Değil | | | |
|---|---|---|---|---|---|---|
| | Ort. | Ss. | Ort. | Ss | t testi | P |
| **Çalışma Koşulu** | 2,92 | 0,71 | 2,66 | 0,65 | 2,591 | **0,010** |
| Aile sağlığı merkezlerinin fiziki koşulları rahat ve kullanışlıdır. | 3,52 | 1,30 | 3,25 | 1,32 | 1,448 | 0,149 |
| Aile hekimliği uygulamasında çalışan hekim ve aile sağlığı elemanı arasındaki iletişim ve işbirliği yeterli seviyededir. | 3,74 | 1,12 | 3,23 | 1,28 | 2,855 | **0,005** |
| Aile hekimliği uygulamasında çalışan hekim ve hemşirelerin hizmet içi eğitim olanakları artmıştır. | 2,86 | 1,28 | 2,68 | 1,26 | 0,953 | 0,341 |
| Aile sağlığı merkezleri için verilen ödenek miktarı merkezin ihtiyaçlarını karşılamak için yeterlidir. | 3,32 | 1,24 | 2,97 | 1,28 | 1,983 | **0,048** |
| Aile hekimliği uygulamasında yer alan hekim ve aile sağlığı elemanlarının görev tanımları, açık ve belirgindir. | 2,66 | 1,34 | 2,47 | 1,41 | 1,019 | 0,309 |
| Mevcut aile hekimliği mevzuatı ihtiyaçlara cevap verecek düzeydedir. | 2,66 | 1,27 | 2,35 | 1,31 | 1,688 | 0,092 |
| Aile hekimliği uygulaması Türkiye'de birinci basamak sağlık hizmetlerini özelleştirmek için atılan bir adımdır. | 3,66 | 1,17 | 3,63 | 1,26 | 0,130 | 0,897 |
| Aile sağlığı merkezlerindeki sınıflandırma kriterleri ve bölgesel farklılıklar aile hekimleri arasında adaletsiz iş dağılımına neden olmaktadır. | 4,10 | 3,19 | 4,03 | 1,22 | 0,167 | 0,867 |
| **İş Yükü** | 3,94 | 0,89 | 3,81 | 0,99 | 1,020 | 0,309 |
| Aile hekimliği uygulamasında, haftalık çalışma süresinin üzerinde hizmet vermek zorunda kalabiliyorum. | 3,38 | 1,39 | 3,23 | 1,29 | 0,769 | 0,442 |
| Aile hekimliği uygulamasında çalışan personele zorunlu nöbet (adli, acil vb.) getirilmesi çalışanları olumsuz etkilemiştir. | 4,32 | 1,28 | 4,25 | 1,23 | 0,410 | 0,682 |
| Aile hekimliği uygulaması özellikle, ASM yönetici hekimleri açısından aile hekimliği hizmetlerinin yanı sıra idari yükün de artmasına neden olmuştur. | 4,10 | 1,15 | 3,93 | 1,30 | 1,016 | 0,310 |
| **Ücret** | 2,38 | 0,78 | 2,24 | 0,81 | 1,199 | 0,231 |
| Aile hekimliği uygulamasında çalışanlara verilen ücret yeterlidir. | 3,03 | 1,30 | 2,73 | 1,35 | 1,601 | 0,110 |
| Uygulamada verilen ücretler emekliliğe yansıtılmadığından çalışanlar arasında emekli olma isteği azalmaktadır. | 4,36 | 0,99 | 4,38 | 0,78 | -0,207 | 0,836 |
| Performans değerlendirmede pozitif performans yanında negatif performansa da yer verilmesi doğru bir uygulamadır. | 2,46 | 1,39 | 2,38 | 1,42 | 0,381 | 0,704 |
| **İşe Bağlılık ve Memnuniyet** | 2,73 | 0,88 | 2,47 | 0,94 | 2,068 | **0,039** |
| Aile hekimliği uygulaması çalışanların işe bağlılıklarını artırmıştır. | 3,49 | 1,20 | 2,92 | 1,32 | 3,308 | **0,001** |
| Aile hekimliği uygulaması ile hekim ve aile sağlığı elemanın mesleki doyumu artmıştır. | 3,09 | 1,35 | 2,78 | 1,26 | 1,635 | 0,103 |
| Aile hekimliği uygulaması ile sağlık personelinin özlük hakları iyileşmiştir. | 2,52 | 1,34 | 2,17 | 1,22 | 1,887 | 0,060 |
| Aile sağlığı merkezlerinde çalışan hekimler yeterince motive edilmemektedir. | 3,61 | 1,28 | 3,58 | 1,34 | 0,167 | 0,868 |
| Aile sağlığı merkezlerinde çalışan aile sağlığı elamanları yeterince motive edilmemektedir. | 3,82 | 1,27 | 3,92 | 1,21 | -0,539 | 0,590 |

**Tablo 10. Aile Hekimliği Çalışanlarının Aile Hekimliği Uygulaması İlişkin Görüşlerinin Medeni Duruma Göre Karşılaştırılması (Devam)**

| Değişkenler | Evli | | Evli Değil | | | |
|---|---|---|---|---|---|---|
| | Ort. | Ss. | Ort. | Ss | t testi | P |
| **Hizmete Erişim** | 3,74 | 0,81 | 3,48 | 1,09 | 1,792 | 0,077 |
| Aile hekimliği uygulaması ile hastalara eşit ve hakkaniyetli sağlık hizmeti sunulmaktadır. | 3,76 | 1,08 | 3,37 | 1,34 | 2,108 | **0,038** |
| Aile hekimliği uygulaması ile vatandaşların sağlık hizmetine ulaşımı kolaylaşmıştır. | 3,91 | 0,96 | 3,57 | 1,31 | 1,912 | 0,060 |
| Aile hekimliği uygulaması ile birinci basamakta tedavi edici sağlık hizmetleri uygulamaları artmıştır. | 3,42 | 1,14 | 3,37 | 1,38 | 0,303 | 0,763 |
| Aile hekimliği uygulaması ile birinci basamakta koruyucu sağlık hizmetleri uygulamaları artmıştır. | 3,89 | 1,10 | 3,47 | 1,29 | 2,340 | **0,022** |
| Aile hekimliği uygulaması ile kronik hastaların takip sıklığı artmıştır. | 3,74 | 1,09 | 3,62 | 1,19 | 0,793 | 0,428 |
| **Verimlilik** | 3,42 | 0,93 | 3,13 | 1,04 | 2,140 | **0,033** |
| Aile hekimliği uygulamasından sonra hastaların 2. ve 3. basamak sağlık hizmetlerine başvuru oranları düşmüştür. | 3,31 | 1,19 | 3,05 | 1,25 | 1,547 | 0,123 |
| Aile hekimliği uygulaması ile birinci basamakta etkili ve verimli sağlık hizmeti sunulmaktadır. | 3,58 | 1,14 | 3,22 | 1,25 | 2,208 | **0,028** |
| Aile hekimliği uygulaması birinci basamakta sunulan hizmetin maliyetini düşürmüştür. | 3,36 | 1,17 | 3,12 | 1,26 | 1,439 | 0,151 |
| **Hizmet Kalitesi** | 3,58 | 0,93 | 3,31 | 0,98 | 1,980 | **0,049** |
| Aile hekimliği uygulaması ile hastalara sunulan sağlık hizmetinin kalitesi artmıştır. | 3,68 | 1,13 | 3,35 | 1,41 | 1,697 | 0,094 |
| Aile hekimliği uygulaması hasta odaklı sağlık hizmeti sunma anlayışını getirmiştir. | 3,83 | 1,00 | 3,72 | 1,19 | 0,693 | 0,490 |
| Aile hekimliği uygulaması ile hasta ve sağlık personeli arasındaki iletişim sağlık ocağı uygulamasına göre daha da güçlenmiştir. | 3,79 | 1,15 | 3,47 | 1,33 | 1,728 | 0,088 |
| Aile hekimliği uygulaması sağlık personelinin hastalarına daha fazla vakit ayırabilmesini sağlamıştır. | 3,51 | 1,25 | 3,35 | 1,39 | 0,866 | 0,387 |
| Aile hekimliği uygulaması sadece aile hekimi uzmanları ile etkili olabilecek bir sistemdir. | 2,79 | 3,38 | 2,45 | 1,43 | 0,757 | 0,450 |
| Toplumun birinci basamak hizmetlere ilişkin memnuniyeti artmıştır. | 3,87 | 1,00 | 3,50 | 1,23 | 2,182 | **0,032** |
| Aile hekimliği uygulaması ile toplumun sağlığı daha çok kontrol altına alınmıştır. | 3,57 | 1,13 | 3,35 | 1,31 | 1,346 | 0,179 |

Aile hekimliği çalışanlarının aile hekimliği uygulamasına ilişkin görüşleri medeni duruma göre karşılaştırıldığında, evliler ile evli olmayanların çalışma koşuluna ve bu boyutun altında yer alan iki maddeye ilişkin düşüncelerinin istatistiksel olarak anlamlı bir biçimde farklı olduğu tespit edilmiştir ($p < 0,05$). Söz konusu boyutun altındaki "aile hekimliği uygulamasında çalışan hekim ve aile sağlığı elemanı arasındaki iletişim ve işbirliği yeterli seviyededir" ($p = 0,005$) maddesi ile "aile sağlığı merkezleri için verilen ödenek miktarı merkezin ihtiyaçlarını karşılamak için yeterlidir" ($p = 0,048$) maddesine evliler evli olmayanlara göre daha fazla katılmışlardır ve Hipotez 1.c kabul edilmiştir.

Evliler ve evli olmayanların işe bağlılık ve memnuniyet boyutu ile ilgili görüşleri değerlendirildiğinde, istatistiksel olarak anlamlı bir şekilde farklı düşündükleri bulgulanmıştır (p= 0,039) ve evlilerin işe bağlılık ve memnuniyetle ilgili yargılara daha fazla katıldığı gözlemlenmiştir. Ayrıca ilgili boyutun içinde yer alan "aile hekimliği uygulaması çalışanların işe bağlılıklarını artırmıştır" (p= 0,001) maddesine evliler evli olmayanlara göre daha fazla katılmışlarıdır. Bu düşünce farklılığında istatistiksel olarak anlamlı olduğu tespit edilmiştir ve Hipotez 4.c kabul edilmiştir.

Tablo 10'da belirtilen aile hekimliği uygulamasının verimlilik üzerine etkisi medeni duruma göre incelendiğinde, evli olanlarla evli olmayanların bu boyuta ilişkin değerlendirmelerinin istatistiksel olarak anlamlı bir farklılık gösterdiği saptanmış (p= 0,033) ve evli olanların bu boyuta ilişkin ifadelere daha fazla katıldığı bulgulanmıştır. Söz konusu boyutun altında yer alan bir maddeye ilişkin görüşlerinde istatistiksel olarak anlamlı bir farklılık gösterdiği sonucuna ulaşılmıştır. Buna göre, evliler; "aile hekimliği uygulaması ile birinci basamakta etkili ve verimli sağlık hizmeti sunulmaktadır" (p= 0,028) düşüncesine evli olmayanlara göre daha fazla katılmışlardır ve Hipotez 6.c. kabul edilmiştir.

Aile hekimliği uygulamasının hizmet kalitesine etkisi medeni duruma göre karşılaştırıldığında, evliler ile evli olmayanların bu boyut ile ilgili fikirlerinin istatistiksel olarak anlamlı derecede farklı olduğu görülmektedir (p= 0,049). Buna göre söz konusu boyutta yer alan ifadeleri evli olanlar evli olmayanlara göre daha olumlu değerlendirmişlerdir. Aynı şekilde ilgili boyutun altında yer alan bir maddeye ilişkin görüşlerinde istatistiksel olarak anlamlı bir farklılık gösterdiği bulunmuştur (p= 0,032). Bu maddeye göre evliler, aile hekimliği uygulamasından sonra toplumda birinci basamak sağlık hizmetlerinden memnun olanların sayısının arttığını düşünmektedirler. Sonuç olarak Hipotez 7.c kabul edilmiştir.

Aile hekimliği sisteminde çalışanların hizmete erişim ile ilgili görüşleri medeni duruma göre değerlendirildiğinde, bu boyuta ilişkin evlilerin ve evli olmayanların vermiş oldukları cevapların istatistiksel olarak anlamlı bir farklılık yaratmadığı ($p \geq 0,05$) bilinmekle birlikte bu boyutun altında yer alan "aile hekimliği uygulaması ile hastalara eşit ve hakkaniyetli sağlık hizmeti sunulmaktadır" (p= 0,038) maddesi ile "aile hekimliği uygulaması ile birinci basamakta koruyucu sağlık hizmetleri uygulamaları artmıştır" (p= 0,022) maddesine verilen cevapların istatistiksel olarak anlamlı bir farklılık gösterdiği tespit edilmiştir. Söz konusu maddeleri evlilerin evli olmayanlara göre daha olumlu gördüğü gözlemlenmiştir.

Son olarak aile hekimliği çalışanlarının görüşleri yukarıda bahsi geçen boyutların dışında iş yükü ve ücret boyutları açısından da değerlendirildiğinde bu boyutların ve altında yer alan maddelerin medeni duruma göre istatistiksel olarak anlamlı bir farklılık göstermediği gözlemlenmiştir ($p \geq 0,05$). Böylece Hipotez 2.c, 3.c ve 5.c reddedilmiştir.

**Tablo 11. Aile Hekimliği Çalışanlarının Aile Hekimliği Uygulaması Sorunlarının Çözümüne İlişkin Önerilerinin Medeni Duruma Göre Karşılaştırılması**

| Değişkenler | Evli | | Evli Değil | | t testi | p |
|---|---|---|---|---|---|---|
| | Ort. | Ss. | Ort. | Ss | | |
| **Yasal düzenleme** | 4,33 | 0,55 | 4,22 | 0,58 | 1,428 | 0,154 |
| Uygulamada çalışan hekim ve hemşirelerin özlük haklarında iyileştirmeler yapılmalıdır. | 4,47 | 0,86 | 4,45 | 0,93 | 0,125 | 0,901 |
| Pozitif ve negatif performansa yönelik ödeme uygulaması yerine sadece pozitif performansa göre ödeme yapılmalıdır. | 4,13 | 1,02 | 3,93 | 1,16 | 1,358 | 0,175 |
| Performans hesaplamada sadece hasta sayısı gibi sayısal değerler değil, kalite göstergeleri de dikkate alınmalıdır. | 4,23 | 0,90 | 4,07 | 0,99 | 1,237 | 0,217 |
| Aile hekimliği sisteminden ihtar puanı uygulaması kaldırılmalıdır. | 4,20 | 1,00 | 4,05 | 1,06 | 1,047 | 0,296 |
| Aile Sağlığı Merkezlerinde çalışan hekim ve aile sağlığı elamanları sözleşmeli değil, 657 nolu yasaya bağlı çalışmalıdır. | 4,52 | 0,80 | 4,55 | 0,81 | -0,287 | 0,774 |
| Aile hekimlerine kayıtlı kişi sayısı düşürülerek aile hekimlerinin poliklinik hizmetlerine ayırdıkları zaman azaltılmalı ve daha çok koruyucu sağlık hizmeti vermesi sağlanmalıdır. | 4,45 | 0,82 | 4,40 | 0,89 | 0,439 | 0,661 |
| Gebe ve bebek takibinde yaşanan sorunları azaltmak için, 2. ve 3. basamak sağlık kuruluşuna başvurular kısıtlanarak bireyin aile hekimliğine yönlendirilmesi sağlanmalı ve bireye bildirim zorunluluğu getirilmelidir. | 4,33 | 0,99 | 4,08 | 1,09 | 1,711 | 0,088 |
| **Mesleki Gelişim** | 4,00 | 0,70 | 3,71 | 0,79 | 2,849 | 0,005 |
| Aile hekimliğinde çalışan hekim ve hemşirelerin sürekli mesleki eğitimleri için kongre ve sempozyumlara katılımları desteklenmelidir. | 4,34 | 0,78 | 4,20 | 0,95 | 1,229 | 0,220 |
| Aile hekimliğinde çalışan hekimlere idari eğitimler de verilmelidir. | 4,01 | 0,98 | 3,78 | 1,11 | 1,603 | 0,110 |
| Aile hekimlerine periyodik olarak mesleki yeterliliklerini geliştirecek eğitimler verilmeli ve bu eğitimlerin sonunda yeterlilikleri ölçen sınavlar yapılmalıdır. | 3,53 | 1,24 | 3,23 | 1,38 | 1,643 | 0,101 |
| Aile hekimliği eğitimini tamamlayan hekimlere eğer isterlerse eğitim sürelerini uzatarak özellikle geriatri ve acil tıp alanlarında akademik kariyer imkanları sağlanmalıdır. | 4,11 | 0,97 | 3,62 | 1,24 | 2,934 | 0,004 |

**Tablo 11. Aile Hekimliği Çalışanlarının Aile Hekimliği Uygulaması Sorunlarının Çözümüne İlişkin Önerilerinin Medeni Duruma Göre Karşılaştırılması (Devam)**

| Değişkenler | Evli | | Evli Değil | | t testi | P |
|---|---|---|---|---|---|---|
| | Ort. | Ss. | Ort. | Ss | | |
| **Çalışma Koşullarının İyileştirilmesi** | 4,27 | 0,68 | 4,02 | 0,85 | 2,501 | **0,013** |
| Aile sağlığı merkezlerinde laboratuvar ve görüntüleme birimleri oluşturulmalıdır. | 3,86 | 1,11 | 3,47 | 1,26 | 2,430 | **0,016** |
| Evde bakım hizmetleri aile hekimleri tarafından değil, hastanelere veya TSM'lere bağlı evde sağlık hizmetleri birimlerince verilmelidir. | 4,68 | 0,73 | 4,57 | 0,89 | 1,043 | **0,298** |
| **Klinik Rehber Geliştirme** | 4,19 | 0,77 | 4,01 | 0,87 | 1,675 | **0,095** |
| Aile Sağlığı Merkezleri ve Toplum Sağlığı Merkezleri için tanı, tedavi ve uygulama rehberleri geliştirilmelidir. | 4,22 | 0,84 | 4,12 | 0,87 | 0,872 | **0,384** |
| Klinik ve pratik saha rehberi yayınlanarak tüm ülkede aile hekimliği uygulaması standart hale getirilmelidir. | 4,17 | 0,89 | 3,90 | 1,16 | 2,015 | **0,045** |
| **Personel Eksikliğini Giderme** | 4,35 | 0,99 | 4,07 | 0,73 | 2,064 | **0,040** |
| Aile hekimliği merkezlerinin büro ve yazışma işleri (fatura ödeme, kırtasiye, evrak fazlalığı vb. ) için bir idari personel görevlendirilmelidir. | 4,49 | 0,73 | 4,20 | 0,97 | 2,162 | **0,034** |
| Aile sağlığı merkezlerindeki çalışma ortamlarını daha güvenli hale getirebilmek için güvenlik görevlisi görevlendirilmelidir. | 4,46 | 0,75 | 4,22 | 0,98 | 1,812 | 0,074 |
| Aile hekimliği merkezlerinde verilen hizmetler; fizik tedavi uzmanı, diş hekimi, ebe, sosyal çalışmacı ve diyetisyen gibi personelin bulunduğu bir ekip ile sunulmalıdır. | 4,11 | 2,59 | 3,80 | 1,19 | 0,897 | 0,371 |
| **Bilgi Sistemi Geliştirme** | 4,42 | 0,62 | 4,16 | 0,86 | 2,284 | **0,025** |
| Aile hekimliği uygulamasında, bütün hizmet sağlayıcılarının ulaşabileceği bir hasta kayıt sistemi oluşturulmalıdır. | 4,24 | 0,82 | 4,13 | 0,89 | 0,885 | 0,377 |
| Gebe ve bebek takibinde yaşanan sorunları azaltmak için, herhangi bir sağlık kuruluşuna başvuran gebeler ortak bir veri tabanında izlenmeli. | 4,61 | 0,67 | 4,18 | 1,17 | 2,733 | **0,008** |

Tablo 11'e göre aile hekimliği çalışanlarının aile hekimliği uygulamasının sorunlarına yönelik çözüm önerileri medeni duruma göre karşılaştırıldığında mesleki gelişim boyutuna ilişkin önerilere verilen cevapların evli olanlarla olmayanlar arasında istatistiksel olarak farklı olduğu ve evlilerin evli olmayanlara göre bu önerilere daha fazla katıldığı bulunmuştur (p= 0,005). Ayrıca ilgili boyutun altında yer alan "aile hekimliği eğitimini tamamlayan hekimlere eğer isterlerse eğitim sürelerini uzatarak özellikle geriatri ve acil tıp alanlarında akademik kariyer imkanları sağlanmalıdır" maddesinin istatistiksel olarak anlamlı bir farklılık yarattığı ve evli olanların evli olmayanlara göre bu maddeye daha fazla katıldığı bulunmuştur (p= 0,004). Sonuç olarak aile hekimliği sisteminde çalışan hekim ve aile sağlığı elemanlarının aile hekimliği uygulamasındaki olası sorunların giderilmesine yönelik mesleki gelişim ile ilgili çözüm önerileri medeni duruma göre farlılık göstermektedir şeklinde olan Hipotez 9.c kabul edilmiştir.

Aile hekimliği uygulamasına yönelik çözüm önerileri çalışma koşullarının iyileştirilmesi, personel eksikliğini giderme ve bilgi sistemi geliştirme boyutları açısından medeni duruma göre değerlendirildiğinde istatistiksel olarak anlamlı bir farklılık gösterdiği bulgulanmıştır ($p < 0,05$). Buna göre bu boyutlarla ilgili ifadelere evli olanların olmayanlara göre daha fazla katıldığı tespit edilmiştir. Ayrıca bu boyutların altında yer alan birer maddeye ilişkin görüşlerin evlilerle evli olmayanlar arasında istatistiksel olarak anlamlı bir farklılık yarattığı saptanmıştır ($p < 0,05$). Çalışma koşullarının iyileştirilmesi boyutunun altında yer alan "aile sağlığı merkezlerinde laboratuvar ve görüntüleme birimleri oluşturulmalıdır" ($p = 0,016$) maddesine evlilerin evli olmayanlara göre daha çok katıldığı saptanmıştır. Aynı şekilde personel eksikliğini giderme boyutunda yer alan "aile hekimliği merkezlerinin büro ve yazışma işleri (fatura ödeme, kırtasiye, evrak fazlalığı vb. ) için bir idari personel görevlendirilmelidir" ($p = 0,034$) ifadesine evli olanların 4,49 ($\pm$ 0,73) ortalama değer ile daha fazla katıldığı gözlemlenmiştir. Aynı şekilde bilgi sistemi geliştirme boyutundaki "gebe ve bebek takibinde yaşanan sorunları azaltmak için, herhangi bir sağlık kuruluşuna başvuran gebeler ortak bir veri tabanında izlenmelidir'' ($p = 0,008$) maddesine evlilerin 4,61 ($\pm$ 0,61) ortalama değer ile evli olmayanlara göre daha çok katıldıkları görülmektedir. Böylece de Hipotez 10.c, 12.c ve 13.c kabul edilmiştir.

Klinik rehber geliştirme boyutuna ilişkin öneriler medeni duruma göre değerlendirildiğinde bu boyutun istatistiksel olarak anlamlı bir farklılık yaratmadığı ($p \geq 0,05$) bilinmekle birlikte, altında yer alan "klinik ve pratik saha rehberi yayınlanarak tüm ülkede aile hekimliği uygulaması standart hale getirilmelidir" ($p = 0,045$) ifadesine ilişkin görüşlerin istatistiksel olarak anlamlı bir farklılık gösterdiği ve en çok katılımın 4,17 ($\pm$ 0, 89) ortalama değer ile evliler tarafından olduğu sonucuna ulaşılmıştır.

Yukarıda bahsi geçen boyutların dışında kalan yasal düzenleme boyutuna ilişkin öneriler medeni durum açısından incelendiğinde, ilgili boyutun istatistiksel olarak anlamlı bir farlılık yaratmadığı bulgulanmıştır ($p \geq 0,05$). Bu sonuçlara göre Hipotez 8.c ve 11.c reddedilmiştir.

**Tablo 12. Aile Hekimliği Çalışanlarının Aile Hekimliği Uygulaması İlişkin Görüşlerinin Mesleğe Göre Karşılaştırılması**

| Değişkenler | Pratisyen Aile Hekimi | Uzman Hekim | Hemşire | Ebe | Diğer | Ki Kare X² | p |
|---|---|---|---|---|---|---|---|
| | Sıra Ort. | Sıra Ort. | Sıra Ort. | Sıra Ort. | Sıra Ort. | | |
| **Çalışma Koşulu** | 165,35 | 222,03 | 184,65 | 169,78 | 206,50 | 7,426 | 0,115 |
| Aile sağlığı merkezlerinin fiziki koşulları rahat ve kullanışlıdır. | 164,45 | 257,11 | 178,79 | 178,4 | 153,18 | 15,242 | **0,004** |
| Aile hekimliği uygulamasında çalışan hekim ve aile sağlığı elemanı arasındaki iletişim ve işbirliği yeterli seviyededir. | 176,14 | 208,67 | 172,00 | 182,90 | 91,86 | 11,039 | **0,026** |
| Aile hekimliği uygulamasında çalışan hekim ve hemşirelerin hizmet içi eğitim olanakları artmıştır. | 176,48 | 161,64 | 188,59 | 153,12 | 224,45 | 8,425 | 0,077 |
| Aile sağlığı merkezleri için verilen ödenek miktarı merkezin ihtiyaçlarını karşılamak için yeterlidir. | 157,17 | 209,53 | 200,19 | 180,47 | 144,18 | 14,583 | **0,006** |
| Aile hekimliği uygulamasında yer alan hekim ve aile sağlığı elemanlarının görev tanımları, açık ve belirgindir. | 168,44 | 197,22 | 186,84 | 164,51 | 219,86 | 6,011 | 0,198 |
| Mevcut aile hekimliği mevzuatı ihtiyaçlara cevap verecek düzeydedir. | 167,12 | 181,61 | 177,22 | 180,82 | 235,50 | 5,524 | 0,238 |
| Aile hekimliği uygulaması Türkiye'de birinci basamak sağlık hizmetlerini özelleştirmek için atılan bir adımdır. | 169,58 | 152,92 | 183,45 | 184,91 | 168,82 | 2,886 | 0,577 |
| Aile sağlığı merkezlerindeki sınıflandırma kriterleri ve bölgesel farklılıklar aile hekimleri arasında adaletsiz iş dağılımına neden olmaktadır. | 180,68 | 171,78 | 180,27 | 173,60 | 80,73 | 11,426 | **0,022** |
| **İş Yükü** | 189,14 | 207,50 | 160,77 | 161,58 | 142,77 | 9,277 | 0,055 |
| Aile hekimliği uygulamasında, haftalık çalışma süresinin üzerinde hizmet vermek zorunda kalabiliyorum. | 189,15 | 215,08 | 159,37 | 154,97 | 185,59 | 11,711 | **0,020** |
| Aile hekimliği uygulamasında çalışan personele zorunlu nöbet (adli, acil vb.) getirilmesi çalışanları olumsuz etkilemiştir. | 177,40 | 179,42 | 170,73 | 182,97 | 131,82 | 4,089 | 0,394 |
| Aile hekimliği uygulaması özellikle, ASM yönetici hekimleri açısından aile hekimliği hizmetlerinin yanı sıra idari yükün de artmasına neden olmuştur. | 186,30 | 199,36 | 169,75 | 161,56 | 122,41 | 8,744 | 0,068 |
| **Ücret** | 182,49 | 172,44 | 167,44 | 174,49 | 156,36 | 1,814 | 0,770 |
| Aile hekimliği uygulamasında çalışanlara verilen ücret yeterlidir. | 191,32 | 230,86 | 156,46 | 164,63 | 88,77 | 22,723 | **0,000** |
| Uygulamada verilen ücretler emekliliğe yansıtılmadığından çalışanlar arasında emekli olma isteği azalmaktadır. | 176,87 | 204,83 | 171,63 | 176,49 | 133,45 | 4,656 | 0,324 |
| Performans değerlendirmede pozitif performans yanında negatif performansa da yer verilmesi doğru bir uygulamadır. | 174,49 | 137,08 | 173,17 | 185,51 | 205,68 | 4,668 | 0,323 |
| **İşe Bağlılık ve Memnuniyet** | 173,54 | 189,33 | 184,33 | 163,28 | 191,32 | 2,390 | 0,664 |
| Aile hekimliği uygulaması çalışanların işe bağlılıklarını artırmıştır. | 171,28 | 202,25 | 179,25 | 174,34 | 168,59 | 1,834 | 0,766 |
| Aile hekimliği uygulaması ile hekim ve aile sağlığı elemanın mesleki doyumu artmıştır. | 182,75 | 202,00 | 176,47 | 154,42 | 160,41 | 5,727 | 0,220 |
| Aile hekimliği uygulaması ile sağlık personelinin özlük hakları iyileşmiştir. | 175,46 | 192,36 | 174,44 | 170,58 | 189,91 | 0,962 | 0,915 |
| Aile sağlığı merkezlerinde çalışan hekimler yeterince motive edilmemektedir. | 187,17 | 192,17 | 161,83 | 163,96 | 171,36 | 5,565 | 0,234 |
| Aile sağlığı merkezlerinde çalışan aile sağlığı elamanları yeterince motive edilmemektedir. | 164,71 | 177,67 | 180,73 | 194,71 | 155,18 | 5,654 | 0,227 |

**Tablo 12. Aile Hekimliği Çalışanlarının Aile Hekimliği Uygulaması İlişkin Görüşlerinin Mesleğe Göre Karşılaştırılması (Devam)**

| Değişkenler | Pratisyen Aile Hekimi Sıra Ort. | Uzman Hekim Sıra Ort. | Hemşire Sıra Ort. | Ebe Sıra Ort. | Diğer Sıra Ort. | Ki Kare $X^2$ | p |
|---|---|---|---|---|---|---|---|
| **Hizmete Erişim** | 173,49 | 215,53 | 177,52 | 159,26 | 229,77 | 8,034 | 0,090 |
| Aile hekimliği uygulaması ile hastalara eşit ve hakkaniyetli sağlık hizmeti sunulmaktadır. | 168,03 | 168,64 | 184,32 | 176,66 | 212,73 | 3,430 | 0,489 |
| Aile hekimliği uygulaması ile vatandaşların sağlık hizmetine ulaşımı kolaylaşmıştır. | 172,80 | 230,94 | 180,41 | 156,55 | 208,36 | 10,936 | **0,027** |
| Aile hekimliği uygulaması ile birinci basamakta tedavi edici sağlık hizmetleri uygulamaları artmıştır. | 176,64 | 181,00 | 176,84 | 160,46 | 239,00 | 6,585 | 0,160 |
| Aile hekimliği uygulaması ile birinci basamakta koruyucu sağlık hizmetleri uygulamaları artmıştır. | 173,28 | 204,64 | 175,96 | 172,52 | 175,55 | 1,837 | 0,766 |
| Aile hekimliği uygulaması ile kronik hastaların takip sıklığı artmıştır. | 173,28 | 232,06 | 175,28 | 160,11 | 218,64 | 10,433 | **0,034** |
| **Verimlilik** | 175,57 | 221,92 | 173,28 | 160,53 | 216,23 | 7,307 | 0,121 |
| Aile hekimliği uygulamasından sonra hastaların 2. ve 3. basamak sağlık hizmetlerine başvuru oranları düşmüştür. | 169,29 | 214,14 | 175,84 | 169,93 | 235,09 | 7,690 | 0,104 |
| Aile hekimliği uygulaması ile birinci basamakta etkili ve verimli sağlık hizmeti sunulmaktadır. | 170,93 | 208,22 | 180,72 | 162,58 | 229,82 | 7,413 | 0,116 |
| Aile hekimliği uygulaması birinci basamakta sunulan hizmetin maliyetini düşürmüştür. | 183,91 | 214,94 | 171,62 | 156,32 | 150,32 | 7,747 | 0,101 |
| **Hizmet Kalitesi** | 160,74 | 250,64 | 185,27 | 163,70 | 260,77 | 23,012 | **0,000** |
| Aile hekimliği uygulaması ile hastalara sunulan sağlık hizmetinin kalitesi artmıştır. | 173,30 | 216,78 | 178,88 | 156,92 | 234,73 | 10,229 | **0,037** |
| Aile hekimliği uygulaması hasta odaklı sağlık hizmeti sunma anlayışını getirmiştir. | 165,89 | 197,67 | 171,63 | 191,21 | 204,23 | 5,690 | 0,224 |
| Aile hekimliği uygulaması ile hasta ve sağlık personeli arasındaki iletişim sağlık ocağı uygulamasına göre daha da güçlenmiştir. | 169,23 | 204,25 | 181,80 | 165,21 | 234,14 | 7,640 | 0,106 |
| Aile hekimliği uygulaması sağlık personelinin hastalarına daha fazla vakit ayırabilmesini sağlamıştır. | 171,09 | 200,56 | 183,08 | 161,73 | 226,14 | 6,510 | 0,164 |
| Aile hekimliği uygulaması sadece aile hekimi uzmanları ile etkili olabilecek bir sistemdir. | 129,11 | 293,28 | 205,96 | 198,12 | 242,77 | 78,217 | **0,000** |
| Toplumun birinci basamak hizmetlere ilişkin memnuniyeti artmıştır. | 171,16 | 221,08 | 183,74 | 162,43 | 181,36 | 6,463 | 0,167 |
| Aile hekimliği uygulaması ile toplumun sağlığı daha çok kontrol altına alınmıştır. | 170,87 | 207,31 | 181,93 | 160,14 | 238,27 | 9,105 | 0,059 |

Tablo 12'de aile hekimliği çalışanlarının aile hekimliğine ilişkin görüşlerinin mesleğe göre karşılaştırması yapılmış ve sadece hizmet kalitesi boyutuna verilen cevapların istatistiksel olarak anlamlı farklılık gösterdiği tespit edilmiştir ($p< 0,001$) ve hizmet kalitesini boyutunu acil tıp teknisyeni gibi diğer sağlık çalışanlarının olduğu gruptakiler daha olumlu olarak değerlendirmişlerdir. Ayrıca hizmet kalitesi boyutundaki iki maddeye yönelik cevaplarda istatistiksel olarak anlamlı derecede farklı bulunmuştur ($p< 0,05$). "aile hekimliği uygulaması ile hastalara sunulan sağlık hizmetinin kalitesi artmıştır"($p= 0,037$)

maddesine diğer sağlık çalışanları daha fazla katılırken, "aile hekimliği uygulaması sadece aile hekimi uzmanları ile etkili olabilecek bir sistemdir" ($p < 0,001$) ifadesine uzman hekimlerin daha fazla katıldığı bulgulanmıştır. Buna göre, Hipotez 7.d kabul edilmiştir.

Çalışma koşulu, iş yükü, ücret, işe bağlılık ve memnuniyet, hizmete erişim ve verimlilik boyutlarında istatistiksel açıdan anlamlı farka rastlanamamıştır ($p \geq 0,05$). Fakat, çalışma koşulu, iş yükü, ücret ve hizmete erişim boyutlarının altında yer alan bazı maddelere ilişkin değerlendirmeler meslek grupları arasında istatistiksel olarak anlamlı farklılık göstermiştir ($p = 0,05$). Sonuç olarak, Hipotez 1.d, 2.d, 3.d 4.d, 5.d ve 6.d reddedilmiştir.

Çalışma koşulunda bulunan "aile sağlığı merkezlerinin fiziki koşulları rahat ve kullanışlıdır" ($p = 0,004$), "aile hekimliği uygulamasında çalışan hekim ve aile sağlığı elemanı arasındaki iletişim ve işbirliği yeterli seviyededir" ($p = 0,026$), "aile sağlığı merkezleri için verilen ödenek miktarı merkezin ihtiyaçlarını karşılamak için yeterlidir" ($p = 0,066$) ve "aile sağlığı merkezlerindeki sınıflandırma kriterleri ve bölgesel farklılıklar aile hekimleri arasında adaletsiz iş dağılımına neden olmaktadır" ($p = 0,022$) ifadelerine ilişkin cevaplar mesleğe göre istatistiksel olarak anlamlı farklılık yaratmaktadır. Buna göre uzman hekimlerin ilgili ifadelere ilişkin görüşleri diğer gruplardakilere göre daha olumludur.

İş yükü boyutundaki "aile hekimliği uygulamasında, haftalık çalışma süresinin üzerinde hizmet vermek zorunda kalabiliyorum" maddesine yönelik grupların vermiş oldukları cevaplar istatistiksel olarak anlamlı farklılık göstermekte ($p = 0,020$) ve bu maddeye uzman hekimlerin daha olumsuz cevaplar verdiği tespit edilmiştir. Ücret boyutunun altında yer alan "aile hekimliği uygulamasında çalışanlara verilen ücret yeterlidir" ifadesine ilişkin görüşlerin örneklemdeki meslek gruplarına göre anlamlı farklılık gösterdiği ($p < 0,001$) ve bu ifadeye en çok katılan grubun uzman hekimler olduğu tespit edilmiştir.

Hizmete erişim boyutunda bulunan "aile hekimliği uygulaması ile vatandaşların sağlık hizmetine ulaşımı kolaylaşmıştır" ve aile hekimliği uygulaması ile kronik hastaların takip sıklığı artmıştır" ifadeleri de gruplar arasında istatistiksel olarak anlamlı fark yaratmış ve söz konusu ifadelere ilişkin uzman hekimlerin görüşlerinin daha olumlulaştığı sonucuna ulaşılmıştır.

**Tablo 13. Aile Hekimliği Çalışanlarının Aile Hekimliği Uygulaması Sorunlarının Çözümüne İlişkin Önerilerinin Mesleğe Göre Karşılaştırılması**

| Değişkenler | Pratisyen Aile Hekimi Sıra Ort. | Uzman Hekim Sıra Ort. | Hemşire Sıra Ort. | Ebe Sıra Ort. | Diğer Sıra Ort. | Ki Kare X² | p |
|---|---|---|---|---|---|---|---|
| **Yasal Düzenleme** | 175,76 | 186,72 | 181,98 | 174,38 | 107,23 | 5,667 | 0,225 |
| Uygulamada çalışan hekim ve hemşirelerin özlük haklarında iyileştirmeler yapılmalıdır. | 173,27 | 184,39 | 182,36 | 175,73 | 134,50 | 3,326 | 0,505 |
| Pozitif ve negatif performansa yönelik ödeme uygulaması yerine sadece pozitif performansa göre ödeme yapılmalıdır. | 169,94 | 165,17 | 179,25 | 188,80 | 152,41 | 3,003 | 0,557 |
| Performans hesaplamada sadece hasta sayısı gibi sayısal değerler değil, kalite göstergeleri de dikkate alınmalıdır. | 160,79 | 211,72 | 181,85 | 196,03 | 137,41 | 12,433 | **0,014** |
| Aile hekimliği sisteminden ihtar puanı uygulaması kaldırılmalıdır. | 190,03 | 196,17 | 170,26 | 153,00 | 127,05 | 12,112 | **0,017** |
| Aile Sağlığı Merkezlerinde çalışan hekim ve aile sağlığı elamanları sözleşmeli değil, 657 nolu yasaya bağlı çalışmalıdır. | 168,50 | 172,00 | 187,98 | 175,37 | 178,77 | 3,188 | 0,527 |
| Aile hekimlerine kayıtlı kişi sayısı düşürülerek aile hekimlerinin poliklinik hizmetlerine ayırdıkları zaman azaltılmalı ve daha çok koruyucu sağlık hizmeti vermesi sağlanmalıdır. | 178,54 | 178,11 | 177,49 | 173,58 | 124,18 | 3,996 | 0,407 |
| Gebe ve bebek takibinde yaşanan sorunları azaltmak için, 2. ve 3. basamak sağlık kuruluşuna başvurular kısıtlanarak bireyin aile hekimliğine yönlendirilmesi sağlanmalı ve bireye bildirim zorunluluğu getirilmelidir. | 180,13 | 168,19 | 175,83 | 171,51 | 145,09 | 1,898 | 0,755 |
| **Mesleki Gelişim** | 171,38 | 246,39 | 174,21 | 166,78 | 186,91 | 9,949 | **0,041** |
| Aile hekimliğinde çalışan hekim ve hemşirelerin sürekli mesleki eğitimleri için kongre ve sempozyumlara katılımları desteklenmelidir. | 184,38 | 216,00 | 161,30 | 170,71 | 131,73 | 9,931 | **0,042** |
| Aile hekimliğinde çalışan hekimlere idari eğitimler de verilmelidir. | 169,17 | 187,67 | 187,86 | 168,53 | 190,00 | 3,129 | 0,536 |
| Aile hekimlerine periyodik olarak mesleki yeterliliklerini geliştirecek eğitimler verilmeli ve bu eğitimlerin sonunda yeterlilikleri ölçen sınavlar yapılmalıdır. | 162,41 | 237,44 | 180,92 | 181,18 | 178,41 | 10,446 | **0,034** |
| Aile hekimliği eğitimini tamamlayan hekimlere eğer isterlerse eğitim sürelerini uzatarak özellikle geriatri ve acil tıp alanlarında akademik kariyer imkanları sağlanmalıdır. | 181,53 | 233,83 | 165,32 | 157,45 | 198,05 | 11,591 | **0,021** |
| **Çalışma Koşullarının İyileştirilmesi** | 171,60 | 162,31 | 188,10 | 168,54 | 194,68 | 2,848 | 0,583 |
| Aile sağlığı merkezlerinde laboratuvar ve görüntüleme birimleri oluşturulmalıdır. | 170,27 | 158,17 | 191,96 | 165,15 | 211,09 | 5,963 | 0,202 |
| Evde bakım hizmetleri aile hekimleri tarafından değil, hastanelere veya TSM'lere bağlı evde sağlık hizmetleri birimlerince verilmelidir. | 176,45 | 178,69 | 175,49 | 177,75 | 141,86 | 2,300 | 0,681 |

**Tablo 13. Aile Hekimliği Çalışanlarının Aile Hekimliği Uygulaması Sorunlarının Çözümüne İlişkin Önerilerinin Mesleğe Göre Karşılaştırılması (Devam)**

| Değişkenler | Pratisyen Aile Hekimi | Uzman Hekim | Hemşire | Ebe | Diğer | Ki Kare $X^2$ | p |
|---|---|---|---|---|---|---|---|
| | Sıra Ort. | Sıra Ort. | Sıra Ort. | Sıra Ort. | Sıra Ort. | | |
| **Klinik Rehber Geliştirme** | 182,46 | 201,08 | 171,92 | 164,62 | 136,18 | 4,850 | 0,303 |
| Aile Sağlığı Merkezleri ve Toplum Sağlığı Merkezleri için tanı, tedavi ve uygulama rehberleri geliştirilmelidir. | 183,38 | 181,47 | 173,64 | 165,25 | 136,68 | 4,149 | 0,386 |
| Klinik ve pratik saha rehberi yayınlanarak tüm ülkede aile hekimliği uygulaması standart hale getirilmelidir. | 176,49 | 205,58 | 172,86 | 171,63 | 159,68 | 2,381 | 0,666 |
| **Personel Eksikliğini Giderme** | 168,04 | 160,19 | 192,40 | 173,88 | 178,00 | 3,989 | 0,408 |
| Aile hekimliği merkezlerinin büro ve yazışma işleri (fatura ödeme, kırtasiye, evrak fazlalığı vb. ) için bir idari personel görevlendirilmelidir. | 170,74 | 162,86 | 186,60 | 180,03 | 142,18 | 3,943 | 0,414 |
| Aile sağlığı merkezlerindeki çalışma ortamlarını daha güvenli hale getirebilmek için güvenlik görevlisi görevlendirilmelidir. | 168,47 | 169,78 | 196,10 | 165,53 | 180,91 | 6,791 | 0,147 |
| Aile hekimliği merkezlerinde verilen hizmetler; fizik tedavi uzmanı, diş hekimi, ebe, sosyal çalışmacı ve diyetisyen gibi personelin bulunduğu bir ekip ile sunulmalıdır. | 168,54 | 176,11 | 182,90 | 177,70 | 198,00 | 2,019 | 0,732 |
| **Bilgi Sistemi Geliştirme** | 166,68 | 198,94 | 184,88 | 178,10 | 168,05 | 3,326 | 0,505 |
| Aile hekimliği uygulamasında, bütün hizmet sağlayıcılarının ulaşabileceği bir hasta kayıt sistemi oluşturulmalıdır. | 165,32 | 192,33 | 187,43 | 175,27 | 196,09 | 4,570 | 0,334 |
| Gebe ve bebek takibinde yaşanan sorunları azaltmak için, herhangi bir sağlık kuruluşuna başvuran gebeler ortak bir veri tabanında izlenmeli. | 173,16 | 190,94 | 178,19 | 178,42 | 141,95 | 2,624 | 0,623 |

Tablo 13'ün içerisinde yer alan aile hekimliği çalışanlarının uygulamadaki sorunların çözümüne ilişkin önerilerinin mesleğe göre karşılaştırılmasında mesleki gelişim boyutunun ve bu boyutta yer alan "aile hekimliğinde çalışan hekim ve hemşirelerin sürekli mesleki eğitimleri için kongre ve sempozyumlara katılımları desteklenmelidir" (p= 0,042), "aile hekimlerine periyodik olarak mesleki yeterliliklerini geliştirecek eğitimler verilmeli ve bu eğitimlerin sonunda yeterlilikleri ölçen sınavlar yapılmalıdır" (p= 0,034) ve "aile hekimliği eğitimini tamamlayan hekimlere eğer isterlerse eğitim sürelerini uzatarak özellikle geriatri ve acil tıp alanlarında akademik kariyer imkanları sağlanmalıdır" (p= 0,021) maddelerinin gruplar arasında istatistiksel olarak anlamlı fark yarattığı sonucuna ulaşılmıştır. Buna göre, söz konusu boyuta ve boyuttaki maddelere yönelik görüşlerin uzman hekimlerde pratisyen aile hekimi, hemşire, ebe ve diğer sağlık çalışanlarına göre daha olumlu olduğu bulgulanmıştır. Neticede Hipotez 9.d kabul edilmiştir.

Mesleki gelişim boyutunun dışındaki yasal düzenleme, çalışma koşullarının iyileştirilmesi, klinik rehber geliştirme, personel eksikliğini giderme ve bilgi sistemi geliştirme boyutlarında ve bu boyutların altında yer alan maddelerde örneklemdeki meslek gruplarına göre istatistiksel olarak anlamlı bir farklılığa rastlanamamasına ($p \geq 0,05$) rağmen, yasal düzenleme boyutunda bulunan ''performans hesaplamada sadece hasta sayısı gibi sayısal değerler değil, kalite göstergeleri de dikkate alınmalıdır" ve "aile hekimliği sisteminden ihtar puanı uygulaması kaldırılmalıdır" şeklindeki iki maddeye ilişkin değerlendirmelerin gruplar arasında istatistiksel olarak anlamlı fark gösterdiği bulgulanmıştır ($p < 0,05$). Buna göre ilgili ifadeleri uzman hekimler diğer mesleklere göre daha olumlu olarak değerlendirmişlerdir. Sonuç olarak, yukarıdaki bilgilere göre, tüm boyutlara ilişkin hipotezler reddedilmiştir. Bu hipotezler; 8.d, 10.d, 11.d, 12.d ve 13.d'dir.

**Tablo 14. Aile Hekimliği Çalışanlarının Aile Hekimliği Uygulaması İlişkin Görüşlerinin Eğitim Durumuna Göre Karşılaştırılması**

| Değişkenler | Lise | Önlisans | Lisans | Yük. Lis. & Dok. | Tıpta Uzmanlık | Ki Kare $X^2$ | p |
|---|---|---|---|---|---|---|---|
| | Sıra Ort. | Sıra Ort. | Sıra Ort. | Sıra Ort. | Sıra Ort. | | |
| **Çalışma Koşulu** | 189,96 | 167,01 | 169,92 | 199,28 | 222,03 | 6,826 | 0,145 |
| Aile sağlığı merkezlerinin fiziki koşulları rahat ve kullanışlıdır. | 186,03 | 153,44 | 174,75 | 187,30 | 257,11 | 17,618 | **0,001** |
| Aile hekimliği uygulamasında çalışan hekim ve aile sağlığı elemanı arasındaki iletişim ve işbirliği yeterli seviyededir. | 165,47 | 164,60 | 177,34 | 192,58 | 208,67 | 4,336 | 0,362 |
| Aile hekimliği uygulamasında çalışan hekim ve hemşirelerin hizmet içi eğitim olanakları artmıştır. | 202,57 | 158,05 | 179,76 | 177,15 | 161,64 | 5,989 | 0,200 |
| Aile sağlığı merkezleri için verilen ödenek miktarı merkezin ihtiyaçlarını karşılamak için yeterlidir. | 161,71 | 184,68 | 169,98 | 181,13 | 209,53 | 4,233 | 0,375 |
| Aile hekimliği uygulamasında yer alan hekim ve aile sağlığı elemanlarının görev tanımları, açık ve belirgindir. | 193,26 | 182,04 | 167,01 | 178,35 | 197,22 | 3,789 | 0,435 |
| Mevcut aile hekimliği mevzuatı ihtiyaçlara cevap verecek düzeydedir. | 196,85 | 178,63 | 169,82 | 174,33 | 181,61 | 2,391 | 0,664 |
| Aile hekimliği uygulaması Türkiye'de birinci basamak sağlık hizmetlerini özelleştirmek için atılan bir adımdır. | 181,10 | 183,91 | 171,42 | 188,63 | 152,92 | 2,426 | 0,658 |
| Aile sağlığı merkezlerindeki sınıflandırma kriterleri ve bölgesel farklılıklar aile hekimleri arasında adaletsiz iş dağılımına neden olmaktadır. | 179,53 | 167,11 | 179,57 | 169,63 | 171,78 | 1,167 | 0,884 |

**Tablo 14. Aile Hekimliği Çalışanlarının Aile Hekimliği Uygulaması İlişkin Görüşlerinin Eğitim Durumuna Göre Karşılaştırılması (Devam)**

| Değişkenler | Lise | Önlisans | Lisans | Yük. Lis. & Dok. | Tıpta Uzmanlık | Ki Kare $X^2$ | p |
|---|---|---|---|---|---|---|---|
| | Sıra Ort. | Sıra Ort. | Sıra Ort. | Sıra Ort. | Sıra Ort. | | |
| **İş Yükü** | 148,82 | 171,33 | 176,14 | 204,13 | 207,50 | 6,026 | 0,197 |
| Aile hekimliği uygulamasında, haftalık çalışma süresinin üzerinde hizmet vermek zorunda kalabiliyorum. | 158,85 | 167,61 | 176,20 | 195,80 | 215,08 | 5,322 | 0,256 |
| Aile hekimliği uygulamasında çalışan personele zorunlu nöbet (adli, acil vb.) getirilmesi çalışanları olumsuz etkilemiştir. | 164,91 | 180,06 | 174,55 | 179,20 | 179,42 | 0,926 | 0,921 |
| Aile hekimliği uygulaması özellikle, ASM yönetici hekimleri açısından aile hekimliği hizmetlerinin yanı sıra idari yükün de artmasına neden olmuştur. | 144,26 | 165,10 | 180,03 | 209,10 | 199,36 | 9,038 | 0,060 |
| **Ücret** | 158,53 | 160,31 | 182,50 | 206,35 | 172,44 | 5,798 | 0,215 |
| Aile hekimliği uygulamasında çalışanlara verilen ücret yeterlidir. | 142,03 | 151,91 | 182,96 | 214,00 | 230,86 | 18,895 | **0,001** |
| Uygulamada verilen ücretler emekliliğe yansıtılmadığından çalışanlar arasında emekli olma isteği azalmaktadır. | 164,12 | 172,07 | 173,15 | 205,83 | 204,83 | 5,125 | 0,275 |
| Performans değerlendirmede pozitif performans yanında negatif performansa da yer verilmesi doğru bir uygulamadır. | 175,26 | 172,34 | 177,03 | 209,60 | 137,08 | 5,358 | 0,252 |
| **İşe Bağlılık ve Memnuniyet** | 189,94 | 163,11 | 177,08 | 177,30 | 189,33 | 2,399 | 0,663 |
| Aile hekimliği uygulaması çalışanların işe bağlılıklarını artırmıştır. | 177,74 | 172,62 | 175,39 | 161,20 | 202,25 | 1,865 | 0,761 |
| Aile hekimliği uygulaması ile hekim ve aile sağlığı elemanın mesleki doyumu artmıştır. | 189,43 | 154,02 | 179,73 | 181,03 | 202,00 | 6,492 | 0,165 |
| Aile hekimliği uygulaması ile sağlık personelinin özlük hakları iyileşmiştir. | 210,68 | 151,61 | 176,96 | 190,50 | 192,36 | 10,565 | **0,032** |
| Aile sağlığı merkezlerinde çalışan hekimler yeterince motive edilmemektedir. | 186,81 | 167,16 | 174,99 | 182,48 | 192,17 | 1,715 | 0,788 |
| Aile sağlığı merkezlerinde çalışan aile sağlığı elamanları yeterince motive edilmemektedir. | 184,56 | 188,92 | 169,45 | 157,58 | 177,67 | 3,455 | 0,485 |

**Tablo 14. Aile Hekimliği Çalışanlarının Aile Hekimliği Uygulaması İlişkin Görüşlerinin Eğitim Durumuna Göre Karşılaştırılması (Devam)**

| Değişkenler | Lise | Önlisans | Lisans | Yük. Lis. & Dok. | Tıpta Uzmanlık | Ki Kare | p |
|---|---|---|---|---|---|---|---|
| | Sıra Ort. | Sıra Ort. | Sıra Ort. | Sıra Ort. | Sıra Ort. | $X^2$ | |
| **Hizmete Erişim** | 212,03 | 169,73 | 169,30 | 161,68 | 215,53 | 8,701 | 0,069 |
| Aile hekimliği uygulaması ile hastalara eşit ve hakkaniyetli sağlık hizmeti sunulmaktadır. | 208,69 | 173,28 | 173,02 | 158,58 | 168,64 | 4,887 | 0,299 |
| Aile hekimliği uygulaması ile vatandaşların sağlık hizmetine ulaşımı kolaylaşmıştır. | 195,34 | 164,32 | 173,49 | 159,70 | 230,94 | 9,649 | **0,047** |
| Aile hekimliği uygulaması ile birinci basamakta tedavi edici sağlık hizmetleri uygulamaları artmıştır. | 213,75 | 170,97 | 169,27 | 184,73 | 181,00 | 6,522 | 0,163 |
| Aile hekimliği uygulaması ile birinci basamakta koruyucu sağlık hizmetleri uygulamaları artmıştır. | 190,91 | 178,56 | 170,41 | 158,40 | 204,64 | 3,842 | 0,428 |
| Aile hekimliği uygulaması ile kronik hastaların takip sıklığı artmıştır. | 193,22 | 167,44 | 172,90 | 154,38 | 232,06 | 9,131 | 0,058 |
| **Verimlilik** | 202,00 | 159,95 | 172,72 | 182,90 | 221,92 | 8,538 | 0,074 |
| Aile hekimliği uygulamasından sonra hastaların 2. ve 3. basamak sağlık hizmetlerine başvuru oranları düşmüştür. | 199,28 | 171,43 | 170,07 | 169,90 | 214,14 | 5,571 | 0,234 |
| Aile hekimliği uygulaması ile birinci basamakta etkili ve verimli sağlık hizmeti sunulmaktadır. | 202,06 | 165,25 | 171,26 | 185,95 | 208,22 | 6,172 | 0,187 |
| Aile hekimliği uygulaması birinci basamakta sunulan hizmetin maliyetini düşürmüştür. | 176,94 | 154,26 | 181,19 | 175,60 | 214,94 | 7,664 | 0,105 |
| **Hizmet Kalitesi** | 227,25 | 164,07 | 165,47 | 165,40 | 250,64 | 22,092 | **0,000** |
| Aile hekimliği uygulaması ile hastalara sunulan sağlık hizmetinin kalitesi artmıştır. | 199,88 | 162,70 | 173,57 | 170,98 | 216,78 | 7,040 | 0,134 |
| Aile hekimliği uygulaması hasta odaklı sağlık hizmeti sunma anlayışını getirmiştir. | 209,09 | 171,80 | 168,64 | 180,08 | 197,67 | 6,350 | 0,175 |
| Aile hekimliği uygulaması ile hasta ve sağlık personeli arasındaki iletişim sağlık ocağı uygulamasına göre daha da güçlenmiştir. | 201,22 | 172,73 | 170,73 | 163,50 | 204,25 | 4,925 | 0,295 |
| Aile hekimliği uygulaması sağlık personelinin hastalarına daha fazla vakit ayırabilmesini sağlamıştır. | 204,13 | 168,35 | 172,23 | 166,58 | 200,56 | 4,991 | 0,288 |
| Aile hekimliği uygulaması sadece aile hekimi uzmanları ile etkili olabilecek bir sistemdir. | 228,88 | 194,67 | 148,23 | 155,83 | 293,28 | 54,446 | **0,000** |
| Toplumun birinci basamak hizmetlere ilişkin memnuniyeti artmıştır. | 202,63 | 157,26 | 174,57 | 176,55 | 221,08 | 9,967 | **0,041** |
| Aile hekimliği uygulaması ile toplumun sağlığı daha çok kontrol altına alınmıştır. | 207,81 | 161,34 | 173,31 | 174,50 | 207,31 | 7,639 | 0,106 |

Aile hekimliği sisteminde çalışan hekim ve aile sağlığı elemanlarının uygulamaya yönelik düşünceleri eğitim düzeyi açısından karşılaştırıldığında sadece hizmet kalitesi boyutuna ilişkin değerlendirmelerin istatistiksel olarak anlamlı farklılık gösterdiği saptanmıştır ($p < 0,001$). Ayrıca söz konusu boyutta bulunan "aile hekimliği uygulaması sadece aile hekimi uzmanları ile etkili olabilecek bir sistemdir" maddesine yönelik görüşler de gruplar arasında istatistiksel olarak anlamlı fark yaratmıştır ($p < 0,001$). Yine bu boyuttaki "toplumun birinci basamak hizmetlere ilişkin memnuniyeti artmıştır" ifadesi ile ilgili düşüncelerde eğitim durumuna göre gruplar arasında istatistiksel olarak anlamlı derecede farklı bulunmuş ($p = 0,041$) ve tıpta uzmanlık eğitimi almış hekimlerin ilgili boyuta yönelik görüşlerinin daha pozitif olduğu tespit edilmiştir.

Aile hekimliği çalışanlarının aile hekimliği uygulamasına yönelik görüşleri eğitim durumuna göre karşılaştırıldığında; çalışma koşulu, iş yükü, ücret, işe bağlılık ve memnuniyet, hizmete erişim ve verimlilik boyutlarına verilen cevaplarda istatistiksel olarak anlamlı bir farka rastlanamamıştır ($p \geq 0,05$). Fakat, çalışma koşulu, ücret, işe bağlılık ve memnuniyet ve hizmete erişim boyutlarının altında yer alan birer maddeye ilişkin değerlendirmeler gruplar arasında istatistiksel olarak anlamlı fark göstermiştir ($p < 0,05$). Çalışma koşulunda bulanan "aile sağlığı merkezlerinin fiziki koşulları rahat ve kullanışlıdır" ifadesi ile ücret boyutundaki "aile hekimliği uygulamasında çalışanlara verilen ücret yeterlidir" maddesine tıpta uzmanlık eğitimi almış hekimlerin vermiş oldukları cevapların daha olumlu olduğu bulunmuştur. İşe bağlılık ve memnuniyet boyutunun altında yer alan "aile hekimliği uygulaması ile sağlık personelinin özlük hakları iyileşmiştir" düşüncesine en fazla katılımın lise grubundan olduğu görülmektedir. Son olarak, hizmete erişim boyutunun içindeki "aile hekimliği uygulaması ile vatandaşların sağlık hizmetine ulaşımı kolaylaşmıştır" maddesine tıpta uzmanlık eğitimi almış hekimlerin diğer gruptakilere göre daha fazla katıldığı saptanmıştır.

Yukarıdaki bilgilere göre, Hipotez 7.e kabul edilirken, 1.e, 2.e, 3.e, 4.e, 5.e ve 6.e reddedilmiştir.

**Tablo 15. Aile Hekimliği Çalışanlarının Aile Hekimliği Uygulaması Sorunlarının Çözümüne İlişkin Önerilerinin Eğitim Durumuna Göre Karşılaştırılması**

| Değişkenler | Lise | Önlisans | Lisans | Yük. Lis. & Dok. | Tıpta Uzmanlık | Ki Kare $X^2$ | p |
|---|---|---|---|---|---|---|---|
| | Sıra Ort. | Sıra Ort. | Sıra Ort. | Sıra Ort. | Sıra Ort. | | |
| **Yasal Düzenleme** | 167,65 | 170,95 | 178,86 | 166,48 | 186,72 | 0,980 | 0,913 |
| Uygulamada çalışan hekim ve hemşirelerin özlük haklarında iyileştirmeler yapılmalıdır. | 178,82 | 173,95 | 174,92 | 174,10 | 184,39 | 0,281 | 0,991 |
| Pozitif ve negatif performansa yönelik ödeme uygulaması yerine sadece pozitif performansa göre ödeme yapılmalıdır. | 193,62 | 179,44 | 173,02 | 160,53 | 165,17 | 2,249 | 0,690 |
| Performans hesaplamada sadece hasta sayısı gibi sayısal değerler değil, kalite göstergeleri de dikkate alınmalıdır. | 181,97 | 179,24 | 168,51 | 182,35 | 211,72 | 4,204 | 0,379 |
| Aile hekimliği sisteminden ihtar puanı uygulaması kaldırılmalıdır. | 152,44 | 161,76 | 185,25 | 162,75 | 196,17 | 7,259 | 0,123 |
| Aile Sağlığı Merkezlerinde çalışan hekim ve aile sağlığı elamanları sözleşmeli değil, 657 nolu yasaya bağlı çalışmalıdır. | 184,41 | 185,43 | 170,90 | 164,23 | 172,00 | 2,597 | 0,627 |
| Aile hekimlerine kayıtlı kişi sayısı düşürülerek aile hekimlerinin poliklinik hizmetlerine ayırdıkları zaman azaltılmalı ve daha çok koruyucu sağlık hizmeti vermesi sağlanmalıdır. | 136,90 | 178,80 | 178,94 | 191,55 | 178,11 | 7,583 | 0,108 |
| Gebe ve bebek takibinde yaşanan sorunları azaltmak için, 2. ve 3. basamak sağlık kuruluşuna başvurular kısıtlanarak bireyin aile hekimliğine yönlendirilmesi sağlanmalı ve bireye bildirim zorunluluğu getirilmelidir. | 168,47 | 166,06 | 183,22 | 161,35 | 168,19 | 3,120 | 0,538 |

**Tablo 15. Aile Hekimliği Çalışanlarının Aile Hekimliği Uygulaması Sorunlarının Çözümüne İlişkin Önerilerinin Eğitim Durumuna Göre Karşılaştırılması (Devam)**

| Değişkenler | Lise | Önlisans | Lisans | Yük. Lis. & Dok. | Tıpta Uzmanlık | Ki Kare X² | p |
|---|---|---|---|---|---|---|---|
| | Sıra Ort. | Sıra Ort. | Sıra Ort. | Sıra Ort. | Sıra Ort. | | |
| **Mesleki Gelişim** | 169,29 | 159,37 | 175,21 | 195,20 | 246,39 | 12,123 | **0,016** |
| Aile hekimliğinde çalışan hekim ve hemşirelerin sürekli mesleki eğitimleri için kongre ve sempozyumlara katılımları desteklenmelidir. | 153,25 | 149,68 | 185,09 | 197,63 | 216,00 | 15,757 | **0,003** |
| Aile hekimliğinde çalışan hekimlere idari eğitimler de verilmelidir. | 187,44 | 166,74 | 174,41 | 192,80 | 187,67 | 2,223 | 0,695 |
| Aile hekimlerine periyodik olarak mesleki yeterliliklerini geliştirecek eğitimler verilmeli ve bu eğitimlerin sonunda yeterlilikleri ölçen sınavlar yapılmalıdır. | 155,19 | 175,86 | 175,41 | 153,60 | 237,44 | 9,580 | **0,048** |
| Aile hekimliği eğitimini tamamlayan hekimlere eğer isterlerse eğitim sürelerini uzatarak özellikle geriatri ve acil tıp alanlarında akademik kariyer imkanları sağlanmalıdır. | 188,12 | 156,37 | 172,18 | 216,50 | 233,83 | 14,711 | **0,005** |
| **Çalışma Koşullarının İyileştirilmesi** | 203,31 | 166,86 | 176,54 | 167,78 | 162,31 | 3,859 | 0,425 |
| Aile sağlığı merkezlerinde laboratuvar ve görüntüleme birimleri oluşturulmalıdır. | 198,25 | 170,21 | 176,82 | 162,83 | 158,17 | 3,081 | 0,544 |
| Evde bakım hizmetleri aile hekimleri tarafından değil, hastanelere veya TSM'lere bağlı evde sağlık hizmetleri birimlerince verilmelidir. | 175,91 | 174,95 | 175,31 | 176,13 | 178,69 | 0,040 | 1,000 |
| **Klinik Rehber Geliştirme** | 151,62 | 150,32 | 185,89 | 203,38 | 201,08 | 12,866 | **0,012** |
| Aile Sağlığı Merkezleri ve Toplum Sağlığı Merkezleri için tanı, tedavi ve uygulama rehberleri geliştirilmelidir. | 141,18 | 156,28 | 187,12 | 201,15 | 181,47 | 13,267 | **0,010** |
| Klinik ve pratik saha rehberi yayınlanarak tüm ülkede aile hekimliği uygulaması standart hale getirilmelidir. | 169,47 | 155,26 | 179,63 | 207,30 | 205,58 | 8,717 | 0,069 |

**Tablo 15. Aile Hekimliği Çalışanlarının Aile Hekimliği Uygulaması Sorunlarının Çözümüne İlişkin Önerilerinin Eğitim Durumuna Göre Karşılaştırılması (Devam)**

| Değişkenler | Lise | Önlisans | Lisans | Yük. Lis. & Dok. | Tıpta Uzmanlık | Ki Kare $X^2$ | p |
|---|---|---|---|---|---|---|---|
| | Sıra Ort. | Sıra Ort. | Sıra Ort. | Sıra Ort. | Sıra Ort. | | |
| **Personel Eksikliğini Giderme** | 172,85 | 184,73 | 176,35 | 145,55 | 160,19 | 3,046 | 0,550 |
| Aile hekimliği merkezlerinin büro ve yazışma işleri (fatura ödeme, kırtasiye, evrak fazlalığı vb. ) için bir idari personel görevlendirilmelidir. | 190,01 | 180,51 | 171,80 | 175,78 | 162,86 | 1,866 | 0,760 |
| Aile sağlığı merkezlerindeki çalışma ortamlarını daha güvenli hale getirebilmek için güvenlik görevlisi görevlendirilmelidir. | 196,72 | 185,53 | 169,45 | 158,73 | 169,78 | 4,641 | 0,326 |
| Aile hekimliği merkezlerinde verilen hizmetler; fizik tedavi uzmanı, diş hekimi, ebe, sosyal çalışmacı ve diyetisyen gibi personelin bulunduğu bir ekip ile sunulmalıdır. | 150,38 | 180,02 | 180,62 | 149,13 | 176,11 | 4,595 | 0,331 |
| **Bilgi Sistemi Geliştirme** | 169,49 | 175,77 | 174,73 | 170,80 | 198,94 | 1,245 | 0,871 |
| Aile hekimliği uygulamasında, bütün hizmet sağlayıcılarının ulaşabileceği bir hasta kayıt sistemi oluşturulmalıdır. | 184,99 | 171,87 | 174,85 | 166,18 | 192,33 | 1,303 | 0,861 |
| Gebe ve bebek takibinde yaşanan sorunları azaltmak için, herhangi bir sağlık kuruluşuna başvuran gebeler ortak bir veri tabanında izlenmeli. | 161,68 | 180,79 | 174,08 | 175,70 | 190,94 | 1,899 | 0,754 |

Aile hekimliğinde çalışan hekim ve aile sağlığı elemanlarının aile hekimliği uygulamasında yaşanan sorunlara ilişkin önerileri eğitim durumuna göre karşılaştırıldığında; mesleki gelişim boyutunun gruplar arasında istatistiksel olarak anlamlı fark yarattığı bulunmuştur (p= 0,016). İlgili boyutta bulunan "aile hekimliğinde çalışan hekim ve hemşirelerin sürekli mesleki eğitimleri için kongre ve sempozyumlara katılımları desteklenmelidir" (p= 0,003), "aile hekimlerine periyodik olarak mesleki yeterliliklerini geliştirecek eğitimler verilmeli ve bu eğitimlerin sonunda yeterlilikleri ölçen sınavlar yapılmalıdır" (p= 0,048) ve "aile hekimliği eğitimini tamamlayan hekimlere eğer isterlerse eğitim sürelerini uzatarak özellikle geriatri ve acil tıp alanlarında akademik kariyer imkanları sağlanmalıdır" (p= 0,005) maddelerine yönelik değerlendirmeler de örneklemdeki aile hekimliği çalışanlarının eğitim durumlarına göre istatistiksel olarak anlamlı fark gösterdiği tespit edilmiştir.

Buna göre, mesleki gelişim boyutuna ve söz konusu maddelere ilişkin görüşlerin tıpta uzmanlık eğitimi almış kişilerde daha olumlulaştığı bulunmuştur.

Tablo 15'de aile hekimliği uygulamasındaki mevcut sorunları giderebilmek için klinik rehber geliştirmeye yönelik çalışanların sundukları çözüm önerileri eğitim durumuna göre karşılaştırılmıştır ve gruplar arasında istatistiksel olarak anlamlı farklılık tespit edilmiştir (p= 0,012). Ayrıca söz konusu boyutta bulunan "aile sağlığı merkezleri ve toplum sağlığı merkezleri için tanı, tedavi ve uygulama rehberleri geliştirilmelidir" ifadesine yönelik görüşler araştırmadaki gruplar arasında istatistiksel olarak anlamlı farklılık göstermektedir (p= 0,010) ve klinik rehber geliştirme ile ilgili ifadelere en çok katılım gösteren grubun lisansüstü eğitim almış bireylerden oluştuğu sonucuna ulaşılmıştır.

Eğitim durumuna göre aralarında istatistiksel olarak anlamlı farklılığa rastlanmayan boyutlar ise; yasal düzenleme, çalışma koşullarının iyileştirilmesi, personel eksikliğini giderme ve bilgi sistemi geliştirme olarak belirlenmiştir.

Sonuç olarak, Hipotez 9.e ve 11.e kabul edilirken; 8.e, 10.e, 12.e ve 13.e reddedilmiştir.

**Tablo 16. Aile Hekimliği Çalışanlarının Aile Hekimliği Uygulaması İlişkin Görüşlerinin Toplam Sağlık Çalışanı Olarak Çalışma Süresine Göre Karşılaştırılması**

| Değişkenler | 4-144 | | 145-216 | | 217-264 | | 265-432 | | | | Farklılığı Yaratan Grup / Gruplar |
|---|---|---|---|---|---|---|---|---|---|---|---|
| | Ort. | Ss. | Ort. | Ss. | Ort. | Ss. | Ort. | Ss. | F | p | |
| **Çalışma Koşulu** | 3,04 | 0,67 | 2,91 | 0,89 | 2,74 | 0,56 | 2,79 | 0,62 | 3,081 | **0,028** | 1-3 p=0,006<br>1-4 p=0,021 |
| Aile sağlığı merkezlerinin fiziki koşulları rahat ve kullanışlıdır. | 3,72 | 1,28 | 3,41 | 1,34 | 3,40 | 1,15 | 3,28 | 1,38 | 2,541 | 0,056 | |
| Aile hekimliği uygulamasında çalışan hekim ve aile sağlığı elemanı arasındaki iletişim ve işbirliği yeterli seviyededir. | 3,65 | 1,37 | 3,78 | 1,03 | 3,55 | 1,14 | 3,62 | 1,11 | 0,613 | 0,607 | |
| Aile hekimliği uygulamasında çalışan hekim ve hemşirelerin hizmet içi eğitim olanakları artmıştır. | 3,22 | 1,34 | 2,84 | 1,25 | 2,51 | 1,25 | 2,70 | 1,15 | 5,014 | **0,002** | 1-2 p=0,038<br>1-3 p=0,000<br>1-4 p=0,005 |
| Aile sağlığı merkezleri için verilen ödenek miktarı merkezin ihtiyaçlarını karşılamak için yeterlidir. | 3,42 | 1,25 | 3,27 | 1,28 | 3,24 | 1,26 | 3,10 | 1,22 | 0,947 | 0,418 | |
| Aile hekimliği uygulamasında yer alan hekim ve aile sağlığı elemanlarının görev tanımları, açık ve belirgindir. | 3,06 | 1,52 | 2,52 | 1,32 | 2,48 | 1,27 | 2,45 | 1,20 | 4,134 | **0,007** | 1-2 p=0,007<br>1-3 p=0,005<br>1-4 p=0,003 |
| Mevcut aile hekimliği mevzuatı ihtiyaçlara cevap verecek düzeydedir. | 3,03 | 1,50 | 2,55 | 1,24 | 2,33 | 1,11 | 2,47 | 1,11 | 5,169 | **0,002** | 1-2 p=0,011<br>1-3 p=0,000<br>1-4 p=0,003 |
| Aile hekimliği uygulaması Türkiye'de birinci basamak sağlık hizmetlerini özelleştirmek için atılan bir adımdır. | 3,78 | 1,11 | 3,65 | 1,22 | 3,73 | 1,10 | 3,46 | 1,28 | 1,204 | 0,308 | |
| Aile sağlığı merkezlerindeki sınıflandırma kriterleri ve bölgesel farklılıklar aile hekimleri arasında adaletsiz iş dağılımına neden olmaktadır. | 4,10 | 1,01 | 4,54 | 5,42 | 3,86 | 1,18 | 3,82 | 1,20 | 1,135 | 0,335 | |

**Tablo 16. Aile Hekimliği Çalışanlarının Aile Hekimliği Uygulaması İlişkin Görüşlerinin Toplam Sağlık Çalışanı Olarak Çalışma Süresine Göre Karşılaştırılması (Devam)**

| Değişkenler | 4-144 | | 145-216 | | 217-264 | | 265-432 | | | | Farklılığı Yaratan Grup / Gruplar |
|---|---|---|---|---|---|---|---|---|---|---|---|
| | Ort. | Ss. | Ort. | Ss. | Ort. | Ss. | Ort. | Ss. | F | p | |
| **İş Yükü** | 3,81 | 0,96 | 4,07 | 0,85 | 3,99 | 0,90 | 3,79 | 0,90 | 2,055 | 0,106 | |
| Aile hekimliği uygulamasında, haftalık çalışma süresinin üzerinde hizmet vermek zorunda kalabiliyorum. | 3,18 | 1,53 | 3,54 | 1,36 | 3,56 | 1,29 | 3,16 | 1,23 | 2,323 | 0,075 | |
| Aile hekimliği uygulamasında çalışan personele zorunlu nöbet (adli, acil vb.) getirilmesi çalışanları olumsuz etkilemiştir. | 4,16 | 1,35 | 4,43 | 1,18 | 4,50 | 1,14 | 4,17 | 1,38 | 1,693 | 0,168 | |
| Aile hekimliği uygulaması özellikle, ASM yönetici hekimleri açısından aile hekimliği hizmetlerinin yanı sıra idari yükün de artmasına neden olmuştur. | 4,09 | 1,11 | 4,23 | 1,08 | 3,91 | 1,30 | 4,04 | 1,22 | 1,047 | 0,372 | |
| **Ücret** | 2,46 | 0,76 | 2,34 | 0,78 | 2,27 | 0,84 | 2,34 | 0,78 | 0,861 | 0,462 | |
| Aile hekimliği uygulamasında çalışanlara verilen ücret yeterlidir. | 3,17 | 1,45 | 2,93 | 1,31 | 2,81 | 1,29 | 2,99 | 1,19 | 1,082 | 0,357 | |
| Uygulamada verilen ücretler emekliliğe yansıtılmadığından çalışanlar arasında emekli olma isteği azalmaktadır. | 4,31 | 0,94 | 4,40 | 0,81 | 4,26 | 1,19 | 4,45 | 0,89 | 0,658 | 0,578 | |
| Performans değerlendirmede pozitif performans yanında negatif performansa da yer verilmesi doğru bir uygulamadır. | 2,53 | 1,45 | 2,50 | 1,46 | 2,26 | 1,33 | 2,47 | 1,32 | 0,621 | 0,602 | |
| **İşe Bağlılık ve Memnuniyet** | 2,86 | 1,01 | 2,71 | 0,87 | 2,56 | 0,81 | 2,62 | 0,85 | 1,960 | 0,121 | |
| Aile hekimliği uygulaması çalışanların işe bağlılıklarını artırmıştır. | 3,55 | 1,35 | 3,62 | 1,06 | 3,25 | 1,25 | 3,12 | 1,24 | 3,331 | **0,020** | 1-4 p=0,021<br>2-3 p=0,049<br>2-4 p=0,007 |

**Tablo 16. Aile Hekimliği Çalışanlarının Aile Hekimliği Uygulaması İlişkin Görüşlerinin Toplam Sağlık Çalışanı Olarak Çalışma Süresine Göre Karşılaştırılması (Devam)**

| Değişkenler | 4-144 | | 145-216 | | 217-264 | | 265-432 | | | | Farklılığı Yaratan Grup / Gruplar |
|---|---|---|---|---|---|---|---|---|---|---|---|
| | Ort. | Ss. | Ort. | Ss. | Ort. | Ss. | Ort. | Ss. | F | p | |
| Aile hekimliği uygulaması ile hekim ve aile sağlığı elemanın mesleki doyumu artmıştır. | 3,20 | 1,42 | 3,10 | 1,37 | 2,94 | 1,28 | 2,91 | 1,28 | 0,928 | 0,427 | |
| Aile hekimliği uygulaması ile sağlık personelinin özlük hakları iyileşmiştir. | 2,76 | 1,52 | 2,45 | 1,30 | 2,34 | 1,28 | 2,28 | 1,15 | 2,354 | 0,072 | |
| Aile sağlığı merkezlerinde çalışan hekimler yeterince motive edilmemektedir. | 3,49 | 1,44 | 3,66 | 1,26 | 3,76 | 1,22 | 3,53 | 1,21 | 0,785 | 0,503 | |
| Aile sağlığı merkezlerinde çalışan aile sağlığı elamanları yeterince motive edilmemektedir. | 3,71 | 1,46 | 3,96 | 1,19 | 3,99 | 1,17 | 3,71 | 1,17 | 1,293 | 0,277 | |
| **Hizmete Erişim** | 3,83 | 0,73 | 3,74 | 0,82 | 3,66 | 0,92 | 3,56 | 0,98 | 1,566 | 0,197 | |
| Aile hekimliği uygulaması ile hastalara eşit ve hakkaniyetli sağlık hizmeti sunulmaktadır. | 3,76 | 1,18 | 3,76 | 0,94 | 3,55 | 1,23 | 3,66 | 1,21 | 0,661 | 0,576 | |
| Aile hekimliği uygulaması ile vatandaşların sağlık hizmetine ulaşımı kolaylaşmıştır. | 4,02 | 0,89 | 3,96 | 0,95 | 3,73 | 1,07 | 3,67 | 1,19 | 2,416 | 0,066 | |
| Aile hekimliği uygulaması ile birinci basamakta tedavi edici sağlık hizmetleri uygulamaları artmıştır. | 3,31 | 1,28 | 3,50 | 1,10 | 3,49 | 1,17 | 3,36 | 1,17 | 0,537 | 0,657 | |
| Aile hekimliği uygulaması ile birinci basamakta koruyucu sağlık hizmetleri uygulamaları artmıştır. | 4,04 | 1,00 | 3,73 | 1,18 | 3,84 | 1,12 | 3,65 | 1,25 | 1,997 | 0,114 | |
| Aile hekimliği uygulaması ile kronik hastaların takip sıklığı artmıştır. | 3,99 | 1,02 | 3,76 | 1,05 | 3,68 | 1,10 | 3,45 | 1,21 | 3,682 | **0,012** | 1-4 p=0,001 |

**Tablo 16. Aile Hekimliği Çalışanlarının Aile Hekimliği Uygulaması İlişkin Görüşlerinin Toplam Sağlık Çalışanı Olarak Çalışma Süresine Göre Karşılaştırılması (Devam)**

| Değişkenler | 4-144 | | 145-216 | | 217-264 | | 265-432 | | | | Farklılığı Yaratan Grup / Gruplar |
|---|---|---|---|---|---|---|---|---|---|---|---|
| | Ort. | Ss. | Ort. | Ss. | Ort. | Ss. | Ort. | Ss. | F | p | |
| **Verimlilik** | 3,57 | 0,97 | 3,36 | 0,96 | 3,30 | 0,95 | 3,24 | 0,93 | 2,064 | 0,105 | |
| Aile hekimliği uygulamasından sonra hastaların 2. ve 3. basamak sağlık hizmetlerine başvuru oranları düşmüştür. | 3,63 | 1,12 | 3,16 | 1,21 | 3,11 | 1,24 | 3,16 | 1,20 | 3,675 | **0,012** | 1-2 p=0,009<br>1-3 p=0,005<br>1-4 p=0,009 |
| Aile hekimliği uygulaması ile birinci basamakta etkili ve verimli sağlık hizmeti sunulmaktadır. | 3,70 | 1,16 | 3,55 | 1,17 | 3,50 | 1,17 | 3,31 | 1,14 | 1,648 | 0,178 | |
| Aile hekimliği uygulaması birinci basamakta sunulan hizmetin maliyetini düşürmüştür. | 3,39 | 1,20 | 3,35 | 1,19 | 3,28 | 1,17 | 3,25 | 1,20 | 0,277 | 0,842 | |
| **Hizmet Kalitesi** | 3,76 | 0,81 | 3,62 | 1,21 | 3,36 | 0,75 | 3,35 | 0,87 | 4,077 | **0,007** | 1-3 p=0,005<br>1-4 p=0,004 |
| Aile hekimliği uygulaması ile hastalara sunulan sağlık hizmetinin kalitesi artmıştır. | 3,89 | 1,11 | 3,68 | 1,07 | 3,44 | 1,24 | 3,46 | 1,29 | 2,804 | **0,040** | 1-3 p=0,014<br>1-4 p=0,016 |
| Aile hekimliği uygulaması hasta odaklı sağlık hizmeti sunma anlayışını getirmiştir. | 3,98 | 1,04 | 3,89 | 0,90 | 3,71 | 1,08 | 3,65 | 1,11 | 1,903 | 0,129 | |
| Aile hekimliği uygulaması ile hasta ve sağlık personeli arasındaki iletişim sağlık ocağı uygulamasına göre daha da güçlenmiştir. | 3,94 | 1,19 | 3,74 | 1,18 | 3,66 | 1,16 | 3,57 | 1,20 | 1,574 | 0,195 | |
| Aile hekimliği uygulaması sağlık personelinin hastalarına daha fazla vakit ayırabilmesini sağlamıştır. | 3,78 | 1,26 | 3,52 | 1,22 | 3,29 | 1,30 | 3,31 | 1,29 | 2,763 | **0,042** | 1-3 p=0,013<br>1-4 p=0,016 |
| Aile hekimliği uygulaması sadece aile hekimi uzmanları ile etkili olabilecek bir sistemdir. | 2,93 | 1,51 | 3,12 | 5,64 | 2,43 | 1,38 | 2,39 | 1,26 | 1,197 | 0,311 | |
| Toplumun birinci basamak hizmetlere ilişkin memnuniyeti artmıştır. | 3,96 | 1,03 | 3,86 | 1,03 | 3,69 | 1,06 | 3,71 | 1,07 | 1,277 | 0,282 | |
| Aile hekimliği uygulaması ile toplumun sağlığı daha çok kontrol altına alınmıştır. | 3,88 | 1,05 | 3,53 | 1,14 | 3,33 | 1,19 | 3,38 | 1,22 | 4,016 | **0,008** | 1-2 p=0,045<br>1-3 p=0,002<br>1-4 p=0,004 |

Tablo 16'da aile hekimliği çalışanlarının aile hekimliği uygulamasına ilişkin görüşlerinin toplam sağlık çalışanı olarak çalışma süresine göre değişip değişmediği incelenmiş, sadece çalışma koşulu ve hizmet kalitesi boyutlarında istatistiksel olarak anlamlı farklılığa rastlanmıştır ($p < 0,05$). Çalışma koşulu boyutundaki anlamlılık 4-144 ve 217-264 ($p = 0,006$) ay arasında çalışanlar ile 4-144 ve 265-432 ($p = 0,021$) ay arasında çalışanların vermiş oldukları cevaplardan kaynaklanmaktadır. Hizmet kalitesi boyutuna ilişkin anlamlılık ise, 4-144 ve 217-264 ($p = 0,005$) ay arasında çalışanlar ile 4-144 ve 265-432 ($p = 0,004$) ay arasında çalışanlardan dolayı oluşmaktadır. Ayrıca bu iki boyutu altında yer alan üçer tane madde de istatistiksel olarak anlamlı farklılık yaratmaktadır ($p < 0,05$).

Çalışma koşulu boyutunda bulunan "aile hekimliği uygulamasında çalışan hekim ve hemşirelerin hizmet içi eğitim olanakları artmıştır" maddesine yönelik görüşler istatistiksel olarak anlamlı farklılık yaratmıştır ($p = 0,002$) ve bu farklılığın da 4-144 ve 145-216 ($p = 0,038$), 4-144 ve 217-264 ($p < 0,001$) ile 4-144 ve 265-432 ($p = 0,005$) ay arası çalışanlardan kaynaklandığı belirlenmiştir. Buna göre, ilgili maddeye 1-144 ay arası çalışanlar 3,22 (± 1,34) ortalama değer ile 145-216, 217-264 ve 265-432 ay arası çalışanlara göre göre daha fazla katılmışlardır. Aynı boyutta yer alan "aile hekimliği uygulamasında yer alan hekim ve aile sağlığı elemanlarının görev tanımları, açık ve belirgindir" ifadesi toplam sağlık çalışanı olarak çalışılan aya göre karşılaştırıldığında, gruplar arasında istatistiksel olarak anlamlı farklılık görülmüştür ($p = 0,007$). İlgili ifadedeki anlamlılık ise, 4-144 ve 145-216 ($p = 0,007$), 4-144 ve 217-264 ($p = 0,005$) ile 4-144 ve 265-432 ($p = 0,005$) ay arası çalışanlardan dolayıdır. Bu bilgiye göre, yukarıdaki maddeyi 1-144 ay arasında çalışan hekim ve aile sağlığı elemanları 3,06 (± 1,52) ortalama değer ile 145-216, 217-264 ve 265-432 ay arasında çalışan hekim ve aile sağlığı elemanlarına göre daha fazla desteklemişlerdir. Çalışma koşulu boyutundaki son madde olan "mevcut aile hekimliği mevzuatı ihtiyaçlara cevap verecek düzeydedir" görüşüne ilişkin cevaplarda gruplar arasında istatistiksel olarak anlamlı derecede farklı bulunmuştur ($p = 0,002$) ve bu farklılığın da 4-144 ve 145-216 ($p = 0,001$), 4-144 ve 217-264 ($p < 0,001$) ile 4-144 ve 265-432 ($p = 0,003$) ay arasında çalışanlardan kaynaklandığı görülmektedir. Yani "mevcut aile hekimliği mevzuatı ihtiyaçlara cevap verecek düzeydedir" görüşüne 4-144 ay arası çalışan kişiler diğer gruplardaki kişilere göre daha fazla katılmışlardır.

Hizmet kalitesi boyutundaki “aile hekimliği uygulaması ile hastalara sunulan sağlık hizmetinin kalitesi artmıştır” ifadesine ilişkin değerlendirmeler gruplar arasında istatistiksel olarak anlamlı farklılık göstermiş (p= 0,040) ve farklılığın sebebi; 4-144 ve 217-264 (p= 0,014) ile 4-144 ve 265-432 (p= 0,016) ay arası çalışanlardır. Buna göre, ilgili ifadeye 4-144 ay aralığında çalışanlar 3,89 (± 1,11) ortalama ile 217-264 ve 265-432 ay aralığındaki çalışanlara göre daha fazla katılmışlardır. Yine hizmet kalitesi boyutunda bulunan “aile hekimliği uygulaması sağlık personelinin hastalarına daha fazla vakit ayırabilmesini sağlamıştır” maddesine yönelik görüşlerin toplam sağlık çalışanı olarak çalışılan süreye göre anlamlı farklılık gösterdiği anlaşılmaktadır (p= 0,042). Farklılığa sebep olan gruplar ise, 4-144 ve 217-264 (p= 0,014) ile 4-144 ve 265-432 (p= 0,016) olarak belirlenmiş ve bu maddeye 4-144 ay aralığında hizmet sunan kişilerin 3,78 (± 1,26) ortalama değer ile 217-264 ve 265-432 ay aralığında hizmet sunan kişilere oranla daha fazla katıldıkları bulgulanmaktadır. Aynı boyutta yer alan “aile hekimliği uygulaması ile toplumun sağlığı daha çok kontrol altına alınmıştır” maddesine ilişkin istatistiksel anlamlılık (0,008) ise, 4-144 ve 145-216 (p= 0,045), 4-144 ve 217-264 (p= 0,002) ile 4-144 ve 265-432 (p= 0,004) ay arası çalışanlardan kaynaklanmaktadır. Bu bilgiye göre, söz konusu maddeye 4-144 ay arası çalışanlar 3,88 (± 1,05) ortalama ile diğer gruplarda (145-216, 217-264 ve 265-432 ) bulunanlara göre daha fazla katılmışlardır.

Aile hekimliğinde çalışan hekim ve aile sağlığı elemanlarının aile hekimliği uygulamasına yönelik görüşleri toplam sağlık çalışanı olarak çalışılan süreye göre; iş yükü, ücret, işe bağlılık ve memnuniyet, hizmete erişim ve verimlilik boyutları açısından karşılaştırıldığında istatistiksel olarak anlamlı bir farklılık bulunamazken (p≥ 0,05), işe bağlılık ve memnuniyet, hizmete erişim ile verimlilik boyutlarının altında yer alan birer maddeye ilişkin değerlendirmeler gruplar arasında istatistiksel olarak anlamlı farklılık göstermiştir (p< 0,05). İşe bağlılık ve memnuniyet boyutundaki “aile hekimliği uygulaması çalışanların işe bağlılıklarını artırmıştır” maddesindeki istatistiksel olarak anlamlı farklılığa (p= 0,020) sebep olan gruplar; 4-144 ve 256-432 (p= 0,021), 145-216 ve 217-264 (p= 0,049) ile 145-216 ve 265-432 (p= 0,007)’dir. Bu bilgi doğrultusunda, 4-144 ve 145-216 ay aralıklarında bulunan çalışanlar 217-264 ve 265-432 ay aralıklarında bulunan çalışanlara göre söz konusu maddeyi daha fazla desteklemişlerdir. Hizmete erişim boyutundaki “aile hekimliği uygulaması ile kronik hastaların takip sıklığı artmıştır" ifadesine ilişkin değerlendirmeler toplam sağlık çalışanı olarak çalışılan süreye göre istatistiksel olarak anlamlı farklılık göstermekte (p= 0,012) ve söz konusu farklılığın sebebi ise, 4-144 ve 265-432 (p= 0,001) ay arası çalışanların vermiş olduğu cevapların birbirinden farklı olmasıdır (p= 0,012). Buna göre, aile hekimliği uygulaması ile kronik hastaların takip sıklığı artmıştır maddesine 4-144 ay arası çalışanlar 3,99 (± 1,02) ortalama değer ile 265-432 ay arası çalışanlara göre daha fazla katılmışlardır. Verimlilik boyutunda yer alan "aile hekimliği uygulamasından sonra hastaların 2. ve 3. basamak sağlık hizmetlerine başvuru oranları düşmüştür" görüşüne ilişkin değerlendirmeler gruplar arasında istatistiksel olarak anlamlı farklılık yaratmakta (p= 0,012) ve farklılık 4-144 ve 256-432 (p= 0,009), 145-216 ve 217-264 (p= 0,005) ile 145-216 ve 265-432 (p= 0,009) ay aralığında çalışan kişilerden kaynaklanmaktadır. Söz konusu görüşü 4-144 ay arası çalışanlar 145-216, 217-264 ve 265-432 ay arası çalışanlara göre daha fazla desteklemişlerdir.

Sonuç olarak, Hipotez 1.f ve 7.f kabul edilirken, 2.f, 3.f, 4.f, 5.f ve 6.f reddedilmiştir.

**Tablo 17. Aile Hekimliği Çalışanlarının Aile Hekimliği Uygulaması Sorunlarının Çözümüne İlişkin Önerilerinin Toplam Sağlık Çalışanı Olarak Çalışma Süresine Göre Karşılaştırılması**

| Değişkenler | 4-144 | | 145-216 | | 217-264 | | 265-432 | | | | Farklılığı Yaratan Grup / Gruplar |
|---|---|---|---|---|---|---|---|---|---|---|---|
| | Ort. | Ss. | Ort. | Ss. | Ort. | Ss. | Ort. | Ss. | F | p | |
| **Yasal düzenleme** | 4,35 | 0,55 | 4,34 | 0,50 | 4,27 | 0,67 | 4,28 | 0,51 | 0,465 | 0,707 | |
| Uygulamada çalışan hekim ve hemşirelerin özlük haklarında iyileştirmeler yapılmalıdır. | 4,42 | 0,99 | 4,52 | 0,67 | 4,43 | 1,00 | 4,48 | 0,83 | 0,289 | 0,833 | |
| Pozitif ve negatif performansa yönelik ödeme uygulaması yerine sadece pozitif performansa göre ödeme yapılmalıdır. | 4,24 | 0,95 | 4,08 | 1,04 | 4,19 | 1,01 | 3,91 | 1,15 | 1,693 | 0,168 | |
| Performans hesaplamada sadece hasta sayısı gibi sayısal değerler değil, kalite göstergeleri de dikkate alınmalıdır. | 4,31 | 0,79 | 4,24 | 0,89 | 4,01 | 1,16 | 4,21 | 0,79 | 1,647 | 0,178 | |
| Aile hekimliği sisteminden ihtar puanı uygulaması kaldırılmalıdır. | 4,13 | 1,07 | 4,24 | 0,95 | 4,19 | 1,08 | 4,13 | 0,96 | 0,220 | 0,883 | |
| Aile Sağlığı Merkezlerinde çalışan hekim ve aile sağlığı elamanları sözleşmeli değil, 657 nolu yasaya bağlı çalışmalıdır. | 4,61 | 0,70 | 4,53 | 0,75 | 4,45 | 0,98 | 4,49 | 0,79 | 0,582 | 0,627 | |
| Aile hekimlerine kayıtlı kişi sayısı düşürülerek aile hekimlerinin poliklinik hizmetlerine ayırdıkları zaman azaltılmalı ve daha çok koruyucu sağlık hizmeti vermesi sağlanmalıdır. | 4,42 | 0,94 | 4,47 | 0,86 | 4,43 | 0,87 | 4,46 | 0,64 | 0,084 | 0,969 | |
| Gebe ve bebek takibinde yaşanan sorunları azaltmak için, 2. ve 3. basamak sağlık kuruluşuna başvurular kısıtlanarak bireyin aile hekimliğine yönlendirilmesi sağlanmalı ve bireye bildirim zorunluluğu getirilmelidir. | 4,34 | 1,01 | 4,32 | 1,00 | 4,21 | 1,05 | 4,27 | 0,99 | 0,249 | 0,862 | |

**Tablo 17. Aile Hekimliği Çalışanlarının Aile Hekimliği Uygulaması Sorunlarının Çözümüne İlişkin Önerilerinin Toplam Sağlık Çalışanı Olarak Çalışma Süresine Göre Karşılaştırılması (Devam)**

| Değişkenler | 4-144 | | 145-216 | | 217-264 | | 265-432 | | | | Farklılığı Yaratan Grup / Gruplar |
|---|---|---|---|---|---|---|---|---|---|---|---|
| | Ort. | Ss. | Ort. | Ss. | Ort. | Ss. | Ort. | Ss. | F | p | |
| **Mesleki Gelişim** | 4,07 | 0,75 | 4,01 | 0,68 | 3,88 | 0,82 | 3,83 | 0,64 | 2,093 | 0,101 | |
| Aile hekimliğinde çalışan hekim ve hemşirelerin sürekli mesleki eğitimleri için kongre ve sempozyumlara katılımları desteklenmelidir. | 4,42 | 0,69 | 4,29 | 0,75 | 4,28 | 1,01 | 4,28 | 0,80 | 0,593 | 0,620 | |
| Aile hekimliğinde çalışan hekimlere idari eğitimler de verilmelidir. | 4,16 | 0,96 | 3,98 | 0,97 | 3,90 | 1,10 | 3,84 | 0,96 | 1,660 | 0,175 | |
| Aile hekimlerine periyodik olarak mesleki yeterliliklerini geliştirecek eğitimler verilmeli ve bu eğitimlerin sonunda yeterlilikleri ölçen sınavlar yapılmalıdır. | 3,54 | 1,33 | 3,61 | 1,18 | 3,45 | 1,33 | 3,30 | 1,23 | 0,974 | 0,405 | |
| Aile hekimliği eğitimini tamamlayan hekimlere eğer isterlerse eğitim sürelerini uzatarak özellikle geriatri ve acil tıp alanlarında akademik kariyer imkanları sağlanmalıdır. | 4,16 | 1,08 | 4,16 | 0,87 | 3,88 | 1,13 | 3,90 | 1,04 | 2,049 | 0,107 | |
| **Çalışma Koşullarının İyileştirilmesi** | 4,24 | 0,77 | 4,33 | 0,60 | 4,22 | 0,81 | 4,11 | 0,68 | 1,510 | 0,212 | |
| Aile sağlığı merkezlerinde laboratuvar ve görüntüleme birimleri oluşturulmalıdır. | 3,73 | 1,24 | 3,98 | 0,84 | 3,94 | 1,14 | 3,53 | 1,28 | 2,951 | **0,033** | 2-4 p=0,008 3-4 p=0,020 |
| Evde bakım hizmetleri aile hekimleri tarafından değil, hastanelere veya TSM'lere bağlı evde sağlık hizmetleri birimlerince verilmelidir. | 4,75 | 0,64 | 4,68 | 0,73 | 4,50 | 1,09 | 4,69 | 0,49 | 1,692 | 0,168 | |
| **Klinik Rehber Geliştirme** | 4,19 | 0,74 | 4,30 | 0,65 | 4,11 | 0,92 | 4,04 | 0,82 | 1,832 | 0,141 | |
| Aile Sağlığı Merkezleri ve Toplum Sağlığı Merkezleri için tanı, tedavi ve uygulama rehberleri geliştirilmelidir. | 4,33 | 0,67 | 4,28 | 0,67 | 4,11 | 1,04 | 4,08 | 0,93 | 1,881 | 0,132 | |
| Klinik ve pratik saha rehberi yayınlanarak tüm ülkede aile hekimliği uygulaması standart hale getirilmelidir. | 4,04 | 1,05 | 4,33 | 0,77 | 4,10 | 1,01 | 4,01 | 0,91 | 2,068 | 0,104 | |

**Tablo 17. Aile Hekimliği Çalışanlarının Aile Hekimliği Uygulaması Sorunlarının Çözümüne İlişkin Önerilerinin Toplam Sağlık Çalışanı Olarak Çalışma Süresine Göre Karşılaştırılması (Devam)**

| Değişkenler | 4-144 | | 145-216 | | 217-264 | | 265-432 | | | | Farklılığı Yaratan Grup / Gruplar |
|---|---|---|---|---|---|---|---|---|---|---|---|
| | Ort. | Ss. | Ort. | Ss. | Ort. | Ss. | Ort. | Ss. | F | p | |
| **Personel Eksikliğini Giderme** | 4,27 | 0,71 | 4,45 | 1,46 | 4,25 | 0,79 | 4,22 | 0,57 | 1,060 | 0,366 | |
| Aile hekimliği merkezlerinin büro ve yazışma işleri (fatura ödeme, kırtasiye, evrak fazlalığı vb. ) için bir idari personel görevlendirilmelidir. | 4,47 | 0,76 | 4,47 | 0,67 | 4,41 | 0,91 | 4,39 | 0,79 | 0,224 | 0,879 | |
| Aile sağlığı merkezlerindeki çalışma ortamlarını daha güvenli hale getirebilmek için güvenlik görevlisi görevlendirilmelidir. | 4,47 | 0,83 | 4,40 | 0,68 | 4,44 | 0,88 | 4,36 | 0,82 | 0,319 | 0,811 | |
| Aile hekimliği merkezlerinde verilen hizmetler; fizik tedavi uzmanı, diş hekimi, ebe, sosyal çalışmacı ve diyetisyen gibi personelin bulunduğu bir ekip ile sunulmalıdır. | 3,87 | 1,25 | 4,49 | 4,28 | 3,91 | 1,18 | 3,92 | 1,04 | 1,365 | 0,253 | |
| **Bilgi Sistemi Geliştirme** | 4,46 | 0,65 | 4,41 | 0,57 | 4,25 | 0,81 | 4,38 | 0,64 | 1,483 | 0,219 | |
| Aile hekimliği uygulamasında, bütün hizmet sağlayıcılarının ulaşabileceği bir hasta kayıt sistemi oluşturulmalıdır. | 4,40 | 0,72 | 4,24 | 0,75 | 4,03 | 1,01 | 4,19 | 0,82 | 3,022 | **0,030** | 1-3 p=0,003 |
| Gebe ve bebek takibinde yaşanan sorunları azaltmak için, herhangi bir sağlık kuruluşuna başvuran gebeler ortak bir veri tabanında izlenmeli. | 4,52 | 0,83 | 4,58 | 0,71 | 4,48 | 0,89 | 4,57 | 0,75 | 0,317 | 0,813 | |

Aile hekimliği çalışanlarının aile hekimliği uygulamasındaki sorunların çözümüne ilişkin önerileri toplam sağlık çalışanı olarak çalışma süresine göre karşılaştırıldığında, yasal düzenleme, mesleki gelişim, çalışma koşullarının iyileştirilmesi, personel eksikliğini giderme, klinik rehber geliştirme ve bilgi sistemi boyutlarına verilen cevapların istatistiksel olarak anlamlı bir farklılık göstermediği bulunmuştur ($p \geq 0,05$). Söz konusu boyutlarda anlamlı bir farklılık bulunmamakla birlikte çalışma koşullarının iyileştirilmesi ve bilgi sistemi geliştirme boyutlarının altında yer alan birer maddeye ilişkin öneriler gruplar arasında istatistiksel olarak anlamlı derecede farklı bulgulanmıştır ($p < 0,05$).

Çalışma koşullarının iyileştirilmesi boyutundaki "aile sağlığı merkezlerinde laboratuvar ve görüntüleme birimleri oluşturulmalıdır" ifadesine verilen cevaplar istatistiksel olarak anlamlı farklılık göstermiş ($p = 0,033$) ve farklılığı oluşturan gruplar 145-216 ve 265-432 ($p = 0,008$) ile 217-264 ve 465-432 ($p = 0,020$) olarak belirlenmiştir. Buna göre; ilgili ifadeye 145-216 ve 217-264 ay arası çalışan hekim ve aile sağlığı elemanlarının 265-432 ay arası çalışan hekim ve aile sağlığı elemanlarına göre daha fazla katıldıkları saptanmıştır. Bilgi sistemi geliştirme boyutunda yer alan "aile hekimliği uygulamasında, bütün hizmet sağlayıcılarının ulaşabileceği bir hasta kayıt sistemi oluşturulmalıdır" maddesine yönelik değerlendirmelerin gruplar arasında istatistiksel olarak anlamlı farklılık yarattığı sonucuna ulaşılmıştır ($p = 0,030$). Farklılığın da 4-144 ve 217-264 ($p = 0,003$) ay aralığında çalışan kişilerden kaynaklandığı görülmektedir. Bu bilgiye göre; aile hekimliği uygulamasında, bütün hizmet sağlayıcılarının ulaşabileceği bir hasta kayıt sistemi oluşturulmalıdır maddesine 4-144 ay aralığında hizmet sunanlar 4,40 (± 0,72) ortalama ile 217-264 ay aralığında hizmet sunanlara göre daha fazla katılmışlardır.

Sonuç olarak, söz konusu boyutlara ilişkin tüm hipotezler reddedilmiştir. Bu hipotezler; 8.f, 9.f, 10.f, 11.f, 12.f ve 13.f'dir.

**Tablo 18. Aile Hekimliği Çalışanlarının Aile Hekimliği Uygulaması İlişkin Görüşlerinin Aile Sağlığı Merkezinde Çalışma Süresine Göre Karşılaştırılması**

| Değişkenler | 2-46 | | 47-84 | | t testi | P |
|---|---|---|---|---|---|---|
| | Ort. | Ss. | Ort. | Ss. | | |
| **Çalışma Koşulu** | 3,26 | 0,66 | 3,28 | 0,80 | -0,307 | 0,759 |
| Aile sağlığı merkezlerinin fiziki koşulları rahat ve kullanışlıdır. | 3,42 | 1,34 | 3,52 | 1,28 | -0,699 | 0,485 |
| Aile hekimliği uygulamasında çalışan hekim ve aile sağlığı elemanı arasındaki iletişim ve işbirliği yeterli seviyededir. | 3,52 | 1,25 | 3,77 | 1,08 | -1,954 | 0,052 |
| Aile hekimliği uygulamasında çalışan hekim ve hemşirelerin hizmet içi eğitim olanakları artmıştır. | 2,79 | 1,23 | 2,85 | 1,31 | -0,461 | 0,645 |
| Aile sağlığı merkezleri için verilen ödenek miktarı merkezin ihtiyaçlarını karşılamak için yeterlidir. | 3,35 | 1,22 | 3,18 | 1,28 | 1,234 | 0,218 |
| Aile hekimliği uygulamasında yer alan hekim ve aile sağlığı elemanlarının görev tanımları, açık ve belirgindir. | 2,66 | 1,37 | 2,60 | 1,34 | 0,451 | 0,652 |
| Mevcut aile hekimliği mevzuatı ihtiyaçlara cevap verecek düzeydedir. | 2,72 | 1,32 | 2,51 | 1,24 | 1,495 | 0,136 |
| Aile hekimliği uygulaması Türkiye'de birinci basamak sağlık hizmetlerini özelleştirmek için atılan bir adımdır. | 3,68 | 1,15 | 3,63 | 1,21 | 0,461 | 0,645 |
| Aile sağlığı merkezlerindeki sınıflandırma kriterleri ve bölgesel farklılıklar aile hekimleri arasında adaletsiz iş dağılımına neden olmaktadır. | 3,94 | 1,06 | 4,22 | 3,86 | -0,890 | 0,374 |
| **İş Yükü** | 3,80 | 0,93 | 4,01 | 0,88 | -2,237 | **0,026** |
| Aile hekimliği uygulamasında, haftalık çalışma süresinin üzerinde hizmet vermek zorunda kalabiliyorum. | 3,18 | 1,39 | 3,50 | 1,34 | -2,163 | **0,031** |
| Aile hekimliği uygulamasında çalışan personele zorunlu nöbet (adli, acil vb.) getirilmesi çalışanları olumsuz etkilemiştir. | 4,22 | 1,32 | 4,39 | 1,23 | -1,200 | 0,231 |
| Aile hekimliği uygulaması özellikle, ASM yönetici hekimleri açısından aile hekimliği hizmetlerinin yanı sıra idari yükün de artmasına neden olmuştur. | 3,98 | 1,17 | 4,15 | 1,19 | -1,343 | 0,180 |
| **Ücret** | 3,26 | 0,73 | 3,26 | 0,78 | 0,041 | 0,968 |
| Aile hekimliği uygulamasında çalışanlara verilen ücret yeterlidir. | 2,96 | 1,36 | 3,00 | 1,28 | -0,313 | 0,754 |
| Uygulamada verilen ücretler emekliliğe yansıtılmadığından çalışanlar arasında emekli olma isteği azalmaktadır. | 4,33 | 0,92 | 4,39 | 0,99 | -0,546 | 0,585 |
| Performans değerlendirmede pozitif performans yanında negatif performansa da yer verilmesi doğru bir uygulamadır. | 2,51 | 1,39 | 2,40 | 1,40 | 0,738 | 0,461 |
| **İşe Bağlılık ve Memnuniyet** | 3,31 | 0,66 | 3,23 | 0,66 | 1,037 | 0,301 |
| Aile hekimliği uygulaması çalışanların işe bağlılıklarını artırmıştır. | 3,39 | 1,27 | 3,39 | 1,22 | 0,013 | 0,989 |
| Aile hekimliği uygulaması ile hekim ve aile sağlığı elemanın mesleki doyumu artmıştır. | 3,06 | 1,31 | 3,02 | 1,37 | 0,295 | 0,768 |
| Aile hekimliği uygulaması ile sağlık personelinin özlük hakları iyileşmiştir. | 2,54 | 1,35 | 2,39 | 1,31 | 1,078 | 0,282 |
| Aile sağlığı merkezlerinde çalışan hekimler yeterince motive edilmemektedir. | 3,66 | 1,26 | 3,57 | 1,31 | 0,655 | 0,513 |
| Aile sağlığı merkezlerinde çalışan aile sağlığı elamanları yeterince motive edilmemektedir. | 3,88 | 1,22 | 3,80 | 1,28 | 0,576 | 0,565 |

**Tablo 18. Aile Hekimliği Çalışanlarının Aile Hekimliği Uygulaması İlişkin Görüşlerinin Aile Sağlığı Merkezinde Çalışma Süresine Göre Karşılaştırılması (Devam)**

| | 2-46 | | 47-84 | | | |
|---|---|---|---|---|---|---|
| **Değişkenler** | Ort. | Ss. | Ort. | Ss. | t testi | P |
| **Hizmete Erişim** | 3,68 | 0,84 | 3,71 | 0,89 | -0,291 | 0,771 |
| Aile hekimliği uygulaması ile hastalara eşit ve hakkaniyetli sağlık hizmeti sunulmaktadır. | 3,69 | 1,11 | 3,69 | 1,17 | 0,019 | 0,985 |
| Aile hekimliği uygulaması ile vatandaşların sağlık hizmetine ulaşımı kolaylaşmıştır. | 3,84 | 1,01 | 3,86 | 1,06 | -0,215 | 0,830 |
| Aile hekimliği uygulaması ile birinci basamakta tedavi edici sağlık hizmetleri uygulamaları artmıştır. | 3,44 | 1,19 | 3,39 | 1,18 | 0,413 | 0,680 |
| Aile hekimliği uygulaması ile birinci basamakta koruyucu sağlık hizmetleri uygulamaları artmıştır. | 3,72 | 1,13 | 3,89 | 1,15 | -1,375 | 0,170 |
| Aile hekimliği uygulaması ile kronik hastaların takip sıklığı artmıştır. | 3,72 | 1,06 | 3,72 | 1,15 | 0,023 | 0,981 |
| **Verimlilik** | 3,37 | 0,94 | 3,37 | 0,98 | 0,028 | 0,978 |
| Aile hekimliği uygulamasından sonra hastaların 2. ve 3. basamak sağlık hizmetlerine başvuru oranları düşmüştür. | 3,30 | 1,18 | 3,24 | 1,23 | 0,496 | 0,620 |
| Aile hekimliği uygulaması ile birinci basamakta etkili ve verimli sağlık hizmeti sunulmaktadır. | 3,49 | 1,20 | 3,54 | 1,14 | -0,342 | 0,733 |
| Aile hekimliği uygulaması birinci basamakta sunulan hizmetin maliyetini düşürmüştür. | 3,31 | 1,15 | 3,32 | 1,22 | -0,100 | 0,920 |
| **Hizmet Kalitesi** | 3,56 | 0,81 | 3,51 | 1,04 | 0,554 | 0,580 |
| Aile hekimliği uygulaması ile hastalara sunulan sağlık hizmetinin kalitesi artmıştır. | 3,68 | 1,14 | 3,57 | 1,23 | 0,867 | 0,387 |
| Aile hekimliği uygulaması hasta odaklı sağlık hizmeti sunma anlayışını getirmiştir. | 3,89 | 0,93 | 3,74 | 1,12 | 1,350 | 0,178 |
| Aile hekimliği uygulaması ile hasta ve sağlık personeli arasındaki iletişim sağlık ocağı uygulamasına göre daha da güçlenmiştir. | 3,79 | 1,17 | 3,68 | 1,21 | 0,852 | 0,395 |
| Aile hekimliği uygulaması sağlık personelinin hastalarına daha fazla vakit ayırabilmesini sağlamıştır. | 3,54 | 1,28 | 3,43 | 1,28 | 0,770 | 0,442 |
| Aile hekimliği uygulaması sadece aile hekimi uzmanları ile etkili olabilecek bir sistemdir. | 2,71 | 1,40 | 2,74 | 4,04 | -0,107 | 0,915 |
| Toplumun birinci basamak hizmetlere ilişkin memnuniyeti artmıştır. | 3,78 | 1,03 | 3,82 | 1,07 | -0,337 | 0,736 |
| Aile hekimliği uygulaması ile toplumun sağlığı daha çok kontrol altına alınmıştır. | 3,53 | 1,17 | 3,54 | 1,17 | -0,038 | 0,969 |

Tablo 18'deki bilgiler doğrultusunda aile hekimliği çalışanlarının aile hekimliği uygulamasına yönelik görüşleri çalışma koşulu, ücret, işe bağlılık ve memnuniyet, hizmete erişim, verimlilik ve hizmet kalitesi boyutları açısından aile sağlığı merkezinde çalışma süresine göre incelendiğinde bu boyutların ve bunların altında yer alan maddelerin istatistiksel olarak anlamlı bir farklılık göstermediği bulunmuştur ($p \geq 0,05$). Bu nedenle, Hipotez 1.g, 3.g, 4.g, 5.g, 6.g ve 7.g reddedilmiştir.

Aile hekimliği uygulamasındaki iş yükü boyuna ilişkin görüşler aile hekimliği sisteminde çalışma süresine göre karşılaştırıldığında, bu boyuta ilişkin fikirlerin istatistiksel olarak anlamlı bir farklılık gösterdiği saptanmıştır (p= 0,026). Buna göre aile hekimliği sisteminde 47-84 ay arasında çalışanların bu boyuta ilişkin ifadelere 2-46 ay arasında çalışanlara göre daha fazla katıldığı görülmüş ve Hipotez 2.g kabul edilmiştir. Aynı boyuta yer alan "aile hekimliği uygulamasında, haftalık çalışma süresinin üzerinde hizmet vermek zorunda kalabiliyorum" ifadesinin örneklemdeki çalışanların aile hekimliği sisteminde çalışma süresine göre istatistiksel olarak anlamlı fark gösterdiği tespit edilmiştir (p= 0,031). Bu sonuca göre 47-84 ay arasında çalışanlar bu ifadeye daha fazla katılmışlardır.

**Tablo 19. Aile Hekimliği Çalışanlarının Aile Hekimliği Uygulaması Sorunlarının Çözümüne İlişkin Önerilerinin Aile Sağlığı Merkezinde Çalışma Süresine Göre Karşılaştırılması**

| **Değişkenler** | **2-46** | | **47-84** | | **t testi** | **p** |
|---|---|---|---|---|---|---|
| | **Ort.** | **Ss.** | **Ort.** | **Ss.** | | |
| **Yasal düzenleme** | 4,33 | 0,51 | 4,30 | 0,59 | 0,390 | 0,697 |
| Uygulamada çalışan hekim ve hemşirelerin özlük haklarında iyileştirmeler yapılmalıdır. | 4,39 | 0,93 | 4,52 | 0,82 | -1,353 | 0,177 |
| Pozitif ve negatif performansa yönelik ödeme uygulaması yerine sadece pozitif performansa göre ödeme yapılmalıdır. | 4,16 | 1,01 | 4,05 | 1,08 | 0,945 | 0,345 |
| Performans hesaplamada sadece hasta sayısı gibi sayısal değerler değil, kalite göstergeleri de dikkate alınmalıdır. | 4,28 | 0,83 | 4,13 | 0,98 | 1,571 | 0,117 |
| Aile hekimliği sisteminden ihtar puanı uygulaması kaldırılmalıdır. | 4,13 | 1,03 | 4,21 | 0,99 | -0,801 | 0,424 |
| Aile Sağlığı Merkezlerinde çalışan hekim ve aile sağlığı elamanları sözleşmeli değil, 657 nolu yasaya bağlı çalışmalıdır. | 4,60 | 0,70 | 4,46 | 0,87 | 1,695 | 0,091 |
| Aile hekimlerine kayıtlı kişi sayısı düşürülerek aile hekimlerinin poliklinik hizmetlerine ayırdıkları zaman azaltılmalı ve daha çok koruyucu sağlık hizmeti vermesi sağlanmalıdır. | 4,44 | 0,87 | 4,44 | 0,80 | 0,004 | 0,997 |
| Gebe ve bebek takibinde yaşanan sorunları azaltmak için, 2. ve 3. basamak sağlık kuruluşuna başvurular kısıtlanarak bireyin aile hekimliğine yönlendirilmesi sağlanmalı ve bireye bildirim zorunluluğu getirilmelidir. | 4,27 | 1,04 | 4,30 | 0,98 | -0,228 | 0,820 |

**Tablo 19. Aile Hekimliği Çalışanlarının Aile Hekimliği Uygulaması Sorunlarının Çözümüne İlişkin Önerilerinin Aile Sağlığı Merkezinde Çalışma Süresine Göre Karşılaştırılması (Devam)**

| Değişkenler | 2-46 | | 47-84 | | t testi | P |
|---|---|---|---|---|---|---|
| | Ort. | Ss. | Ort. | Ss. | | |
| **Mesleki Gelişim** | 3,96 | 0,73 | 3,94 | 0,73 | 0,352 | 0,725 |
| Aile hekimliğinde çalışan hekim ve hemşirelerin sürekli mesleki eğitimleri için kongre ve sempozyumlara katılımları desteklenmelidir. | 4,34 | 0,77 | 4,30 | 0,85 | 0,382 | 0,702 |
| Aile hekimliğinde çalışan hekimlere idari eğitimler de verilmelidir. | 3,98 | 1,02 | 3,96 | 0,99 | 0,162 | 0,871 |
| Aile hekimlerine periyodik olarak mesleki yeterliliklerini geliştirecek eğitimler verilmeli ve bu eğitimlerin sonunda yeterlilikleri ölçen sınavlar yapılmalıdır. | 3,54 | 1,23 | 3,42 | 1,29 | 0,900 | 0,369 |
| Aile hekimliği eğitimini tamamlayan hekimlere eğer isterlerse eğitim sürelerini uzatarak özellikle geriatri ve acil tıp alanlarında akademik kariyer imkanları sağlanmalıdır. | 3,99 | 1,09 | 4,06 | 0,99 | -0,566 | 0,572 |
| **Çalışma Koşullarının İyileştirilmesi** | 4,26 | 0,70 | 4,20 | 0,73 | 0,800 | 0,424 |
| Aile sağlığı merkezlerinde laboratuvar ve görüntüleme birimleri oluşturulmalıdır. | 3,83 | 1,11 | 3,76 | 1,18 | 0,558 | 0,577 |
| Evde bakım hizmetleri aile hekimleri tarafından değil, hastanelere veya TSM'lere bağlı evde sağlık hizmetleri birimlerince verilmelidir. | 4,69 | 0,71 | 4,64 | 0,80 | 0,665 | 0,507 |
| **Klinik Rehber Geliştirme** | 4,20 | 0,82 | 4,14 | 0,76 | 0,718 | 0,473 |
| Aile Sağlığı Merkezleri ve Toplum Sağlığı Merkezleri için tanı, tedavi ve uygulama rehberleri geliştirilmelidir. | 4,25 | 0,84 | 4,16 | 0,84 | 1,016 | 0,310 |
| Klinik ve pratik saha rehberi yayınlanarak tüm ülkede aile hekimliği uygulaması standart hale getirilmelidir. | 4,14 | 0,99 | 4,11 | 0,91 | 0,294 | 0,769 |
| **Personel Eksikliğini Giderme** | 4,31 | 0,64 | 4,30 | 1,16 | 0,054 | 0,957 |
| Aile hekimliği merkezlerinin büro ve yazışma işleri (fatura ödeme, kırtasiye, evrak fazlalığı vb. ) için bir idari personel görevlendirilmelidir. | 4,47 | 0,73 | 4,41 | 0,82 | 0,817 | 0,415 |
| Aile sağlığı merkezlerindeki çalışma ortamlarını daha güvenli hale getirebilmek için güvenlik görevlisi görevlendirilmelidir. | 4,42 | 0,81 | 4,42 | 0,79 | 0,012 | 0,990 |
| Aile hekimliği merkezlerinde verilen hizmetler; fizik tedavi uzmanı, diş hekimi, ebe, sosyal çalışmacı ve diyetisyen gibi personelin bulunduğu bir ekip ile sunulmalıdır. | 4,03 | 1,08 | 4,08 | 3,11 | -0,203 | 0,839 |
| **Bilgi Sistemi Geliştirme** | 4,39 | 0,63 | 4,37 | 0,71 | 0,189 | 0,850 |
| Aile hekimliği uygulamasında, bütün hizmet sağlayıcılarının ulaşabileceği bir hasta kayıt sistemi oluşturulmalıdır. | 4,23 | 0,81 | 4,21 | 0,85 | 0,160 | 0,873 |
| Gebe ve bebek takibinde yaşanan sorunları azaltmak için, herhangi bir sağlık kuruluşuna başvuran gebeler ortak bir veri tabanında izlenmeli. | 4,54 | 0,73 | 4,53 | 0,84 | 0,153 | 0,878 |

Aile hekimliği çalışanlarının aile hekimliği uygulamasındaki sorunların çözümüne ilişkin önerileri, aile hekimliği sisteminde çalışma süresine göre karşılaştırıldığında, yasal düzenleme, mesleki gelişim, çalışma koşullarının iyileştirilmesi, personel eksikliğini giderme, klinik rehber geliştirme ve bilgi sistemi geliştirme boyutlarına verilen cevapların istatistiksel olarak anlamlı bir farklılık göstermediği bulunmuştur. ($p \geq 0,05$). Aynı şekilde bu boyutların altındaki maddelere ilişkin görüşler de istatistiksel olarak anlamlı bir fark yaratamamıştır ($p \geq 0,05$).

Sonuç olarak söz konusu boyutlara ilişkin tüm hipotezler reddedilmiştir. Bu hipotezler; 8.g, 9.g, 10.g, 11.g 12.g ve 13.g'dir.

**Tablo 20. Aile Hekimliği Çalışanlarının Aile Hekimliği Uygulaması İlişkin Görüşlerinin Daha Önce Çalışılan Kuruma Göre Karşılaştırılması**

| Değişkenler | Sağlık Ocağı | | AÇSAP | | Hastane | | Sağlık Müd. & Sağlık Bak. & Diğer | | F | p | Farklılığı Yaratan Grup / Gruplar |
|---|---|---|---|---|---|---|---|---|---|---|---|
| | Ort. | Ss. | Ort. | Ss. | Ort. | Ss. | Ort. | Ss. | | | |
| **Çalışma Koşulu** | 2,88 | 0,78 | 2,89 | 0,56 | 2,93 | 0,67 | 2,65 | 0,11 | 1,236 | 0,297 | |
| Aile sağlığı merkezlerinin fiziki koşulları rahat ve kullanışlıdır. | 3,43 | 1,28 | 3,38 | 1,39 | 3,62 | 1,37 | 3,19 | 1,17 | 1,000 | 0,393 | |
| Aile hekimliği uygulamasında çalışan hekim ve aile sağlığı elemanı arasındaki iletişim ve işbirliği yeterli seviyededir. | 3,68 | 1,13 | 3,27 | 1,28 | 3,77 | 1,21 | 3,77 | 0,76 | 1,418 | 0,237 | |
| Aile hekimliği uygulamasında çalışan hekim ve hemşirelerin hizmet içi eğitim olanakları artmıştır. | 2,76 | 1,26 | 2,85 | 1,16 | 3,04 | 1,35 | 2,55 | 1,06 | 1,625 | 0,183 | |
| Aile sağlığı merkezleri için verilen ödenek miktarı merkezin ihtiyaçlarını karşılamak için yeterlidir. | 3,23 | 1,24 | 3,54 | 1,03 | 3,25 | 1,31 | 3,13 | 1,23 | 0,575 | 0,632 | |
| Aile hekimliği uygulamasında yer alan hekim ve aile sağlığı elemanlarının görev tanımları, açık ve belirgindir. | 2,60 | 1,33 | 2,77 | 1,34 | 2,79 | 1,41 | 2,23 | 1,26 | 1,549 | 0,202 | |

**Tablo 20. Aile Hekimliği Çalışanlarının Aile Hekimliği Uygulaması İlişkin Görüşlerinin Daha Önce Çalışılan Kuruma Göre Karşılaştırılması (Devam)**

| Değişkenler | Sağlık Ocağı | | AÇSAP | | Hastane | | Sağlık Müd. & Sağlık Bak. & Diğer | | F | p | Farklılığı Yaratan Grup / Gruplar |
|---|---|---|---|---|---|---|---|---|---|---|---|
| | Ort. | Ss. | Ort. | Ss. | Ort. | Ss. | Ort. | Ss. | | | |
| Mevcut aile hekimliği mevzuatı ihtiyaçlara cevap verecek düzeydedir. | 2,60 | 1,25 | 2,69 | 1,26 | 2,70 | 1,32 | 2,00 | 1,10 | 2,619 | 0,051 | |
| Aile hekimliği uygulaması Türkiye'de birinci basamak sağlık hizmetlerini özelleştirmek için atılan bir adımdır. | 3,64 | 1,15 | 3,50 | 1,17 | 3,70 | 1,20 | 3,74 | 1,34 | 0,252 | 0,860 | |
| Aile sağlığı merkezlerindeki sınıflandırma kriterleri ve bölgesel farklılıklar aile hekimleri arasında adaletsiz iş dağılımına neden olmaktadır. | 4,23 | 4,05 | 3,85 | 1,22 | 4,01 | 0,98 | 3,90 | 1,11 | 0,247 | 0,864 | |
| **İş Yükü** | 3,93 | 0,93 | 3,76 | 1,00 | 4,01 | 0,83 | 4,00 | 0,87 | 0,620 | 0,602 | |
| Aile hekimliği uygulamasında, haftalık çalışma süresinin üzerinde hizmet vermek zorunda kalabiliyorum. | 3,32 | 1,42 | 3,54 | 1,30 | 3,50 | 1,32 | 3,52 | 1,23 | 0,506 | 0,678 | |
| Aile hekimliği uygulamasında çalışan personele zorunlu nöbet (adli, acil vb.) getirilmesi çalışanları olumsuz etkilemiştir. | 4,32 | 1,26 | 4,04 | 1,48 | 4,46 | 1,16 | 4,32 | 1,38 | 0,813 | 0,488 | |
| Aile hekimliği uygulaması özellikle, ASM yönetici hekimleri açısından aile hekimliği hizmetlerinin yanı sıra idari yükün de artmasına neden olmuştur. | 4,14 | 1,14 | 3,69 | 1,38 | 4,08 | 1,26 | 4,16 | 0,90 | 1,127 | 0,338 | |

**Tablo 20. Aile Hekimliği Çalışanlarının Aile Hekimliği Uygulaması İlişkin Görüşlerinin Daha Önce Çalışılan Kuruma Göre Karşılaştırılması (Devam)**

| Değişkenler | Sağlık Ocağı | | AÇSAP | | Hastane | | Sağlık Müd. & Sağlık Bak. & Diğer | | F | p | Farklılığı Yaratan Grup / Gruplar |
|---|---|---|---|---|---|---|---|---|---|---|---|
| | Ort. | Ss. | Ort. | Ss. | Ort. | Ss. | Ort. | Ss. | | | |
| **Ücret** | 2,40 | 0,79 | 2,31 | 0,80 | 2,34 | 0,75 | 2,06 | 0,76 | 1,646 | 0,178 | |
| Aile hekimliği uygulamasında çalışanlara verilen ücret yeterlidir. | 3,05 | 1,30 | 2,96 | 1,28 | 3,03 | 1,38 | 2,61 | 1,17 | 0,991 | 0,397 | |
| Uygulamada verilen ücretler emekliliğe yansıtılmadığından çalışanlar arasında emekli olma isteği azalmaktadır. | 4,39 | 0,98 | 4,27 | 0,96 | 4,42 | 0,84 | 4,39 | 1,05 | 0,175 | 0,913 | |
| Performans değerlendirmede pozitif performans yanında negatif performansa da yer verilmesi doğru bir uygulamadır. | 2,54 | 1,43 | 2,23 | 1,21 | 2,40 | 1,35 | 1,97 | 1,22 | 1,716 | 0,163 | |
| **İşe Bağlılık ve Memnuniyet** | 2,68 | 0,88 | 2,78 | 1,04 | 2,78 | 0,90 | 2,38 | 0,77 | 1,680 | 0,171 | |
| Aile hekimliği uygulaması çalışanların işe bağlılıklarını artırmıştır. | 3,38 | 1,24 | 3,23 | 1,37 | 3,56 | 1,22 | 3,10 | 1,22 | 1,395 | 0,244 | |
| Aile hekimliği uygulaması ile hekim ve aile sağlığı elemanın mesleki doyumu artmıştır. | 3,00 | 1,36 | 3,19 | 1,23 | 3,19 | 1,38 | 2,94 | 1,15 | 0,617 | 0,605 | |
| Aile hekimliği uygulaması ile sağlık personelinin özlük hakları iyileşmiştir. | 2,38 | 1,26 | 2,77 | 1,27 | 2,68 | 1,44 | 1,87 | 1,09 | 3,764 | **0,011** | 1-4 p=0,049<br>2-4 p=0,010<br>3-4 p=0,003 |
| Aile sağlığı merkezlerinde çalışan hekimler yeterince motive edilmemektedir. | 3,55 | 1,29 | 3,50 | 1,39 | 3,70 | 1,22 | 3,94 | 1,24 | 1,009 | 0,389 | |
| Aile sağlığı merkezlerinde çalışan aile sağlığı elamanları yeterince motive edilmemektedir. | 3,82 | 1,27 | 3,77 | 1,18 | 3,85 | 1,25 | 4,06 | 1,15 | 0,376 | 0,770 | |

**Tablo 20. Aile Hekimliği Çalışanlarının Aile Hekimliği Uygulaması İlişkin Görüşlerinin Daha Önce Çalışılan Kuruma Göre Karşılaştırılması (Devam)**

| Değişkenler | Sağlık Ocağı | | AÇSAP | | Hastane | | Sağlık Müd. & Sağlık Bak. & Diğer | | F | p | Farklılığı Yaratan Grup / Gruplar |
|---|---|---|---|---|---|---|---|---|---|---|---|
| | Ort. | Ss. | Ort. | Ss. | Ort. | Ss. | Ort. | Ss. | | | |
| **Hizmete Erişim** | 3,61 | 0,88 | 3,78 | 0,72 | 3,91 | 0,79 | 3,37 | 0,96 | 4,276 | **0,006** | 1-3 p=0,006<br>3-4 p=0,002 |
| Aile hekimliği uygulaması ile hastalara eşit ve hakkaniyetli sağlık hizmeti sunulmaktadır. | 3,69 | 1,15 | 3,62 | 1,10 | 3,85 | 1,06 | 3,26 | 1,21 | 2,249 | 0,082 | |
| Aile hekimliği uygulaması ile vatandaşların sağlık hizmetine ulaşımı kolaylaşmıştır. | 3,69 | 1,09 | 4,04 | 0,82 | 4,12 | 0,90 | 3,55 | 1,18 | 5,063 | **0,002** | 1-3 p=0,001<br>3-4 p=0,006 |
| Aile hekimliği uygulaması ile birinci basamakta tedavi edici sağlık hizmetleri uygulamaları artmıştır. | 3,35 | 1,12 | 3,38 | 1,17 | 3,48 | 1,29 | 3,45 | 1,21 | 0,282 | 0,839 | |
| Aile hekimliği uygulaması ile birinci basamakta koruyucu sağlık hizmetleri uygulamaları artmıştır. | 3,69 | 1,22 | 4,27 | 0,72 | 4,09 | 0,99 | 3,26 | 1,18 | 6,751 | **0,000** | 1-2 p=0,015<br>1-3 p=0,005<br>1-4 p=0,046<br>2-4 p=0,001<br>3-4 p=0,000 |
| Aile hekimliği uygulaması ile kronik hastaların takip sıklığı artmıştır. | 3,64 | 1,14 | 3,62 | 1,02 | 4,00 | 1,03 | 3,35 | 1,05 | 3,847 | **0,010** | 1-3 p=0,008<br>3-4 p=0,004 |
| **Verimlilik** | 3,25 | 0,96 | 3,60 | 0,67 | 3,61 | 0,96 | 2,99 | 0,85 | 5,524 | **0,001** | 1-3 p= 0,002<br>2-4 p=0,014<br>3-4 p=0,001 |
| Aile hekimliği uygulamasından sonra hastaların 2. ve 3. basamak sağlık hizmetlerine başvuru oranları düşmüştür. | 3,10 | 1,24 | 3,62 | 0,94 | 3,46 | 1,22 | 3,13 | 1,15 | 2,858 | 0,057 | |
| Aile hekimliği uygulaması ile birinci basamakta etkili ve verimli sağlık hizmeti sunulmaktadır. | 3,43 | 1,13 | 3,85 | 0,92 | 3,78 | 1,17 | 3,03 | 1,14 | 4,824 | **0,003** | 1-3 p=0,013<br>2-4 p=0,007<br>3-4 p=0,001 |
| Aile hekimliği uygulaması birinci basamakta sunulan hizmetin maliyetini düşürmüştür. | 3,21 | 1,18 | 3,35 | 0,98 | 3,59 | 1,19 | 2,81 | 1,08 | 4,377 | **0,005** | 1-3 p=0,009<br>3-4 p=0,001 |

**Tablo 20. Aile Hekimliği Çalışanlarının Aile Hekimliği Uygulaması İlişkin Görüşlerinin Daha Önce Çalışılan Kuruma Göre Karşılaştırılması (Devam)**

| Değişkenler | Sağlık Ocağı | | AÇSAP | | Hastane | | Sağlık Müd. & Sağlık Bak. & Diğer | | F | p | Farklılığı Yaratan Grup / Gruplar |
|---|---|---|---|---|---|---|---|---|---|---|---|
| | Ort. | Ss. | Ort. | Ss. | Ort. | Ss. | Ort. | Ss. | | | |
| **Hizmet Kalitesi** | 3,42 | 0,82 | 3,61 | 0,79 | 3,81 | 1,12 | 3,12 | 0,79 | 6,234 | **0,000** | 1-3 p=0,001<br>2-4 p=0,045<br>3-4 p=0,000 |
| Aile hekimliği uygulaması ile hastalara sunulan sağlık hizmetinin kalitesi artmıştır. | 3,54 | 1,21 | 3,85 | 1,05 | 3,84 | 1,11 | 3,13 | 1,28 | 3,606 | **0,014** | 1-3 p=0,040<br>2-4 p=0,023<br>3-4 p=0,003 |
| Aile hekimliği uygulaması hasta odaklı sağlık hizmeti sunma anlayışını getirmiştir. | 3,77 | 1,05 | 4,15 | 0,83 | 3,97 | 0,95 | 3,26 | 1,15 | 5,058 | **0,002** | 1-4 p=0,010<br>2-4 p=0,001<br>3-4 P=0,001 |
| Aile hekimliği uygulaması ile hasta ve sağlık personeli arasındaki iletişim sağlık ocağı uygulamasına göre daha da güçlenmiştir. | 3,67 | 1,20 | 3,58 | 1,27 | 3,99 | 1,13 | 3,48 | 1,15 | 2,424 | 0,066 | |
| Aile hekimliği uygulaması sağlık personelinin hastalarına daha fazla vakit ayırabilmesini sağlamıştır. | 3,33 | 1,28 | 3,54 | 1,30 | 3,88 | 1,12 | 2,90 | 1,40 | 6,602 | **0,000** | 1-3 p=0,000<br>3-4 p=0,000 |
| Aile hekimliği uygulaması sadece aile hekimi uzmanları ile etkili olabilecek bir sistemdir. | 2,57 | 1,35 | 2,69 | 1,29 | 3,10 | 5,32 | 2,45 | 1,59 | 0,712 | 0,545 | |
| Toplumun birinci basamak hizmetlere ilişkin memnuniyeti artmıştır. | 3,69 | 1,07 | 3,81 | 0,98 | 4,12 | 0,98 | 3,35 | 1,02 | 5,999 | **0,001** | 1-3 p=0,001<br>3-4 p=0,000 |
| Aile hekimliği uygulaması ile toplumun sağlığı daha çok kontrol altına alınmıştır. | 3,60 | 1,19 | 3,65 | 0,98 | 3,80 | 1,12 | 3,53 | 1,15 | 3,438 | 0,067 | |

Tablo 20'de de görüldüğü gibi aile hekimliği sisteminde çalışan hekim ve aile sağlığı elemanlarının aile hekimliği uygulamasının hizmet erişimine olan yansımaları ile ilgili görüşleri önce çalışılan sağlık kurumuna göre istatistiksel olarak anlamlı farklılık göstermektedir (p= 0,006). Bu farklılık sağlık ocağı–hastane (p= 0,006) ve hastane–Sağlık Müdürlüğü & Sağlık Bakanlığı & diğer (p= 0,002) gruplarından kaynaklanmaktadır. Ayrıca hizmete erişim boyutunun altında yer alan "aile hekimliği uygulaması ile vatandaşların sağlık hizmetine ulaşımı kolaylaşmıştır" maddesine yönelik görüşlerde istatistiksel olarak anlamlı derecede farklı bulgulanmıştır (p= 0,002). Farklılığı yaratan gruplar ise; sağlık ocağı–hastane (p= 0,001) ve hastane–Sağlık Müdürlüğü & Sağlık Bakanlığı & diğer (p= 0,006) gruplarıdır. Bu bilgiye göre, ilgili maddeye daha önce hastanede çalışan hekim ve aile sağlığı elemanları 4,12 (± 0,90) ortalama değer ile sağlık ocağı ve Sağlık Müdürlüğü & Sağlık Bakanlığı & diğer yerlerde çalışan hekim ve aile sağlığı elemanlarına göre daha fazla katılmışlardır. Yine hizmete erişim boyutunda yer alan "aile hekimliği uygulaması ile birinci basamakta koruyucu sağlık hizmetleri uygulamaları artmıştır" ifadesine yönelik değerlendirmeler önce çalışılan sağlık kurumuna göre istatistiksel olarak anlamlı farklılık yaratmaktadır (p< 0,001). Farklılık, sağlık ocağı-AÇSAP, sağlık ocağı-hastane, sağlık ocağı- Sağlık Müdürlüğü & Sağlık Bakanlığı & diğer, AÇSAP-Sağlık Müdürlüğü & Sağlık Bakanlığı & diğer ve hastane- Sağlık Müdürlüğü & Sağlık Bakanlığı & diğer gruplarında kaynaklanmakta ve söz konusu maddeye AÇSAP ve hastane grubundaki çalışanlar sağlık ocağı grubundaki çalışanlara göre daha fazla katılırlarken, Sağlık Müdürlüğü & Sağlık Bakanlığı & diğer gruptaki çalışanlar sağlık ocağı, AÇSAP ve hastane çalışanlarına göre daha az katılmışlardır. Aynı boyutta yer alan "aile hekimliği uygulaması ile kronik hastaların takip sıklığı artmıştır" görüşü daha önce çalışılan sağlık kuruluşuna göre gruplar arasında istatistiksel olarak anlamlı farklılık yaratmıştır (p= 0,010). Farklılığa sebep olan gruplar sağlık ocağı-hastane (p= 0,008) ve hastane-Sağlık Müdürlüğü & Sağlık Bakanlığı & diğer (p= 0,004) olarak belirlenmiştir ve söz konusu görüşü, daha önce hastanede çalışmış kişiler sağlık ocağı ve Sağlık Müdürlüğü & Sağlık Bakanlığı & diğer yerlerde çalışmış kişilere göre daha fazla desteklemişlerdir. Sonuç olarak Hipotez 5.h kabul edilmiştir.

Aile hekimliğinde çalışan hekim ve aile sağlığı elemanlarının aile hekimliği uygulamasının verimlilik üzerine etkilerine yönelik değerlendirmeleri daha önce çalışılan sağlık kuruluşuna göre istatistiksel olarak anlamlı farklılık göstermektedir (p= 0,001). Bu farklılık sağlık ocağı-hastane (p= 0,013), AÇSAP-Sağlık Müdürlüğü & Sağlık Bakanlığı & diğer (p= 0,007) ve hastane-Sağlık Müdürlüğü & Sağlık Bakanlığı & diğer (p= 0,001) gruplarından kaynaklanmaktadır. Verimlilik boyutunda bulunan "aile hekimliği uygulaması ile birinci basamakta etkili ve verimli sağlık hizmeti sunulmaktadır" maddesine ilişkin değerlendirmeler gruplar arasında istatistiksel olarak anlamlı derecede farklı bulunmuştur (p= 0,003) ve farklılığın da, sağlık ocağı-hastane (p= 0,013),

AÇSAP-Sağlık Müdürlüğü & Sağlık Bakanlığı & diğer (p= 0,007) ve hastane-Sağlık Müdürlüğü & Sağlık Bakanlığı & diğer (p= 0,001) gruplarından kaynaklandığı sonucuna ulaşılmıştır. Buna göre, ilgili maddeye hastane grubundakiler sağlık ocağı ve Sağlık Müdürlüğü & Sağlık Bakanlığı & diğer gruplardakilere göre daha fazla katıldıklarını belirtmişlerdir. Aynı boyutun altında yer alan "aile hekimliği uygulaması birinci basamakta sunulan hizmetin maliyetini düşürmüştür" görüşüne yönelik değerlendirmeler daha önce çalışılan sağlık kurumuna göre istatistiksel olarak anlamlı farklılık göstermektedir (p= 0,005). Anlamlılık, sağlık ocağı-hastane (0,009) ve hastane-Sağlık Müdürlüğü & Sağlık Bakanlığı & diğer (p= 0,001) gruplarından dolayı oluşmakta ve söz konusu görüşe, hastane grubunda bulunan çalışanlar 3,59 (± 1,19) ortalama ile sağlık ocağı ve Sağlık Müdürlüğü & Sağlık Bakanlığı & diğer gruplarında bulunan çalışanlara göre daha fazla katılmışlardır. Son olarak Hipotez 6.h kabul edilmiştir.

Daha önce çalışılan kuruma göre aile hekimliği uygulamasının hizmet kalitesine yansımaları ile ilgili görüşler gruplar arasında istatistiksel olarak anlamlı farklılık göstermektedir (p< 0,001) ve bu farklılık sağlık ocağı-hastane (p= 0,001), AÇSAP-Sağlık Müdürlüğü & Sağlık Bakanlığı & diğer (p= 0,045) ve hastane-Sağlık Müdürlüğü & Sağlık Bakanlığı & diğer (p< 0,001) gruplarından dolayı oluşmaktadır. Hizmet kalitesi boyutunda bulunan dört maddeye ilişkin değerlendirmelerde gruplarda istatistiksel olarak anlamlı farklılık yaratmaktadır (p< 0,05). Birinci madde olan "aile hekimliği uygulaması ile hastalara sunulan sağlık hizmetinin kalitesi artmıştır" fikrine yönelik istatistiksel olarak anlamlı farklılık (p= 0,014) sağlık ocağı-hastane (p= 0,040), AÇSAP-Sağlık Müdürlüğü & Sağlık Bakanlığı & diğer (p= 0,023), hastane-Sağlık Müdürlüğü & Sağlık Bakanlığı & diğer (p= 0,003) gruplarından kaynaklanmaktadır. Buna göre, Sağlık Müdürlüğü & Sağlık Bakanlığı & diğer grupta yer alan kişiler AÇSAP ve hastane gruplarında yer alan kişilere göre ilgili görüşe daha az katıldıklarını belirtmişler ve hastane grubundaki çalışanlar da sağlık ocağı grubundaki kişilere göre söz konusu maddeyi daha çok desteklemişlerdir. İkinci madde olan "aile hekimliği uygulaması hasta odaklı sağlık hizmeti sunma anlayışını getirmiştir" maddesindeki istatistiksel olarak anlamlı farklılık (p= 0,002) sağlık ocağı-Sağlık Müdürlüğü & Sağlık Bakanlığı & diğer (p= 0,010), AÇSAP-Sağlık Müdürlüğü & Sağlık Bakanlığı & diğer (p= 0,001) ve hastane-Sağlık Müdürlüğü & Sağlık Bakanlığı & diğer (p= 0,001) gruplarından dolayı oluşmaktadır. Bu bilgiye göre, söz konusu maddeye Sağlık Müdürlüğü & Sağlık Bakanlığı & diğer gruplarındaki hekim ve aile sağlığı elemanları 3-26 (± 1,15) ortalama değeri ile sağlık ocağı, AÇSAP ve hastane gruplarındaki hekim ve aile sağlığı elemanlarına göre daha az katıldıklarını belirtmişlerdir. Üçüncü madde olan "aile hekimliği uygulaması sağlık personelinin hastalarına daha fazla vakit ayırabilmesini sağlamıştır" düşüncesine ilişkin gruplar arasındaki anlamlılığın (p< 0,001) sağlık ocağı-hastane (p< 0,001) ve hastane-Sağlık Müdürlüğü & Sağlık Bakanlığı & diğer (p< 0,001) gruplarından kaynaklandığı saptanmıştır. Buna göre yukarıdaki düşünceye, daha önce hastanede çalışmış kişilerin daha önce sağlık ocağı ve Sağlık Müdürlüğü & Sağlık Bakanlığı & diğer yerlerde çalışmış kişilere göre daha fazla katıldığı sonucuna ulaşılmıştır. Son madde olan "toplumun birinci basamak hizmetlere ilişkin memnuniyeti artmıştır" görüşünde anlamlılığa sebep olan gruplar; sağlık ocağı-hastane (p= 0,001) ve hastane-Sağlık Müdürlüğü & Sağlık Bakanlığı & diğer (p< 0,001) gruplar olarak belirlenmiş ve hastane grubunda bulunanların ilgili görüşe sağlık ocağı ve Sağlık Müdürlüğü & Sağlık Bakanlığı & diğer gruplarda bulunanlara göre daha fazla katıldığı sonucuna ulaşılmıştır. Bu bilgiler doğrultusunda, Hipotez 7.h kabul edilmiştir.

Aile hekimliği uygulamasında çalışanların uygulamaya yönelik görüşlerinin daha önce çalışılan sağlık kurumuna göre farklılık gösterip göstermediği çalışma koşulu, iş yükü, ücret ve işe bağlılık ve memnuniyet boyutları açısından incelenmiş ve gruplar arasında istatistiksel olarak anlamlı farklılık bulunamamıştır (p≥ 0,05). Fakat işe bağlılık ve memnuniyet boyutunun altında yer alan "aile hekimliği uygulaması ile sağlık personelinin özlük hakları iyileşmiştir" maddesine ilişkin görüşler istatistiksel olarak anlamlı farklılık göstermiştir (p= 0,011). Bu anlamlılık, sağlık ocağı-Sağlık Müdürlüğü & Sağlık Bakanlığı & diğer (p= 0,049), AÇSAP-Sağlık Müdürlüğü & Sağlık Bakanlığı & diğer (p= 0,010) ve hastane-Sağlık Müdürlüğü & Sağlık Bakanlığı & diğer (p= 0,003) gruplarından kaynaklanmakta ve söz konusu maddeyi Sağlık Müdürlüğü & Sağlık Bakanlığı & diğer grubundaki sağlık çalışanları 1,87 (± 1,09) ortalama ile sağlık ocağı, AÇSAP ve hastane gruplarındaki sağlık çalışanlarına göre daha fazla desteklediklerini belirtmişlerdir.

Sonuç olarak yukarıdaki boyutlara ilişkin Hipotez 1.h 2.h, 3.h ve 4.h reddedilmiştir.

**Tablo 21. Aile Hekimliği Çalışanlarının Aile Hekimliği Uygulaması Sorunlarının Çözümüne İlişkin Önerilerinin Daha Önce Çalışılan Kuruma Göre Karşılaştırılması**

| Değişkenler | Sağlık Ocağı | | AÇSAP | | Hastane | | Sağlık Müd. & Sağlık Bak. & Diğer | | F | p | Farklılığı Yaratan Grup / Gruplar |
|---|---|---|---|---|---|---|---|---|---|---|---|
| | Ort. | Ss. | Ort. | Ss. | Ort. | Ss. | Ort. | Ss. | | | |
| **Yasal Düzenleme** | 4,32 | 0,54 | 4,35 | 0,83 | 4,32 | 0,50 | 4,38 | 0,56 | 0,131 | 0,941 | |
| Uygulamada çalışan hekim ve hemşirelerin özlük haklarında iyileştirmeler yapılmalıdır. | 4,48 | 0,82 | 4,50 | 0,91 | 4,41 | 0,87 | 4,52 | 1,06 | 0,209 | 0,890 | |
| Pozitif ve negatif performansa yönelik ödeme uygulaması yerine sadece pozitif performansa göre ödeme yapılmalıdır. | 4,10 | 1,06 | 4,27 | 1,04 | 4,09 | 1,01 | 4,29 | 0,82 | 0,518 | 0,670 | |
| Performans hesaplamada sadece hasta sayısı gibi sayısal değerler değil, kalite göstergeleri de dikkate alınmalıdır. | 4,19 | 0,94 | 4,38 | 1,02 | 4,22 | 0,89 | 4,10 | 0,83 | 0,493 | 0,688 | |
| Aile hekimliği sisteminden ihtar puanı uygulaması kaldırılmalıdır. | 4,15 | 1,03 | 4,15 | 0,92 | 4,28 | 0,93 | 4,26 | 1,09 | 0,402 | 0,752 | |
| Aile Sağlığı Merkezlerinde çalışan hekim ve aile sağlığı elamanları sözleşmeli değil, 657 nolu yasaya bağlı çalışmalıdır. | 4,47 | 0,87 | 4,50 | 0,95 | 4,62 | 0,64 | 4,55 | 0,85 | 0,769 | 0,512 | |
| Aile hekimlerine kayıtlı kişi sayısı düşürülerek aile hekimlerinin poliklinik hizmetlerine ayırdıkları zaman azaltılmalı ve daha çok koruyucu sağlık hizmeti vermesi sağlanmalıdır. | 4,46 | 0,77 | 4,46 | 0,90 | 4,42 | 0,85 | 4,58 | 0,85 | 0,317 | 0,813 | |
| Gebe ve bebek takibinde yaşanan sorunları azaltmak için, 2. ve 3. basamak sağlık kuruluşuna başvurular kısıtlanarak bireyin aile hekimliğine yönlendirilmesi sağlanmalı ve bireye bildirim zorunluluğu getirilmelidir. | 4,36 | 0,90 | 4,19 | 1,10 | 4,19 | 1,20 | 4,35 | 0,84 | 0,767 | 0,513 | |

**Tablo 21. Aile Hekimliği Çalışanlarının Aile Hekimliği Uygulaması Sorunlarının Çözümüne İlişkin Önerilerinin Daha Önce Çalışılan Kuruma Göre Karşılaştırılması (Devam)**

| Değişkenler | Sağlık Ocağı | | AÇSAP | | Hastane | | Sağlık Müd. & Sağlık Bak. & Diğer | | F | p | Farklılığı Yaratan Grup / Gruplar |
|---|---|---|---|---|---|---|---|---|---|---|---|
| | Ort. | Ss. | Ort. | Ss. | Ort. | Ss. | Ort. | Ss. | | | |
| **Mesleki Gelişim** | 3,93 | 0,63 | 4,02 | 0,87 | 4,06 | 0,77 | 3,69 | 0,89 | 2,219 | 0,086 | |
| Aile hekimliğinde çalışan hekim ve hemşirelerin sürekli mesleki eğitimleri için kongre ve sempozyumlara katılımları desteklenmelidir. | 4,25 | 0,85 | 4,42 | 0,95 | 4,43 | 0,69 | 4,26 | 0,93 | 1,177 | 0,318 | |
| Aile hekimliğinde çalışan hekimlere idari eğitimler de verilmelidir. | 4,00 | 0,90 | 3,88 | 1,03 | 4,05 | 1,10 | 3,77 | 1,06 | 0,714 | 0,544 | |
| Aile hekimlerine periyodik olarak mesleki yeterliliklerini geliştirecek eğitimler verilmeli ve bu eğitimlerin sonunda yeterlilikleri ölçen sınavlar yapılmalıdır. | 3,45 | 1,20 | 3,69 | 1,16 | 3,56 | 1,37 | 3,39 | 1,26 | 0,479 | 0,697 | |
| Aile hekimliği eğitimini tamamlayan hekimlere eğer isterlerse eğitim sürelerini uzatarak özellikle geriatri ve acil tıp alanlarında akademik kariyer imkanları sağlanmalıdır. | 4,03 | 0,96 | 4,08 | 1,06 | 4,20 | 0,91 | 3,35 | 1,47 | 5,597 | **0,001** | 1-4 p=0,001<br>2-4 p=0,008<br>3-4 p=0,000 |
| **Çalışma Koşullarının İyileştirilmesi** | 4,24 | 0,67 | 4,27 | 0,86 | 4,29 | 0,68 | 4,06 | 0,64 | 0,877 | 0,453 | |
| Aile sağlığı merkezlerinde laboratuvar ve görüntüleme birimleri oluşturulmalıdır. | 3,80 | 1,11 | 3,88 | 1,11 | 3,85 | 1,17 | 3,65 | 1,05 | 0,301 | 0,825 | |
| Evde bakım hizmetleri aile hekimleri tarafından değil, hastanelere veya TSM'lere bağlı evde sağlık hizmetleri birimlerince verilmelidir. | 4,67 | 0,77 | 4,65 | 0,85 | 4,73 | 0,59 | 4,48 | 0,85 | 0,928 | 0,427 | |
| **Klinik Rehber Geliştirme** | 4,13 | 0,79 | 4,25 | 0,87 | 4,26 | 0,69 | 4,06 | 0,96 | 0,923 | 0,430 | |
| Aile Sağlığı Merkezleri ve Toplum Sağlığı Merkezleri için tanı, tedavi ve uygulama rehberleri geliştirilmelidir. | 4,14 | 0,87 | 4,35 | 0,94 | 4,32 | 0,71 | 4,06 | 1,03 | 1,514 | 0,211 | |
| Klinik ve pratik saha rehberi yayınlanarak tüm ülkede aile hekimliği uygulaması standart hale getirilmelidir. | 4,11 | 0,94 | 4,15 | 0,92 | 4,20 | 0,88 | 4,06 | 1,00 | 0,279 | 0,841 | |

**Tablo 21. Aile Hekimliği Çalışanlarının Aile Hekimliği Uygulaması Sorunlarının Çözümüne İlişkin Önerilerinin Daha Önce Çalışılan Kuruma Göre Karşılaştırılması (Devam)**

| Değişkenler | Sağlık Ocağı | | AÇSAP | | Hastane | | Sağlık Müd. & Sağlık Bak. & Diğer | | F | p | Farklılığı Yaratan Grup / Gruplar |
|---|---|---|---|---|---|---|---|---|---|---|---|
| | Ort. | Ss. | Ort. | Ss. | Ort. | Ss. | Ort. | Ss. | | | |
| **Personel Eksikliğini Giderme** | 4,29 | 0,62 | 4,69 | 2,70 | 4,32 | 0,61 | 4,19 | 0,77 | 1,533 | 0,206 | |
| Aile hekimliği merkezlerinin büro ve yazışma işleri (fatura ödeme, kırtasiye, evrak fazlalığı vb. ) için bir idari personel görevlendirilmeli dir. | 4,49 | 0,75 | 4,31 | 0,84 | 4,44 | 0,77 | 4,32 | 0,91 | 0,729 | 0,535 | |
| Aile sağlığı merkezlerindeki çalışma ortamlarını daha güvenli hale getirebilmek için güvenlik görevlisi görevlendirilmeli dir. | 4,43 | 0,79 | 4,42 | 0,90 | 4,50 | 0,70 | 4,26 | 0,82 | 0,821 | 0,483 | |
| Aile hekimliği merkezlerinde verilen hizmetler; fizik tedavi uzmanı, diş hekimi, ebe, sosyal çalışmacı ve diyetisyen gibi personelin bulunduğu bir ekip ile sunulmalıdır. | 3,95 | 1,05 | 5,35 | 7,96 | 4,03 | 1,12 | 4,00 | 1,18 | 2,542 | 0,056 | |
| **Bilgi Sistemi Geliştirme** | 4,37 | 0,58 | 4,27 | 0,89 | 4,51 | 0,56 | 4,16 | 1,09 | 2,814 | **0,039** | 3-4 p=0,010 |
| Aile hekimliği uygulamasında, bütün hizmet sağlayıcılarının ulaşabileceği bir hasta kayıt sistemi oluşturulmalıdır. | 4,16 | 0,79 | 4,08 | 1,02 | 4,40 | 0,72 | 4,10 | 1,08 | 2,557 | 0,055 | |
| Gebe ve bebek takibinde yaşanan sorunları azaltmak için, herhangi bir sağlık kuruluşuna başvuran gebeler ortak bir veri tabanında izlenmeli. | 4,58 | 0,69 | 4,46 | 0,86 | 4,63 | 0,68 | 4,23 | 1,20 | 2,431 | 0,065 | |

Tablo 21'de aile hekimliği uygulamasındaki mevcut sorunları giderebilmek için bilgi sistemi geliştirmeye yönelik çalışanların sundukları çözüm önerileri daha önce çalışılan kuruma göre karşılaştırılmış ve gruplar arasında istatistiksel olarak anlamlı farklılık tespit edilmiştir (p= 0,039). Anlamlılık, hastane-Sağlık Müdürlüğü & Sağlık Bakanlığı & diğer (p= 0,010) gruplarından kaynaklanmaktadır.

Aile hekimliği çalışanlarının aile hekimliği uygulamasındaki sorunların çözümüne ilişkin öneriler daha önce çalışılan kuruma göre karşılaştırıldığında, yasal düzenleme, mesleki gelişim, çalışma koşullarının iyileştirilmesi, personel eksikliğini giderme ve klinik rehber geliştirme boyutlarına verilen cevapların istatistiksel olarak anlamlı bir farklılık göstermediği bulunmuştur ($p \geq 0,05$). Söz konusu boyutlarda anlamlı bir farklılık bulunmamakla birlikte mesleki gelişim boyutunda yer alan "aile hekimliği eğitimini tamamlayan hekimlere eğer isterlerse eğitim sürelerini uzatarak özellikle geriatri ve acil tıp alanlarında akademik kariyer imkanları sağlanmalıdır" maddesine yönelik değerlendirmelerin gruplar arasında istatistiksel olarak fark yarattığı tespit edilmiş (p= 0,001) ve farklılığa sebep olan gruplar; sağlık ocağı-Sağlık Müdürlüğü & Sağlık Bakanlığı & diğer (p= 0,001), AÇSAP-Sağlık Müdürlüğü & Sağlık Bakanlığı & diğer (p= 0,008) ve hastane-Sağlık Müdürlüğü & Sağlık Bakanlığı & diğer ($p < 0,001$) olarak belirlenmiştir. İlgili maddeye Sağlık Müdürlüğü & Sağlık Bakanlığı & diğer grubundaki çalışanlar 3,35 (± 1,47) ortalama değer ile sağlı ocağı, AÇSAP ve hastane gruplarındaki çalışanlara göre daha az katılmışlardır.

Sonuç olarak, bilgi sistemi geliştirme boyutuna ilişkin Hipotez 13.h kabul edilirken; diğer boyutlara yönelik Hipotez 8.h, 9.h, 10.h, 11.h ve 12.h reddedilmiştir.

**Tablo 22. Aile Hekimliği Çalışanlarının Aile Hekimliği Uygulaması İlişkin Görüşlerinin Aile Hekimliği Birimine Kayıtlı Kişi Sayısına Göre Karşılaştırılması**

| Değişkenler | 2950- 3728 | | 3729-3950 | | 3951-4000 | | 4001-4445 | | F | p | Farklılığı Yaratan Grup / Gruplar |
|---|---|---|---|---|---|---|---|---|---|---|---|
| | Ort. | Ss. | Ort. | Ss. | Ort. | Ss. | Ort. | Ss. | | | |
| **Çalışma Koşulu** | 2,89 | 0,87 | 2,87 | 0,66 | 2,85 | 0,63 | 2,88 | 0,66 | 0,045 | 0,987 | |
| Aile sağlığı merkezlerinin fiziki koşulları rahat ve kullanışlıdır. | 3,37 | 1,09 | 3,45 | 1,37 | 3,58 | 1,40 | 3,46 | 1,33 | 0,410 | 0,746 | |
| Aile hekimliği uygulamasında çalışan hekim ve aile sağlığı elemanı arasındaki iletişim ve işbirliği yeterli seviyededir. | 3,61 | 1,03 | 3,63 | 1,26 | 3,64 | 1,26 | 3,74 | 1,10 | 0,222 | 0,881 | |
| Aile hekimliği uygulamasında çalışan hekim ve hemşirelerin hizmet içi eğitim olanakları artmıştır. | 2,61 | 1,12 | 2,89 | 1,38 | 2,85 | 1,30 | 2,93 | 1,25 | 1,115 | 0,343 | |
| Aile sağlığı merkezleri için verilen ödenek miktarı merkezin ihtiyaçlarını karşılamak için yeterlidir. | 3,26 | 1,09 | 3,25 | 1,28 | 3,25 | 1,33 | 3,29 | 1,29 | 0,025 | 0,995 | |
| Aile hekimliği uygulamasında yer alan hekim ve aile sağlığı elemanlarının görev tanımları, açık ve belirgindir. | 2,55 | 1,32 | 2,74 | 1,45 | 2,62 | 1,29 | 2,58 | 1,34 | 0,329 | 0,804 | |
| Mevcut aile hekimliği mevzuatı ihtiyaçlara cevap verecek düzeydedir. | 2,59 | 1,13 | 2,61 | 1,38 | 2,56 | 1,30 | 2,62 | 1,29 | 0,042 | 0,989 | |
| Aile hekimliği uygulaması Türkiye'de birinci basamak sağlık hizmetlerini özelleştirmek için atılan bir adımdır. | 3,70 | 1,18 | 3,56 | 1,18 | 3,70 | 1,24 | 3,64 | 1,13 | 0,285 | 0,836 | |
| Aile sağlığı merkezlerindeki sınıflandırma kriterleri ve bölgesel farklılıklar aile hekimleri arasında adaletsiz iş dağılımına neden olmaktadır. | 4,36 | 5,61 | 4,08 | 1,06 | 3,99 | 1,09 | 3,98 | 1,11 | 0,311 | 0,818 | |
| **İş Yükü** | 3,90 | 0,90 | 3,82 | 0,91 | 3,91 | 1,00 | 4,02 | 0,81 | 0,662 | 0,576 | |
| Aile hekimliği uygulamasında, haftalık çalışma süresinin üzerinde hizmet vermek zorunda kalabiliyorum. | 3,30 | 1,37 | 3,23 | 1,38 | 3,51 | 1,37 | 3,38 | 1,35 | 0,668 | 0,572 | |
| Aile hekimliği uygulamasında çalışan personele zorunlu nöbet (adli, acil vb.) getirilmesi çalışanları olumsuz etkilemiştir. | 4,33 | 1,18 | 4,13 | 1,33 | 4,24 | 1,45 | 4,55 | 1,09 | 1,771 | 0,152 | |
| Aile hekimliği uygulaması özellikle, ASM yönetici hekimleri açısından aile hekimliği hizmetlerinin yanı sıra idari yükün de artmasına neden olmuştur. | 4,07 | 1,08 | 4,11 | 1,16 | 3,99 | 1,32 | 4,12 | 1,17 | 0,225 | 0,879 | |

**Tablo 22. Aile Hekimliği Çalışanlarının Aile Hekimliği Uygulaması İlişkin Görüşlerinin Aile Hekimliği Birimine Kayıtlı Kişi Sayısına Göre Karşılaştırılması (Devam)**

| Değişkenler | 2950- 3728 | | 3729-3950 | | 3951-4000 | | 4001-4445 | | F | p | Farklılığı Yaratan Grup / Gruplar |
|---|---|---|---|---|---|---|---|---|---|---|---|
| | Ort. | Ss. | Ort. | Ss. | Ort. | Ss. | Ort. | Ss. | | | |
| **Ücret** | 2,36 | 0,77 | 2,31 | 0,74 | 2,32 | 0,82 | 2,44 | 0,81 | 0,484 | 0,693 | |
| Aile hekimliği uygulamasında çalışanlara verilen ücret yeterlidir. | 2,82 | 1,27 | 2,97 | 1,41 | 2,99 | 1,30 | 3,18 | 1,26 | 1,092 | 0,353 | |
| Uygulamada verilen ücretler emekliliğe yansıtılmadığından çalışanlar arasında emekli olma isteği azalmaktadır. | 4,15 | 1,06 | 4,52 | 0,76 | 4,34 | 0,96 | 4,42 | 1,00 | 2,411 | 0,067 | |
| Performans değerlendirmede pozitif performans yanında negatif performansa da yer verilmesi doğru bir uygulamadır. | 2,41 | 1,22 | 2,50 | 1,45 | 2,31 | 1,45 | 2,58 | 1,45 | 0,570 | 0,635 | |
| **İşe Bağlılık ve Memnuniyet** | 2,60 | 0,78 | 2,70 | 0,95 | 2,65 | 0,85 | 2,82 | 0,96 | 0,989 | 0,398 | |
| Aile hekimliği uygulaması çalışanların işe bağlılıklarını artırmıştır. | 3,30 | 1,18 | 3,34 | 1,31 | 3,43 | 1,21 | 3,53 | 1,23 | 0,586 | 0,625 | |
| Aile hekimliği uygulaması ile hekim ve aile sağlığı elemanın mesleki doyumu artmıştır. | 2,87 | 1,15 | 2,91 | 1,44 | 3,21 | 1,38 | 3,19 | 1,35 | 1,586 | 0,192 | |
| Aile hekimliği uygulaması ile sağlık personelinin özlük hakları iyileşmiştir. | 2,36 | 1,20 | 2,58 | 1,37 | 2,39 | 1,39 | 2,53 | 1,35 | 0,564 | 0,639 | |
| Aile sağlığı merkezlerinde çalışan hekimler yeterince motive edilmemektedir. | 3,64 | 1,19 | 3,50 | 1,36 | 3,84 | 1,22 | 3,42 | 1,34 | 1,812 | 0,145 | |
| Aile sağlığı merkezlerinde çalışan aile sağlığı elamanları yeterince motive edilmemektedir. | 3,87 | 1,16 | 3,81 | 1,30 | 3,94 | 1,22 | 3,71 | 1,34 | 0,563 | 0,640 | |
| **Hizmete Erişim** | 3,67 | 0,70 | 3,53 | 0,93 | 3,71 | 0,99 | 3,87 | 0,78 | 2,222 | 0,085 | |
| Aile hekimliği uygulaması ile hastalara eşit ve hakkaniyetli sağlık hizmeti sunulmaktadır. | 3,64 | 0,98 | 3,50 | 1,30 | 3,76 | 1,14 | 3,84 | 1,11 | 1,454 | 0,227 | |
| Aile hekimliği uygulaması ile vatandaşların sağlık hizmetine ulaşımı kolaylaşmıştır. | 3,71 | 0,96 | 3,86 | 1,11 | 3,84 | 1,12 | 3,96 | 0,94 | 0,860 | 0,462 | |
| Aile hekimliği uygulaması ile birinci basamakta tedavi edici sağlık hizmetleri uygulamaları artmıştır. | 3,52 | 0,97 | 3,07 | 1,31 | 3,46 | 1,25 | 3,60 | 1,09 | 3,569 | **0,014** | 1-2 p=0,011<br>2-3 p=0,026<br>2-4 p=0,003 |
| Aile hekimliği uygulaması ile birinci basamakta koruyucu sağlık hizmetleri uygulamaları artmıştır. | 3,72 | 1,01 | 3,64 | 1,28 | 3,84 | 1,17 | 4,05 | 1,09 | 2,090 | 0,101 | |
| Aile hekimliği uygulaması ile kronik hastaların takip sıklığı artmıştır. | 3,74 | 0,91 | 3,59 | 1,25 | 3,66 | 1,19 | 3,88 | 1,05 | 1,091 | 0,353 | |

**Tablo 22. Aile Hekimliği Çalışanlarının Aile Hekimliği Uygulaması İlişkin Görüşlerinin Aile Hekimliği Birimine Kayıtlı Kişi Sayısına Göre Karşılaştırılması (Devam)**

| Değişkenler | 2950- 3728 | | 3729-3950 | | 3951-4000 | | 4001-4445 | | F | p | Farklılığı Yaratan Grup / Gruplar |
|---|---|---|---|---|---|---|---|---|---|---|---|
| | Ort. | Ss. | Ort. | Ss. | Ort. | Ss. | Ort. | Ss. | | | |
| **Verimlilik** | 3,33 | 0,79 | 3,33 | 1,04 | 3,30 | 1,06 | 3,52 | 0,92 | 0,942 | 0,420 | |
| Aile hekimliği uygulamasından sonra hastaların 2. ve 3. basamak sağlık hizmetlerine başvuru oranları düşmüştür. | 3,22 | 1,07 | 3,32 | 1,30 | 3,12 | 1,27 | 3,40 | 1,16 | 0,866 | 0,459 | |
| Aile hekimliği uygulaması ile birinci basamakta etkili ve verimli sağlık hizmeti sunulmaktadır. | 3,44 | 0,92 | 3,47 | 1,25 | 3,45 | 1,31 | 3,71 | 1,12 | 1,040 | 0,375 | |
| Aile hekimliği uygulaması birinci basamakta sunulan hizmetin maliyetini düşürmüştür. | 3,32 | 1,12 | 3,20 | 1,33 | 3,33 | 1,18 | 3,45 | 1,09 | 0,605 | 0,612 | |
| **Hizmet Kalitesi** | 3,46 | 0,70 | 3,45 | 0,94 | 3,56 | 1,28 | 3,66 | 0,73 | 0,929 | 0,427 | |
| Aile hekimliği uygulaması ile hastalara sunulan sağlık hizmetinin kalitesi artmıştır. | 3,49 | 1,04 | 3,51 | 1,30 | 3,61 | 1,28 | 3,87 | 1,09 | 1,851 | 0,138 | |
| Aile hekimliği uygulaması hasta odaklı sağlık hizmeti sunma anlayışını getirmiştir. | 3,69 | 0,98 | 3,81 | 1,10 | 3,84 | 1,13 | 3,89 | 0,93 | 0,604 | 0,613 | |
| Aile hekimliği uygulaması ile hasta ve sağlık personeli arasındaki iletişim sağlık ocağı uygulamasına göre daha da güçlenmiştir. | 3,63 | 1,04 | 3,55 | 1,32 | 3,70 | 1,25 | 4,05 | 1,08 | 2,996 | **0,031** | 1-4 p=0,022<br>2-4 p=0,005 |
| Aile hekimliği uygulaması sağlık personelinin hastalarına daha fazla vakit ayırabilmesini sağlamıştır. | 3,30 | 1,25 | 3,52 | 1,26 | 3,47 | 1,32 | 3,61 | 1,27 | 0,918 | 0,432 | |
| Aile hekimliği uygulaması sadece aile hekimi uzmanları ile etkili olabilecek bir sistemdir. | 2,67 | 1,38 | 2,68 | 1,50 | 3,04 | 5,74 | 2,51 | 1,33 | 0,461 | 0,710 | |
| Toplumun birinci basamak hizmetlere ilişkin memnuniyeti artmıştır. | 3,77 | 0,91 | 3,68 | 1,26 | 3,81 | 1,03 | 3,98 | 0,95 | 1,191 | 0,313 | |
| Aile hekimliği uygulaması ile toplumun sağlığı daha çok kontrol altına alınmıştır. | 3,64 | 0,93 | 3,38 | 1,32 | 3,43 | 1,26 | 3,68 | 1,09 | 1,517 | 0,210 | |

Aile hekimliği çalışanlarının aile hekimliği uygulamasına yönelik görüşleri aile hekimliği birimine kayıtlı kişi sayısına göre karşılaştırıldığında, çalışma koşulu, iş yükü, ücret, işe bağlılık ve memnuniyet, hizmete erişim, verimlilik ve hizmet kalitesi boyutlarına verilen cevapların istatistiksel olarak anlamlı bir farklılık göstermediği bulunmuştur ($p \geq 0,05$). Fakat, hizmete erişim ve hizmet kalitesi boyutlarının altında yer alan birer maddeye ilişkin değerlendirmeler gruplar arasında istatistiksel olarak anlamlı fark göstermiştir ($p < 0,05$). Hizmete erişim boyutunda bulunan "aile hekimliği uygulaması ile birinci basamakta tedavi edici sağlık hizmetleri uygulamaları artmıştır" görüşüne ilişkin istatistiksel olarak anlamlı farklılık, 2950-3728 ve 3729-3950 ($p= 0,011$), 3729-3950 ve 3951-4000 ($p= 0,026$) ile 3729-3950 ve 4001-4445 ($p= 0,003$) gruplarından kaynaklandığı saptanmıştır. Buna göre, ilgili görüşe, 3729-3950 grubunda bulunan çalışanlar 3,07 (± 1,31) ortalama ile 2950-3728, 3951-4000 ve 4001-4445 gruplarında bulunan çalışanlara göre daha az katıldıklarını belirtmişlerdir. Hizmet kalitesi boyutunun altında bulunan "aile hekimliği uygulaması ile hasta ve sağlık personeli arasındaki iletişim sağlık ocağı uygulamasına göre daha da güçlenmiştir" ifadesine yönelik düşünceler gruplar arasında istatistiksel olarak anlamlı derecede farklı bulunmuştur ($p= 0,031$) ve bu farklılığa sebep olan gruplar ise, 2950-3728 ve 4001-4445 ($p= 0,022$) ile 3729-3950 ve 4001-4445 ($p= 0,005$) olarak belirlenmiştir. Söz konusu ifadeyi 4001-4445 grubundaki hekim ve aile sağlığı elemanları 4,05 (± 1,08) ortalama değer ile 2950-3728 ve 3729-3950 gruplarındaki hekim ve aile sağlığı elemanlarına göre daha fazla desteklediklerini belirtmişlerdir.

Sonuç olarak söz konusu boyutlara ilişkin tüm hipotezler reddedilmiştir. Bu hipotezler; 1.ı, 2.ı, 3.ı, 4.ı, 5.ı, 6.ı ve 7.ı'dır.

**Tablo 23. Aile Hekimliği Çalışanlarının Aile Hekimliği Uygulaması Sorunlarının Çözümüne İlişkin Önerilerinin Aile Hekimliği Birimine Kayıtlı Kişi Sayısına Göre Karşılaştırılması**

| Değişkenler | 2950- 3728 | | 3729-3950 | | 3951-4000 | | 4001-4445 | | F | p | Farklılığı Yaratan Grup / Gruplar |
|---|---|---|---|---|---|---|---|---|---|---|---|
| | Ort. | Ss. | Ort. | Ss. | Ort. | Ss. | Ort. | Ss. | | | |
| **Yasal düzenleme** | 4,28 | 0,56 | 4,36 | 0,54 | 4,31 | 0,51 | 4,31 | 0,63 | 0,327 | 0,806 | |
| Uygulamada çalışan hekim ve hemşirelerin özlük haklarında iyileştirmeler yapılmalıdır. | 4,44 | 0,76 | 4,47 | 0,84 | 4,39 | 1,04 | 4,55 | 0,84 | 0,511 | 0,675 | |
| Pozitif ve negatif performansa yönelik ödeme uygulaması yerine sadece pozitif performansa göre ödeme yapılmalıdır. | 4,02 | 1,02 | 4,16 | 0,97 | 4,10 | 1,09 | 4,12 | 1,12 | 0,257 | 0,857 | |
| Performans hesaplamada sadece hasta sayısı gibi sayısal değerler değil, kalite göstergeleri de dikkate alınmalıdır. | 4,24 | 0,79 | 4,22 | 0,99 | 4,15 | 0,96 | 4,24 | 0,87 | 0,206 | 0,892 | |
| Aile hekimliği sisteminden ihtar puanı uygulaması kaldırılmalıdır. | 4,00 | 1,06 | 4,28 | 0,91 | 4,24 | 0,99 | 4,16 | 1,08 | 1,324 | 0,266 | |
| Aile Sağlığı Merkezlerinde çalışan hekim ve aile sağlığı elamanları sözleşmeli değil, 657 nolu yasaya bağlı çalışmalıdır. | 4,56 | 0,68 | 4,55 | 0,76 | 4,56 | 0,81 | 4,41 | 0,95 | 0,704 | 0,550 | |
| Aile hekimlerine kayıtlı kişi sayısı düşürülerek aile hekimlerinin poliklinik hizmetlerine ayırdıkları zaman azaltılmalı ve daha çok koruyucu sağlık hizmeti vermesi sağlanmalıdır. | 4,44 | 0,74 | 4,41 | 0,89 | 4,46 | 0,87 | 4,46 | 0,82 | 0,073 | 0,974 | |
| Gebe ve bebek takibinde yaşanan sorunları azaltmak için, 2. ve 3. basamak sağlık kuruluşuna başvurular kısıtlanarak bireyin aile hekimliğine yönlendirilmesi sağlanmalı ve bireye bildirim zorunluluğu getirilmelidir. | 4,23 | 0,98 | 4,43 | 0,78 | 4,25 | 1,09 | 4,22 | 1,15 | 0,852 | 0,466 | |
| **Mesleki Gelişim** | 3,85 | 0,76 | 3,96 | 0,73 | 4,02 | 0,72 | 3,95 | 0,69 | 0,878 | 0,453 | |
| Aile hekimliğinde çalışan hekim ve hemşirelerin sürekli mesleki eğitimleri için kongre ve sempozyumlara katılımları desteklenmelidir. | 4,32 | 0,66 | 4,26 | 0,90 | 4,36 | 0,80 | 4,32 | 0,88 | 0,218 | 0,884 | |
| Aile hekimliğinde çalışan hekimlere idari eğitimler de verilmelidir. | 3,97 | 0,92 | 4,07 | 0,93 | 4,00 | 1,13 | 3,84 | 1,01 | 0,821 | 0,483 | |
| Aile hekimlerine periyodik olarak mesleki yeterliliklerini geliştirecek eğitimler verilmeli ve bu eğitimlerin sonunda yeterlilikleri ölçen sınavlar yapılmalıdır. | 3,29 | 1,35 | 3,36 | 1,28 | 3,65 | 1,29 | 3,59 | 1,11 | 1,680 | 0,171 | |
| Aile hekimliği eğitimini tamamlayan hekimlere eğer isterlerse eğitim sürelerini uzatarak özellikle geriatri ve acil tıp alanlarında akademik kariyer imkanları sağlanmalıdır. | 3,82 | 1,19 | 4,15 | 0,92 | 4,08 | 1,02 | 4,06 | 0,98 | 1,714 | 0,164 | |

**Tablo 23. Aile Hekimliği Çalışanlarının Aile Hekimliği Uygulaması Sorunlarının Çözümüne İlişkin Önerilerinin Aile Hekimliği Birimine Kayıtlı Kişi Sayısına Göre Karşılaştırılması (Devam)**

| Değişkenler | 2950-3728 | | 3729-3950 | | 3951-4000 | | 4001-4445 | | F | p | Farklılığı Yaratan Grup / Gruplar |
|---|---|---|---|---|---|---|---|---|---|---|---|
| | Ort. | Ss. | Ort. | Ss. | Ort. | Ss. | Ort. | Ss. | | | |
| **Çalışma Koşullarının İyileştirilmesi** | 4,09 | 0,79 | 4,27 | 0,67 | 4,33 | 0,65 | 4,19 | 0,74 | 1,852 | 0,138 | |
| Aile sağlığı merkezlerinde laboratuvar ve görüntüleme birimleri oluşturulmalıdır. | 3,68 | 1,14 | 3,91 | 1,13 | 3,87 | 1,22 | 3,69 | 1,09 | 0,919 | 0,432 | |
| Evde bakım hizmetleri aile hekimleri tarafından değil, hastanelere veya TSM'lere bağlı evde sağlık hizmetleri birimlerince verilmelidir. | 4,51 | 0,87 | 4,64 | 0,82 | 4,80 | 0,57 | 4,69 | 0,74 | 2,263 | 0,081 | |
| **Klinik Rehber Geliştirme** | 4,13 | 0,74 | 4,14 | 0,76 | 4,25 | 0,77 | 4,12 | 0,88 | 0,555 | 0,645 | |
| Aile Sağlığı Merkezleri ve Toplum Sağlığı Merkezleri için tanı, tedavi ve uygulama rehberleri geliştirilmelidir. | 4,10 | 0,82 | 4,27 | 0,77 | 4,29 | 0,79 | 4,13 | 0,97 | 1,160 | 0,325 | |
| Klinik ve pratik saha rehberi yayınlanarak tüm ülkede aile hekimliği uygulaması standart hale getirilmelidir. | 4,16 | 0,93 | 4,00 | 1,05 | 4,21 | 0,85 | 4,11 | 0,95 | 0,822 | 0,482 | |
| **Personel Eksikliğini Giderme** | 4,35 | 1,55 | 4,26 | 0,67 | 4,31 | 0,61 | 4,29 | 0,68 | 0,141 | 0,935 | |
| Aile hekimliği merkezlerinin büro ve yazışma işleri (fatura ödeme, kırtasiye, evrak fazlalığı vb. ) için bir idari personel görevlendirilmelidir. | 4,37 | 0,76 | 4,39 | 0,85 | 4,53 | 0,71 | 4,46 | 0,80 | 0,776 | 0,508 | |
| Aile sağlığı merkezlerindeki çalışma ortamlarını daha güvenli hale getirebilmek için güvenlik görevlisi görevlendirilmelidir. | 4,30 | 0,84 | 4,44 | 0,79 | 4,44 | 0,80 | 4,48 | 0,78 | 0,872 | 0,456 | |
| Aile hekimliği merkezlerinde verilen hizmetler; fizik tedavi uzmanı, diş hekimi, ebe, sosyal çalışmacı ve diyetisyen gibi personelin bulunduğu bir ekip ile sunulmalıdır. | 4,38 | 4,45 | 3,94 | 1,07 | 3,97 | 1,19 | 3,92 | 1,06 | 0,715 | 0,544 | |
| **Bilgi Sistemi Geliştirme** | 4,25 | 0,77 | 4,44 | 0,55 | 4,46 | 0,58 | 4,35 | 0,76 | 1,802 | 0,147 | |
| Aile hekimliği uygulamasında, bütün hizmet sağlayıcılarının ulaşabileceği bir hasta kayıt sistemi oluşturulmalıdır. | 4,18 | 0,83 | 4,27 | 0,72 | 4,25 | 0,91 | 4,16 | 0,87 | 0,326 | 0,807 | |
| Gebe ve bebek takibinde yaşanan sorunları azaltmak için, herhangi bir sağlık kuruluşuna başvuran gebeler ortak bir veri tabanında izlenmeli. | 4,32 | 1,02 | 4,61 | 0,65 | 4,67 | 0,52 | 4,53 | 0,87 | 3,367 | **0,019** | 1-2 p=0,014<br>1-3 p=0,003 |

Tablo 23'de görüldüğü gibi, aile hekimliği çalışanlarının aile hekimliği uygulamasındaki sorunların çözümüne ilişkin önerileri aile hekimliği birimine kayıtlı kişi sayısına göre incelendiğinde; yasal düzenleme, mesleki gelişim, çalışma koşullarının iyileştirilmesi, personel eksikliğini giderme, klinik rehber geliştirme ve bilgi sistemi geliştirme boyutlarına verilen cevapların gruplar arasında istatistiksel olarak anlamlı bir farklılık göstermediği sonucuna ulaşılmıştır ($p \geq 0,05$). Aynı şekilde bilgi sistemi geliştirme boyutu dışındaki diğer boyutların altında yer alan maddelerde de istatistiksel olarak anlamlı bir farklılık bulunamamıştır ($p \geq 0,05$). Bilgi sistemi geliştirme boyutunda bulunan "gebe ve bebek takibinde yaşanan sorunları azaltmak için, herhangi bir sağlık kuruluşuna başvuran gebeler ortak bir veri tabanında izlenmelidir" maddesine yönelik düşünceler gruplar arasında istatistiksel olarak anlamlı fark yaratmıştır ($p= 0,019$) ve farklılığın 2950-3728 ve 3729-3950 ($p= 0,014$) grupları ile 2950-3728 ve 3951-4000 ($p= 0,003$) gruplarından kaynaklandığı saptanmıştır. Buna göre, 2950-3728 grubundaki çalışanlar 3729-3950 ve 3951-4000 gruplarındaki çalışanlara göre söz konusu maddeyi daha az desteklemişlerdir.

Yukarıdaki bilgilere göre, tüm boyutlara ilişkin hipotezler reddedilmiştir. Bu hipotezler; 8.ı, 9.ı, 10.ı, 11.ı, 12.ı ve 13.ı'dır.

**Tablo 24. Aile Hekimliği Çalışanlarının Aile Hekimliği Uygulaması İlişkin Görüşlerinin Aile Sağlığı Merkezinin Bağlı Olduğu İlçeye Göre Karşılaştırılması**

| Değişkenler | Altındağ | Çankaya | Etimesgut | Gölbaşı | Keçiören | Mamak | Sincan | Yenimahalle | Ki-kare $X^2$ | p |
|---|---|---|---|---|---|---|---|---|---|---|
| | Sıra Ort. | Sıra Ort. | Sıra Ort. | Sıra Ort. | Sıra Ort. | Sıra Ort. | Sıra Ort. | Sıra Ort. | | |
| **Çalışma Koşulu** | 132,63 | 211,84 | 168,64 | 164,88 | 167,74 | 147,23 | 143,50 | 220,26 | 33,213 | **0,000** |
| Aile sağlığı merkezlerinin fiziki koşulları rahat ve kullanışlıdır. | 130,70 | 205,92 | 205,80 | 114,88 | 149,25 | 155,78 | 177,65 | 206,10 | 31,533 | **0,000** |
| Aile hekimliği uygulamasında çalışan hekim ve aile sağlığı elemanı arasındaki iletişim ve işbirliği yeterli seviyededir. | 131,28 | 197,02 | 178,78 | 216,50 | 177,52 | 137,83 | 180,09 | 193,38 | 20,646 | **0,004** |
| Aile hekimliği uygulamasında çalışan hekim ve hemşirelerin hizmet içi eğitim olanakları artmıştır. | 154,59 | 212,82 | 175,33 | 199,19 | 170,09 | 134,82 | 127,43 | 216,35 | 38,077 | **0,000** |
| Aile sağlığı merkezleri için verilen ödenek miktarı merkezin ihtiyaçlarını karşılamak için yeterlidir. | 151,80 | 190,30 | 168,31 | 212,13 | 176,47 | 174,14 | 150,18 | 188,92 | 8,272 | 0,309 |
| Aile hekimliği uygulamasında yer alan hekim ve aile sağlığı elemanlarının görev tanımları, açık ve belirgindir. | 139,25 | 216,47 | 151,59 | 142,38 | 160,10 | 148,83 | 143,28 | 233,11 | 46,297 | **0,000** |
| Mevcut aile hekimliği mevzuatı ihtiyaçlara cevap verecek düzeydedir. | 171,00 | 213,12 | 140,77 | 145,75 | 161,03 | 155,63 | 151,96 | 210,82 | 27,045 | **0,000** |
| Aile hekimliği u ygulaması Türkiye'de birinci basamak sağlık hizmetlerini özelleştirmek için atılan bir adımdır. | 177,52 | 197,82 | 189,05 | 157,88 | 152,48 | 170,02 | 168,26 | 182,33 | 9,012 | 0,252 |
| Aile sağlığı merkezlerindeki sınıflandırma kriterleri ve bölgesel farklılıklar aile hekimleri arasında adaletsiz iş dağılımına neden olmaktadır. | 154,72 | 185,15 | 173,73 | 176,31 | 167,92 | 156,99 | 198,50 | 185,79 | 7,233 | 0,405 |

**Tablo 24. Aile Hekimliği Çalışanlarının Aile Hekimliği Uygulaması İlişkin Görüşlerinin Aile Sağlığı Merkezinin Bağlı Olduğu İlçeye Göre Karşılaştırılması (Devam)**

| Değişkenler | Altındağ | Çankaya | Etimesgut | Gölbaşı | Keçiören | Mamak | Sincan | Yenimahalle | Ki-kare X² | p |
|---|---|---|---|---|---|---|---|---|---|---|
| | Sıra Ort. | Sıra Ort. | Sıra Ort. | Sıra Ort. | Sıra Ort. | Sıra Ort. | Sıra Ort. | Sıra Ort. | | |
| **İş Yükü** | 162,98 | 167,14 | 201,33 | 206,81 | 162,22 | 127,14 | 208,49 | 207,67 | 25,701 | **0,001** |
| Aile hekimliği uygulamasında, haftalık çalışma süresinin üzerinde hizmet vermek zorunda kalabiliyorum. | 170,33 | 165,74 | 214,39 | 224,38 | 164,09 | 145,73 | 191,98 | 188,57 | 15,009 | **0,036** |
| Aile hekimliği uygulamasında çalışan personele zorunlu nöbet (adli, acil vb.) getirilmesi çalışanları olumsuz etkilemiştir. | 173,13 | 158,91 | 198,25 | 230,00 | 165,54 | 150,52 | 204,31 | 188,84 | 20,063 | **0,005** |
| Aile hekimliği uygulaması özellikle, ASM yönetici hekimleri açısından aile hekimliği hizmetlerinin yanı sıra idari yükün de artmasına neden olmuştur. | 160,42 | 181,38 | 171,61 | 139,88 | 165,52 | 134,79 | 203,50 | 212,07 | 23,608 | **0,001** |
| **Ücret** | 178,98 | 201,64 | 175,75 | 113,63 | 167,19 | 161,87 | 164,05 | 181,67 | 9,621 | 0,211 |
| Aile hekimliği uygulamasında çalışanlara verilen ücret yeterlidir. | 160,75 | 207,58 | 172,19 | 149,19 | 168,65 | 144,50 | 173,31 | 188,06 | 14,236 | **0,047** |
| Uygulamada verilen ücretler emekliliğe yansıtılmadığından çalışanlar arasında emekli olma isteği azalmaktadır. | 184,84 | 177,17 | 188,13 | 208,88 | 169,49 | 150,67 | 185,41 | 177,31 | 6,610 | 0,471 |
| Performans değerlendirmede pozitif performans yanında negatif performansa da yer verilmesi doğru bir uygulamadır. | 204,02 | 189,85 | 183,39 | 120,13 | 164,28 | 167,87 | 165,69 | 173,31 | 8,589 | 0,284 |

**Tablo 24. Aile Hekimliği Çalışanlarının Aile Hekimliği Uygulaması İlişkin Görüşlerinin Aile Sağlığı Merkezinin Bağlı Olduğu İlçeye Göre Karşılaştırılması (Devam)**

| Değişkenler | Altındağ | Çankaya | Etimesgut | Gölbaşı | Keçiören | Mamak | Sincan | Yenimahalle | Ki-kare X² | p |
|---|---|---|---|---|---|---|---|---|---|---|
| | Sıra Ort. | Sıra Ort. | Sıra Ort. | Sıra Ort. | Sıra Ort. | Sıra Ort. | Sıra Ort. | Sıra Ort. | | |
| **İşe Bağlılık ve Memnuniyet** | 141,33 | 214,50 | 152,84 | 191,31 | 167,42 | 145,48 | 142,04 | 220,30 | 34,901 | **0,000** |
| Aile hekimliği uygulaması çalışanların işe bağlılıklarını artırmıştır. | 137,13 | 207,36 | 168,05 | 200,56 | 182,10 | 130,57 | 144,63 | 212,35 | 34,281 | **0,000** |
| Aile hekimliği uygulaması ile hekim ve aile sağlığı elemanın mesleki doyumu artmıştır. | 149,25 | 205,04 | 152,06 | 201,38 | 165,90 | 141,80 | 158,25 | 219,29 | 28,356 | **0,000** |
| Aile hekimliği uygulaması ile sağlık personelinin özlük hakları iyileşmiştir. | 139,45 | 223,64 | 156,70 | 183,50 | 155,58 | 165,62 | 155,35 | 197,88 | 29,355 | **0,000** |
| Aile sağlığı merkezlerinde çalışan hekimler yeterince motive edilmemektedir. | 168,02 | 171,03 | 202,55 | 157,56 | 175,52 | 180,22 | 189,14 | 157,88 | 5,672 | 0,579 |
| Aile sağlığı merkezlerinde çalışan aile sağlığı elamanları yeterince motive edilmemektedir. | 183,67 | 153,98 | 194,13 | 197,88 | 184,78 | 181,20 | 203,50 | 144,64 | 14,946 | **0,037** |
| **Hizmete Erişim** | 132,67 | 196,08 | 194,22 | 228,44 | 188,09 | 126,32 | 134,48 | 212,29 | 37,794 | **0,000** |
| Aile hekimliği uygulaması ile hastalara eşit ve hakkaniyetli sağlık hizmeti sunulmaktadır. | 136,95 | 198,27 | 181,31 | 222,88 | 167,31 | 141,50 | 155,86 | 214,48 | 27,447 | **0,000** |
| Aile hekimliği uygulaması ile vatandaşların sağlık hizmetine ulaşımı kolaylaşmıştır. | 140,91 | 188,59 | 181,88 | 162,56 | 185,43 | 138,84 | 160,38 | 207,33 | 20,917 | **0,004** |
| Aile hekimliği uygulaması ile birinci basamakta tedavi edici sağlık hizmetleri uygulamaları artmıştır. | 175,83 | 175,01 | 183,41 | 174,69 | 187,72 | 152,35 | 159,25 | 186,81 | 5,852 | 0,557 |
| Aile hekimliği uygulaması ile birinci basamakta koruyucu sağlık hizmetleri uygulamaları artmıştır. | 139,28 | 197,08 | 194,30 | 253,81 | 186,80 | 128,92 | 131,68 | 204,93 | 40,158 | **0,000** |
| Aile hekimliği uygulaması ile kronik hastaların takip sıklığı artmıştır. | 145,44 | 193,28 | 200,64 | 204,44 | 189,65 | 130,45 | 128,90 | 206,43 | 35,062 | **0,000** |

**Tablo 24. Aile Hekimliği Çalışanlarının Aile Hekimliği Uygulaması İlişkin Görüşlerinin Aile Sağlığı Merkezinin Bağlı Olduğu İlçeye Göre Karşılaştırılması (Devam)**

| Değişkenler | Altındağ | Çankaya | Etimesgut | Gölbaşı | Keçiören | Mamak | Sincan | Yenimahalle | Ki-kare $X^2$ | p |
|---|---|---|---|---|---|---|---|---|---|---|
| | Sıra Ort. | Sıra Ort. | Sıra Ort. | Sıra Ort. | Sıra Ort. | Sıra Ort. | Sıra Ort. | Sıra Ort. | | |
| **Verimlilik** | 121,81 | 209,39 | 178,80 | 201,56 | 177,62 | 133,24 | 143,43 | 217,02 | 38,646 | **0,000** |
| Aile hekimliği uygulamasından sonra hastaların 2. ve 3. basamak sağlık hizmetlerine başvuru oranları düşmüştür. | 144,14 | 195,93 | 167,98 | 193,75 | 173,62 | 133,10 | 156,04 | 223,91 | 29,835 | **0,000** |
| Aile hekimliği uygulaması ile birinci basamakta etkili ve verimli sağlık hizmeti sunulmaktadır. | 125,05 | 204,14 | 176,80 | 203,88 | 188,06 | 130,71 | 142,45 | 211,31 | 38,161 | **0,000** |
| Aile hekimliği uygulaması birinci basamakta sunulan hizmetin maliyetini düşürmüştür. | 133,34 | 203,85 | 198,14 | 174,50 | 170,74 | 163,17 | 143,54 | 193,09 | 20,070 | **0,005** |
| **Hizmet Kalitesi** | 127,50 | 202,92 | 187,45 | 226,00 | 185,67 | 124,85 | 127,50 | 221,00 | 46,847 | **0,000** |
| Aile hekimliği uygulaması ile hastalara sunulan sağlık hizmetinin kalitesi artmıştır. | 121,27 | 204,64 | 173,02 | 210,31 | 188,79 | 127,22 | 143,68 | 215,32 | 43,160 | **0,000** |
| Aile hekimliği uygulaması hasta odaklı sağlık hizmeti sunma anlayışını getirmiştir. | 159,61 | 193,99 | 175,06 | 160,06 | 173,50 | 127,14 | 170,03 | 212,78 | 23,799 | **0,001** |
| Aile hekimliği uygulaması ile hasta ve sağlık personeli arasındaki iletişim sağlık ocağı uygulamasına göre daha da güçlenmiştir. | 136,63 | 201,13 | 169,19 | 224,31 | 178,31 | 130,22 | 146,70 | 219,89 | 37,702 | **0,000** |
| Aile hekimliği uygulaması sağlık personelinin hastalarına daha fazla vakit ayırabilmesini sağlamıştır. | 141,72 | 198,91 | 199,94 | 208,63 | 181,34 | 141,76 | 128,80 | 203,06 | 29,963 | **0,000** |
| Aile hekimliği uygulaması sadece aile hekimi uzmanları ile etkili olabilecek bir sistemdir. | 184,03 | 175,52 | 174,02 | 205,50 | 181,47 | 180,27 | 158,81 | 167,19 | 2,893 | 0,895 |
| Toplumun birinci basamak hizmetlere ilişkin memnuniyeti artmıştır. | 126,70 | 187,07 | 193,27 | 228,94 | 180,35 | 134,61 | 140,21 | 226,33 | 42,007 | **0,000** |
| Aile hekimliği uygulaması ile toplumun sağlığı daha çok kontrol altına alınmıştır. | 128,25 | 197,73 | 185,89 | 209,75 | 185,53 | 125,49 | 134,55 | 224,66 | 46,283 | **0,000** |

Aile hekimliği sisteminde çalışan hekim ve aile sağlığı elemanlarının uygulamaya yönelik görüşleri aile sağlığı merkezinin bulunduğu ilçeye göre incelendiğinde çalışma koşulu boyutunun gruplar arasında istatistiksel olarak anlamlı bir fark yarattığı tespit edilmiştir. Aynı zamanda söz konusu boyutta yer alan "aile sağlığı merkezlerinin fiziki koşulları rahat ve kullanışlıdır" (p= 0,000) aile hekimliği uygulamasında çalışan hekim ve aile sağlığı elemanı arasındaki iletişim ve işbirliği yeterli seviyededir" (p= 0,004), "aile hekimliği uygulamasında çalışan hekim ve hemşirelerin hizmet içi eğitim olanakları artmıştır" (p= 0,000), "aile hekimliği uygulamasında yer alan hekim ve aile sağlığı elemanlarının görev tanımları, açık ve belirgindir" (p= 0,000) ve "mevcut aile hekimliği mevzuatı ihtiyaçlara cevap verecek düzeydedir" (p= 0,000) maddelere ilişkin değerlendirmelerde gruplar arasında istatistiksel olarak anlamlı bir farklılık göstermiştir. Buna göre, Yenimahalle ve Çankaya'da hizmet veren çalışanların çalışma koşulu ve altındaki maddelere yönelik değerlendirmelerinin diğer gruptakilere göre daha olumlu olduğu sonucuna ulaşılmıştır.

Aile sağlığı merkezinin bulunduğu ilçeye göre çalışanların aile hekimliğine yönelik düşünceleri iş yükü açısından incelenmiştir ve bu boyut ile ilgili grupların vermiş oldukları cevapların istatistiksel olarak anlamlı fark gösterdiği bulunmuştur (p= 0,001). Ayrıca söz konusu boyutun içinde yer alan tüm maddelere ilişkin cevaplarda örneklemdeki aile hekimliği çalışanları arasında istatistiksel olarak fark yarattığı tespit edilmiştir (p< 0,05). Bu maddelerden "aile hekimliği uygulamasında, haftalık çalışma süresinin üzerinde hizmet vermek zorunda kalabiliyorum" ve "aile hekimliği uygulamasında çalışan personele zorunlu nöbet (adli, acil vb.) getirilmesi çalışanları olumsuz etkilemiştir" ifadelerine Gölbaşı'nda çalışan hekim ve aile sağlığı elemanlarının diğer ilçelerde çalışan hekim ve aile sağlığı elemanlarına göre daha fazla katıldığı bulunurken; "aile hekimliği uygulaması özellikle, ASM yönetici hekimleri açısından aile hekimliği hizmetlerinin yanı sıra idari yükün de artmasına neden olmuştur" ifadesine de Yenimahalle'deki çalışanların 212,07 sıra ortalaması değeriyle daha fazla katıldığı saptanmıştır.

Aile hekimliği sisteminde çalışan hekim ve aile sağlığı elemanlarının işe bağlılık ve memnuniyet boyutuna ilişkin görüşleri aile sağlığı merkezinin bulunduğu ilçe açısında karşılaştırıldığında gruplar arasında istatistiksel olarak anlamlı farklılık saptanmış (p< 0,000) ve bu boyutu en olumlu olarak değerlendiren grubun

Yenimahalle'de çalışanlar olduğu sonucuna ulaşılmıştır. Ayrıca bu boyuttaki dört maddeye yönelik görüşlerde aile sağlığı merkezinin bağlı olduğu ilçe göre istatistiksel olarak anlamlı farklılık göstermektedir ($p < 0,05$). Bu maddelerden "aile hekimliği uygulaması çalışanların işe bağlılıklarını artırmıştır", "aile hekimliği uygulaması ile hekim ve aile sağlığı elemanın mesleki doyumu artmıştır" ve "aile sağlığı merkezlerinde çalışan aile sağlığı elamanları yeterince motive edilmemektedir" ifadelerine Yenimahalle grubunun "aile hekimliği uygulaması ile sağlık personelinin özlük hakları iyileşmiştir" maddesine Çankaya grubunun daha fazla katıldığı bulunmuştur.

Aile sağlığı merkezinin bulunduğu ilçeye göre çalışanların hizmete erişim ile ilgili görüşleri değerlendirildiğinde gruplar arasında istatistiksel olarak anlamlı bir farklılığı olduğu görülmüştür ($p < 0,001$). Bu boyuta ilişkin Gölbaşı'nda çalışanların görüşlerinin daha pozitif olduğu bulunmuştur. İlgili boyutun altındaki dört maddeye yönelik görüşlerinde istatistiksel olarak anlamlı farklılık gösterdiği bulunmuştur ($p < 0,05$). Söz konusu maddelerden "aile hekimliği uygulaması ile hastalara eşit ve hakkaniyetli sağlık hizmeti sunulmaktadır" ifadesi ile "aile hekimliği uygulaması ile birinci basamakta koruyucu sağlık hizmetleri uygulamaları artmıştır" ifadelerine Gölbaşı'nda çalışanların "aile hekimliği uygulaması ile vatandaşların sağlık hizmetine ulaşımı kolaylaşmıştır" ve "aile hekimliği uygulaması ile kronik hastaların takip sıklığı artmıştır" ifadelerine de Yenimahalle'de çalışanların daha fazla katıldığı saptanmıştır.

Çalışanların aile hekimliği uygulamasının verimlilik üzerine etkilerine ilişkin görüşleri aile sağlığı merkezinin bulunduğu ilçeye göre karşılaştırıldığında grupların ilgili boyut ve bu boyuttaki tüm maddelere yönelik cevaplarının istatistiksel olarak anlamlı farklılık gösterdiği tespit edilmiştir ($p < 0,05$). Bu boyuttaki "aile hekimliği uygulamasından sonra hastaların 2. ve 3. basamak sağlık hizmetlerine başvuru oranları düşmüştür" ve "aile hekimliği uygulaması ile birinci basamakta etkili ve verimli sağlık hizmeti sunulmaktadır" maddeleri Yenimahalle grubunun "aile hekimliği uygulaması birinci basamakta sunulan hizmetin maliyetini düşürmüştür" ifadesini de Çankaya grubunun daha fazla desteklediği görülmüştür.

Aile sağlığı merkezinin bağlı olduğu ilçeye göre çalışanların hizmet kalitesine yönelik görüşleri incelendiğinde bu boyuta ve bu boyuttaki altı maddeye ilişkin değerlendirmelerin gruplara göre istatistiksel olarak farklılık gösterdiği bulunmuştur ($p< 0,05$). Bu boyuttaki "aile hekimliği uygulaması ile hastalara sunulan sağlık hizmetinin kalitesi artmıştır", "aile hekimliği uygulaması hasta odaklı sağlık hizmeti sunma anlayışını getirmiştir", "aile hekimliği uygulaması ile hasta ve sağlık personeli arasındaki iletişim sağlık ocağı uygulamasına göre daha da güçlenmiştir", "aile hekimliği uygulaması sağlık personelinin hastalarına daha fazla vakit ayırabilmesini sağlamıştır", "toplumun birinci basamak hizmetlere ilişkin memnuniyeti artmıştır" ve "aile hekimliği uygulaması ile toplumun sağlığı daha çok kontrol altına alınmıştır" maddelerine Yenimahalle'de çalışanların vermiş oldukların cevapların daha olumu olduğu bulgulanmıştır.

Aile hekimliğinde çalışan hekim ve aile sağlığı elemanlarının ücrete ilişkin görüşleri aile sağlığı merkezinin bağlı olduğu ilçeye göre karşılaştırılmış ve gruplar arasında istatistiksel olarak anlamlı bir farklılığa rastlanılamamıştır ($p= 0,211$). Fakat bu boyutta bulunan "aile hekimliği uygulamasında çalışanlara verilen ücret yeterlidir" maddesine ilişkin değerlendirmeler aile sağlığı merkezinin bulunduğu ilçeye göre istatistiksel olarak anlamlı farklılık göstermiştir ($p= 0,047$). Buna göre söz konusu madde ile ilgili Çankaya grubunun görüşleri diğer gruptakilere göre daha olumludur. Sonuç olarak Hipotez 1.i, 2.i, 4.i, 5.i, 6.i ve 7.i kabul edilirken; 3.i reddedilmiştir.

**Tablo 25. Aile Hekimliği Çalışanlarının Aile Hekimliği Uygulaması Sorunlarının Çözümüne İlişkin Önerilerinin Aile Sağlığı Merkezinin Bağlı Olduğu İlçeye Göre Karşılaştırılması**

| Değişkenler | Altındağ | Çankaya | Etimesgut | Gölbaşı | Keçiören | Mamak | Sincan | Yenimahalle | Ki-kare $X^2$ | p |
|---|---|---|---|---|---|---|---|---|---|---|
| | Sıra Ort. | Sıra Ort. | Sıra Ort. | Sıra Ort. | Sıra Ort. | Sıra Ort. | Sıra Ort. | Sıra Ort. | | |
| **Yasal Düzenleme** | 148,70 | 173,47 | 177,66 | 189,75 | 175,74 | 154,71 | 190,04 | 197,10 | 7,749 | 0,355 |
| Uygulamada çalışan hekim ve hemşirelerin özlük haklarında iyileştirmeler yapılmalıdır. | 174,09 | 158,50 | 211,50 | 221,50 | 170,99 | 166,30 | 173,33 | 184,43 | 11,636 | 0,113 |
| Pozitif ve negatif performansa yönelik ödeme uygulaması yerine sadece pozitif performansa göre ödeme yapılmalıdır. | 136,00 | 163,92 | 183,17 | 179,56 | 186,58 | 153,50 | 193,43 | 198,60 | 14,948 | **0,037** |
| Performans hesaplamada sadece hasta sayısı gibi sayısal değerler değil, kalite göstergeleri de dikkate alınmalıdır. | 149,61 | 184,22 | 160,36 | 163,38 | 181,44 | 153,83 | 203,94 | 180,44 | 10,680 | 0,153 |
| Aile hekimliği sisteminden ihtar puanı uygulaması kaldırılmalıdır. | 159,41 | 170,45 | 190,36 | 166,13 | 159,92 | 168,50 | 181,34 | 206,19 | 10,240 | 0,175 |
| Aile Sağlığı Merkezlerinde çalışan hekim ve aile sağlığı elamanları sözleşmeli değil, 657 nolu yasaya bağlı çalışmalıdır. | 163,81 | 177,98 | 167,75 | 152,31 | 182,51 | 169,01 | 165,43 | 191,07 | 4,828 | 0,681 |
| Aile hekimlerine kayıtlı kişi sayısı düşürülerek aile hekimlerinin poliklinik hizmetlerine ayırdıkları zaman azaltılmalı ve daha çok koruyucu sağlık hizmeti vermesi sağlanmalıdır. | 161,20 | 173,67 | 158,25 | 179,38 | 179,40 | 164,24 | 196,24 | 184,88 | 5,806 | 0,563 |
| Gebe ve bebek takibinde yaşanan sorunları azaltmak için, 2. ve 3. basamak sağlık kuruluşuna başvurular kısıtlanarak bireyin aile hekimliğine yönlendirilmesi sağlanmalı ve bireye bildirim zorunluluğu getirilmelidir. | 175,06 | 174,43 | 207,34 | 217,13 | 162,03 | 158,83 | 190,11 | 173,37 | 9,809 | 0,200 |

**Tablo 25. Aile Hekimliği Çalışanlarının Aile Hekimliği Uygulaması Sorunlarının Çözümüne İlişkin Önerilerinin Aile Sağlığı Merkezinin Bağlı Olduğu İlçeye Göre Karşılaştırılması (Devam)**

| Değişkenler | Altındağ | Çankaya | Etimesgut | Gölbaşı | Keçiören | Mamak | Sincan | Yenimahalle | Ki-kare $X^2$ | p |
|---|---|---|---|---|---|---|---|---|---|---|
| | Sıra Ort. | Sıra Ort. | Sıra Ort. | Sıra Ort. | Sıra Ort. | Sıra Ort. | Sıra Ort. | Sıra Ort. | | |
| **Mesleki Gelişim** | 150,47 | 196,78 | 172,92 | 157,31 | 168,42 | 170,82 | 179,76 | 178,82 | 5,829 | 0,560 |
| Aile hekimliğinde çalışan hekim ve hemşirelerin sürekli mesleki eğitimleri için kongre ve sempozyumlara katılımları desteklenmelidir. | 147,14 | 183,70 | 204,92 | 157,38 | 177,44 | 152,46 | 185,88 | 176,90 | 10,720 | 0,151 |
| Aile hekimliğinde çalışan hekimlere idari eğitimler de verilmelidir. | 155,84 | 197,46 | 184,06 | 129,63 | 165,55 | 162,18 | 163,30 | 195,68 | 11,617 | 0,114 |
| Aile hekimlerine periyodik olarak mesleki yeterliliklerini geliştirecek eğitimler verilmeli ve bu eğitimlerin sonunda yeterlilikleri ölçen sınavlar yapılmalıdır. | 155,72 | 192,42 | 160,27 | 157,94 | 179,01 | 187,98 | 180,19 | 159,39 | 6,642 | 0,467 |
| Aile hekimliği eğitimini tamamlayan hekimlere eğer isterlerse eğitim sürelerini uzatarak özellikle geriatri ve acil tıp alanlarında akademik kariyer imkanları sağlanmalıdır. | 175,47 | 181,26 | 178,94 | 208,75 | 156,03 | 171,46 | 188,43 | 181,35 | 5,260 | 0,628 |
| **Çalışma Koşullarının İyileştirilmesi** | 183,33 | 184,33 | 192,98 | 113,44 | 176,06 | 157,57 | 187,24 | 164,74 | 7,681 | 0,362 |
| Aile sağlığı merkezlerinde laboratuvar ve görüntüleme birimleri oluşturulmalıdır. | 175,38 | 189,98 | 193,53 | 104,38 | 176,45 | 161,57 | 179,24 | 165,56 | 8,461 | 0,294 |
| Evde bakım hizmetleri aile hekimleri tarafından değil, hastanelere veya TSM'lere bağlı evde sağlık hizmetleri birimlerince verilmelidir. | 185,42 | 162,17 | 190,41 | 176,13 | 170,23 | 161,51 | 198,24 | 179,09 | 9,520 | 0,217 |
| **Klinik Rehber Geliştirme** | 163,09 | 182,66 | 207,94 | 166,63 | 181,07 | 148,45 | 172,81 | 173,81 | 8,291 | 0,308 |
| Aile Sağlığı Merkezleri ve Toplum Sağlığı Merkezleri için tanı, tedavi ve uygulama rehberleri geliştirilmelidir. | 161,64 | 180,59 | 201,39 | 173,63 | 184,78 | 156,18 | 161,14 | 177,14 | 7,251 | 0,403 |
| Klinik ve pratik saha rehberi yayınlanarak tüm ülkede aile hekimliği uygulaması standart hale getirilmelidir. | 167,81 | 181,85 | 202,98 | 176,44 | 173,61 | 147,27 | 181,80 | 177,77 | 7,680 | 0,362 |

**Tablo 25. Aile Hekimliği Çalışanlarının Aile Hekimliği Uygulaması Sorunlarının Çözümüne İlişkin Önerilerinin Aile Sağlığı Merkezinin Bağlı Olduğu İlçeye Göre Karşılaştırılması (Devam)**

| Değişkenler | Altındağ | Çankaya | Etimesgut | Gölbaşı | Keçiören | Mamak | Sincan | Yenimahalle | Ki-kare X² | p |
|---|---|---|---|---|---|---|---|---|---|---|
| | Sıra Ort. | Sıra Ort. | Sıra Ort. | Sıra Ort. | Sıra Ort. | Sıra Ort. | Sıra Ort. | Sıra Ort. | | |
| **Personel Eksikliğini Giderme** | 170,52 | 177,05 | 167,64 | 169,63 | 178,59 | 168,96 | 184,28 | 177,05 | 0,923 | 0,996 |
| Aile hekimliği merkezlerinin büro ve yazışma işleri (fatura ödeme, kırtasiye, evrak fazlalığı vb. ) için bir idari personel görevlendirilmelidir. | 155,63 | 174,52 | 186,39 | 211,00 | 173,66 | 173,86 | 181,66 | 176,06 | 3,582 | 0,826 |
| Aile sağlığı merkezlerindeki çalışma ortamlarını daha güvenli hale getirebilmek için güvenlik görevlisi görevlendirilmelidir. | 169,25 | 168,00 | 159,38 | 173,75 | 186,47 | 158,79 | 203,46 | 177,08 | 8,242 | 0,312 |
| Aile hekimliği merkezlerinde verilen hizmetler; fizik tedavi uzmanı, diş hekimi, ebe, sosyal çalışmacı ve diyetisyen gibi personelin bulunduğu bir ekip ile sunulmalıdır. | 178,33 | 188,86 | 167,03 | 139,81 | 172,27 | 175,53 | 166,00 | 179,11 | 3,226 | 0,863 |
| **Bilgi Sistemi Geliştirme** | 195,02 | 172,60 | 185,19 | 202,63 | 150,94 | 165,33 | 190,59 | 187,96 | 9,304 | 0,232 |
| Aile hekimliği uygulamasında, bütün hizmet sağlayıcılarının ulaşabileceği bir hasta kayıt sistemi oluşturulmalıdır. | 188,61 | 175,54 | 184,13 | 179,00 | 160,88 | 170,53 | 174,78 | 186,32 | 3,616 | 0,823 |
| Gebe ve bebek takibinde yaşanan sorunları azaltmak için, herhangi bir sağlık kuruluşuna başvuran gebeler ortak bir veri tabanında izlenmeli. | 192,00 | 164,20 | 186,88 | 216,00 | 156,07 | 163,22 | 200,60 | 184,57 | 13,696 | 0,057 |

Tablo 25'de görüldüğü gibi, aile hekimliği çalışanlarının aile hekimliği uygulamasındaki sorunların çözümüne ilişkin önerileri aile sağlığı merkezinin bağlı olduğu ilçeye göre karşılaştırıldığında; yasal düzenleme, mesleki gelişim, çalışma koşullarının iyileştirilmesi, personel eksikliğini giderme, klinik rehber geliştirme ve bilgi sistemi geliştirme boyutlarına verilen cevapların gruplararasında istatistiksel olarak anlamlı bir farklılık göstermediği sonucuna ulaşılmıştır ($p \geq 0,05$). Sadece yasal düzenleme boyutundaki "pozitif ve negatif performansa yönelik ödeme uygulaması yerine sadece pozitif performansa göre ödeme yapılmalıdır" maddesine verilen cevapların gruplar arasında istatistiksel olarak anlamlı farklılık yarattığı tespit edilmiştir ($p= 0,037$). Buna göre, Yenimahalle'de çalışan hekim ve aile sağlığı elemanlarının ilgili maddeye daha fazla katılım gösterdikleri saptanmıştır.

Sonuç olarak yukarıdaki bilgiler ışığında tüm boyutlara ilişkin hipotezler reddedilmiştir. Bu hipotezler; 8.i, 9.i, 10.i, 11.i, 12.i ve 13.i'dir.

# 4. BÖLÜM

# TARTIŞMA

Bu bölümde, yapılan analizler sonucu elde edilen bulgular mevcut literatür çerçevesinde tartışılacaktır.

Araştırma bulgularına göre, aile sağlığı merkezi çalışanlarının aile hekimliği uygulamasına ilişkin görüşleri cinsiyetler açısından incelendiğinde, çalışma koşulu, iş yükü, ücret, işe bağlılık ve memnuniyet, hizmete erişim, verimlilik ve hizmet kalitesi boyutlara ilişkin değerlendirmelerinin cinsiyete göre anlamlı bir farklılık göstermediği bulunmuştur. Ilgar'ın (2006) Düzce ilinde çalışan aile hekimleri (n=70) arasında gerçekleştirmiş olduğu çalışmasında da, çalışma koşulu, iş yükü, memnuniyet, hizmete erişim, verimlilik ve kalite ilgili değerlendirmelerinde cinsiyet açısından bir farklılık olmadığı sonucuna ulaşılmıştır. Korkmaz ve diğ.'nin (2012) 285 uzman aile hekimi üzerinde yapmış oldukları çalışmada da, hekimlerin işten memnuniyet ve çalışma koşulları boyutları açısından değerlendirmelerinin kadın ve erkek açısından farklılık göstermediği saptanmıştır. Şişman (2010) tarafından İstanbul'da 14 adet aile sağlığı merkezinde çalışanlar (n=100) arasında yapılan çalışmada da, hizmete erişim, ücret, iş yükü, işe bağlılık ve memnuniyet, verimlilik ve kalite ile ilişkili maddelerin cinsiyete göre anlamlı farklılık göstermediği bulunmuştur. Buna karşın Ağdemir (2012) tarafından farklı şehirlerdeki aile sağlığı merkezi çalışanları ve hastaları (n=200) ile gerçekleştirdiği çalışmada, çalışma koşulu, iş yükü, ücret, işe bağlılık ve memnuniyet, hizmete erişim, verimlilik ve hizmet kalitesi boyutlarına ilişkin maddeler verilen yanıtların bayanlarda erkeklere oranla daha olumlu olduğu ve bu durumun istatistiki olarak anlamlı bulunduğu saptanmıştır.

Araştırmada, aile hekimliği çalışanlarının, aile hekimliği uygulamasının sorunlarına yönelik çözüm önerileri cinsiyete göre karşılaştırıldığında, yasal düzenleme, mesleki gelişim çalışma koşullarının iyileştirilmesi, klinik rehber geliştirme ve bilgi sistemi geliştirme boyutlarına ilişkin görüşlerin istatistiksel olarak anlamlı bir farklılık göstermediği, sadece personel eksikliğini giderme boyutuna verilen cevapların istatistiksel olarak anlamlı bir farklılık yarattığı bulgulanmıştır. Buna göre kadınların personel eksikliğinin giderilmesi konusuna erkeklere oranla daha olumlu baktıkları görülmektedir. Bu durumun özellikle büro işleri gibi diğer konuların kadınların fazla olduğu aile sağlığı elemanlarınca karşılanmasından ve söz konusu personelin iş yükünün artmasından kaynaklandığı düşünülmektedir. Buna karşın Dikens (2001) tarafından yapılan çalışmada (n=50), erkek aile hekimlerinin, farklı disiplinlerle çalışma konusunda daha olumlu düşündükleri saptanmıştır. Ilgar'ın (2006) gerçekleştirmiş olduğu çalışmasında da, çalışma koşullarının iyileştirilmesi ve mesleki gelişim ile ilgili verilen ifadelerin cinsiyete göre anlamlı farklılık göstermediği sonucuna ulaşılmıştır. Şişman (2010) tarafından İstanbul'da yapılan çalışmada da, mesleki gelişim ve yasal düzenlemelere ilişkin maddelere verilen cevapların cinsiyete göre anlamlı farklılık göstermediği tespit edilmiştir.

Araştırmada aile hekimliği çalışanlarının aile hekimliği uygulamasına yönelik görüşleri yaşa göre incelenmiş ve çalışma koşulu, iş yükü, verimlilik ve hizmet kalitesi boyuta ilişkin değerlendirmelerinin anlamlı farklılık gösterdiği tespit edilmiştir. Buna göre 18-35 yaş grubundaki kişilerin söz konusu boyutlara ilişkin düşünceleri 36-40, 41-45 ve 46-62 gruplarında yer alan kişilere göre daha olumludur. Bu durumun mesleğe yeni başlayan sağlık çalışanlarının daha idealist düşünmelerinden kaynaklandığı ve böylece işle ilgili daha olumlu görüşler sergilediği şeklinde yorumlanmıştır. Ancak Ilgar (2006) tarafından gerçekleştirilen çalışmada da çalışma koşulu, iş yükü, hizmete erişim, verimlilik ve kalite ilgili değerlendirmelerinde yaş açısından bir farklılık olmadığı, sadece işe bağlılık ve memnuniyetin yaşa göre değiştiğini ve yaş arttıkça işten memnuniyet ve işe bağlılığın arttığı tespit edilmiştir. Buna karşın Ağdemir (2012) tarafından yapılan çalışmada, çalışma koşulu, iş yükü, verimlilik ve hizmet kalitesi boyutlarına ilişkin değerlendirmelerin yaşa göre farklılık göstermediği saptanmıştır. Benzer şekilde Şişman (2010) tarafından aile sağlığı merkezinde çalışanlar (n=100) arasında yapılan çalışmada da, ücret, iş yükü, işe bağlılık ve memnuniyet, verimlilik ve kalite ile ilişkili maddelerin yaşa göre anlamlı farklılık göstermediği sonucuna ulaşılmıştır.

Aile hekimliği çalışanlarının aile hekimliği uygulamasındaki sorunların çözümüne ilişkin öneriler yaşa göre karşılaştırıldığında, yasal düzenleme, mesleki gelişim, çalışma koşullarının iyileştirilmesi, personel eksikliğini giderme, klinik rehber geliştirme ve bilgi sistemi boyutlarına verilen cevapların istatistiksel olarak anlamlı bir farklılık göstermediği bulunmuştur. Benzer şekilde Şişman (2010) tarafından yapılan çalışmada da, yasal düzenleme, mesleki gelişim ile ilgili ifadelerin yaşa göre anlamlı farklılık göstermediği tespit edilmiştir. Ilgar'ın (2006) Düzce ilinde gerçekleştirmiş olduğu çalışmasında da, mesleki gelişim ve çalışma koşullarının iyileştirilmesi ile ilgili maddelerin yaş açısından bir farklılık oluşturmadığı sonucuna ulaşılmıştır.

Aile hekimliği çalışanlarının aile hekimliği uygulamasına ilişkin görüşleri medeni duruma göre karşılaştırıldığında, evlilerin evli olmayanlara oranla çalışma koşullarına, işe bağlılık ve memnuniyete, verimliliğe ve hizmet kalitesine ilişkin düşüncelerinin daha olumlu olduğu ve bu durumun istatistiksel olarak anlamlılık gösterdiği tespit edilmiştir ($p<0,05$). Evlilerin söz konusu boyutlarının daha olumlu olması ise, evlilikle bireylerin ailevi desteklerinin artması ile iş yaşamlarına karşı daha pozitif tutumlar sergilemeleri şeklinde açıklanabilir. Buna karşın Korkmaz ve diğ.'nin (2012) 285 uzman aile hekimi arasında yapmış oldukları çalışmada da, hekimlerin işten memnuniyet ve çalışma koşulları boyutlarına ilişkin değerlendirmelerinin medeni durum açısından farklılık göstermediği saptanmıştır. Dikens (2001) tarafından yapılan çalışmada, aile hekimlerinin hizmete erişim, kalite, ücret, iş yükü ve memnuniyete ilişkin değerlendirmelerinin hizmet kalitesine ilişkin algılarının medeni duruma göre değişmediği bulunmuştur.

Aile hekimliği uygulamasına yönelik çözüm önerileri, medeni durum açısından değerlendirildiğinde; mesleki gelişim, çalışma koşullarının iyileştirilmesi, personel eksikliğini giderme ve bilgi sistemi geliştirme boyutlarının istatistiksel olarak anlamlı bir farklılık gösterdiği bulgulanmıştır. Buna göre bu boyutlarla ilgili ifadelere evli olanların olmayanlara göre daha fazla katıldığı tespit edilmiştir. Dikens (2001) tarafından yapılan çalışmada, aile hekimlerinin diğer sağlık personeli ile çalışma konusundaki fikirlerinin evlilerde daha olumlu olduğu sonucuna erişilmiştir. Buna karşın Korkmaz ve diğ.'nin (2012) yapmış oldukları çalışmada ise, hekimlerin mesleki gelişime ilişkin değerlendirmelerinin medeni durum açısından farklılık göstermediği saptanmıştır.

Araştırmada aile hekimliği çalışanlarının aile hekimliğine ilişkin görüşlerinin mesleğe göre karşılaştırılması ile ilgili yapılan analizler neticesinde sadece hizmet kalitesi boyutuna verilen cevapların mesleğe göre istatistiksel olarak anlamlı farklılık gösterdiği tespit edilmiştir. Bu sonuca göre diğer çalışanların (ATT, laboratuvar teknisyeni vs) hizmet kalitesine ilişkin algılamaları hekim ve ebe hemşire grubuna göre daha olumludur. Diğer sağlık çalışanlarının hizmet kalitesi ile ilgili düşüncelerinin daha olumlu olması ise sayı olarak az olan bu grubun hemşire-ebe ve hekimlere oranla daha genç olmasından ve yaş azaldıkça kalite ile ilgili değerlendirmelerinin daha pozitif olmasından dolayı gerçekleştiği düşünülmektedir. Şişman'ın (2010) yaptığı çalışmada da, hizmete erişim, ücret, iş yükü, işe bağlılık ve memnuniyet, verimlilik ve kalite ile ilişkili maddelerin mesleğe göre anlamlı farklılık göstermediği bulunmuştur. Ilgar (2006) tarafından gerçekleştirilen çalışmada da çalışma koşulu, iş yükü, işe bağlılık ve memnuniyet, hizmete erişim, verimlilik ve kalite ilgili değerlendirmelerinde mesleğe göre anlamlı bir farklılık göstermediği saptanmıştır.

Çalışma içerisinde yer alan aile hekimliği çalışanlarının uygulamadaki sorunların çözümüne ilişkin önerilerinin mesleğe göre karşılaştırmasında mesleki gelişim boyutunun istatistiksel olarak anlamlı fark gösterdiği bulunmuştur. Buna göre uzman hekimlerin mesleki gelişime diğer tüm gruplara oranla daha fazla önem verdiği sonucuna ulaşılmıştır. Kongreye katılım ve eğitim imkânlarının arttırılması ile akademik kariyer imkânı sağlanması gibi koşulların eğitim durumu yüksek olan uzman hekimlere daha fazla yarar sağlayacağından dolayı, söz konusu durumun gerçekleştiği düşünülmektedir. Şişman (2010) tarafından yapılan araştırmada ise, mesleki gelişime verilen yanıtın sağlık çalışanlarının mesleğine göre anlamlı farklılık gösterdiği, ancak hekimlerden ziyade sağlık memurlarının aile hekimliği uygulamasının mesleki gelişimi daha çok arttırdığı düşüncesi içinde olduklarını saptamışlardır. Ilgar (2006) tarafından gerçekleştirilen çalışmada da çalışma koşulunun iyileştirilmesi ve mesleki gelişimin mesleğe göre farklılık göstermediği tespit edilmiştir.

Çalışma bulgularına göre, aile hekimliğinde çalışan hekim ve aile sağlığı elemanlarının aile hekimliği sistemine yönelik görüşleri eğitim durumuna göre karşılaştırıldığında, çalışma koşulu, iş yükü, ücret, işe bağlılık ve memnuniyet, hizmete erişim ve verimlilik boyutlarına verilen cevapların araştırma kapsamındaki gruplar arasında istatistiksel olarak anlamlı bir farklılık göstermediği, yalnızca hizmet kalitesi boyutuna ilişkin görüşlerin istatistiksel olarak anlamlı farklılık oluşturduğu saptanmıştır. Buna göre, tıpta uzmanlık eğitimi almış kişilerin aile hekimliği uygulamasının hizmet kalitesini arttığı yönündeki görüşlere lise, önlisans, lisans ve lisansüstü eğitimi almış kişilere göre daha fazla katıldığı sonucuna ulaşılmıştır. Bu durum tıpta uzmanlık eğitimi almış aile hekimlerinin verdikleri sağlık hizmetini daha kaliteli bulmaları ile açıklanabilmektedir. Ağdemir (2012) tarafından gerçekleştirilen araştırmada, çalışanların çalışma koşulu, iş yükü, ücret, işe bağlılık ve memnuniyet, hizmete erişim, verimlilik ve hizmet kalitesi boyutlarına ilişkin maddelere verilen yanıtların eğitim düzeyi yüksek olanlarda daha olumlulaştığı ve bu durumun istatistiki olarak anlamlı bulunduğu tespit edilmiştir. Buna karşın Şişman (2010) tarafından İstanbul'da yapılan çalışmada da, hizmete erişim, ücret, iş yükü, işe bağlılık ve memnuniyet, verimlilik ve kalite ile ilişkili maddelerin eğitim durumuna göre anlamlı farklılık göstermediği bulunmuştur.

Araştırma kapsamındaki çalışanların, aile hekimliği uygulamasındaki mevcut sorunları giderebilmek için ortaya koyulmuş çözüm önerilerine ilişkin değerlendirmeleri eğitim durumu açısından karşılaştırıldığında yasal düzenleme, çalışma koşullarının iyileştirilmesi, personel eksikliğini giderme ve bilgi sistemi geliştirme boyutlarına verdikleri cevaplarda istatistiksel olarak anlamlı farklılık bulunamamıştır. Fakat mesleki gelişim ve klinik rehber geliştirme boyutları açısından gruplar karşılaştırıldığında verilen cevapların istatistiksel olarak farklılık gösterdiği tespit edilmiştir. Buna göre, mesleki gelişim boyutundaki ifadelere tıpta uzmanlık eğitimi almış aile hekimlerinin daha fazla katıldığı bulunmuştur. Bu durumun sebebi ise, aile hekimliği uygulamasında gerçekleştirilen kongre ve sempozyum gibi etkinliklerden tıpta uzmanlık mezunlarının daha fazla yararlanmasıdır. Klinik rehber geliştirme boyutuna yönelik önerilere de lisansüstü eğitim almış kişiler diğer gruplardaki kişilere göre daha fazla katılmışlardır. Bu durum lisanüstü eğitim almış çalışanların klinik rehber geliştirmenin önemi konusunda daha fazla farkındalığa sahip olmasından kaynaklanmaktadır. Buna karşın Şişman'ın (2010) çalışmasında yasal düzenleme ve mesleki gelişime ilişkin yanıtların eğitim durumuna göre anlamlı farklılık göstermediği tespit edilmiştir.

Çalışmada, örneklemdeki çalışan hekim ve aile sağlığı elemanlarının aile hekimliği uygulamasına yönelik görüşleri toplam sağlık çalışanı olarak çalışılan süreye göre; iş yükü, ücret, işe bağlılık ve memnuniyet, hizmete erişim ve verimlilik boyutları açısından karşılaştırıldığında istatistiksel olarak anlamlı bir farklılık bulunamamıştır. Fakat çalışma koşulu ve hizmet kalitesi boyutları açısından toplam sağlık çalışanı olarak çalışılan süreye göre karşılaştırıldığında bu boyutlara ilişkin düşüncelerin gruplar arasında istatistiksel olarak anlamlı farklılık gösterdiği saptanmıştır. Buna göre ilgili boyutlara, 4-144 ay grubunda bulunanlar diğer gruplarda bulunanlara göre daha fazla katılmışlardır. Bu durum 4-144 ay grubundaki kişilerin yaşlarının daha küçük olmasından ve mesleğe yeni başlamış olmalarından ötürü iş hayatına karşı daha pozitif tutum göstermelerinden kaynaklanmaktadır. Buna karşın Dikens (2001) tarafından yapılan aile hekimleri (n=50) ile yapılan çalışmada, aile hekimlerinin toplam çalışma süresi arttıkça, hizmet kalitesine ilişkin algılarının daha olumlu olduğu sonucuna ulaşılmıştır. Şişman (2010) tarafından yapılan çalışmada ise, hizmete erişim, ücret, iş yükü, işe bağlılık ve memnuniyet, verimlilik ve kalite ile ilişkili maddelerin toplam çalışma süresine göre anlamlı farklılık göstermediği saptanmıştır. Ilgar'ın (2006) Düzce'de yaptığı çalışmada da, çalışma koşulu, iş yükü, memnuniyet, hizmete erişim, verimlilik ve kalite ilgili değerlendirmelerin toplam çalışılan süreye göre anlamlı farklılık oluşturmadığı saptanmıştır.

Aile hekimliğinde çalışan hekim ve aile sağlığı elemanlarının aile hekimliği uygulamasındaki sorunların çözümüne ilişkin önerileri toplam sağlık çalışanı olarak çalışma süresine göre değerlendirildiğinde, yasal düzenleme, mesleki gelişim, çalışma koşullarının iyileştirilmesi, personel eksikliğini giderme, klinik rehber geliştirme ve bilgi sistemi boyutlarına verilen cevapların istatistiksel olarak anlamlı bir farklılık göstermediği saptanmıştır. Benzer şekilde Şişman'ın (2010) gerçekleştirdiği çalışmada mesleki gelişim ve yasal düzenlemelere ilişkilin maddelerin toplam çalışma süresine göre anlamlı farklılık göstermediği bulunmuştur. Ilgar'ın (2006) çalışmasında da, çalışma koşulunu iyileştirme ve mesleki gelişime ilişkin ifadelerin toplam çalışılan süreye göre anlamlı farklılık göstermediği saptanmıştır. Ancak Korkmaz ve diğ.'nin (2012) yapmış oldukları çalışmada, hekimlerin mesleki gelişim düşüncelerinin toplam çalışılan süreye göre anlamlı farklılık gösterdiği ve söz konusu durumunun çalışılan süre arttıkça mesleki gelişime ilişkin fikirlerin de olumlulaştığı tespit edilmiştir.

Çalışmada, aile hekimliği sistemi çalışanlarının aile hekimliği uygulamasına yönelik görüşleri çalışma koşulu, ücret, işe bağlılık ve memnuniyet, hizmete erişim, verimlilik ve hizmet kalitesi boyutları açısından aile sağlığı merkezinde çalışma süresine göre incelendiğinde bu boyutların istatistiksel olarak anlamlı bir farklılık göstermediği bulgulanırken, iş yükü boyutu ile ilgili değerlendirmelerin istatistiksel olarak anlamlı derecede farklı olduğu saptanmıştır. Bu bilgiye göre, 47-84 ay arasında ASM'de çalışanların iş yüküne ilişkin görüşlerinin 2-46 ay süreyle ASM'de çalışanlara göre daha olumsuz olduğu anlaşılmaktadır. Bu durumun ise, meslekte daha uzun süreli çalışan hekim ve aile sağlığı elemanlarının işe yönelik tecrübeleri ile daha fazla görev almalarından kaynaklandığı düşünülmektedir. Dikens (2001) tarafından yapılan çalışmada, aile hekimlerinin aile sağlığı merkezinde çalışma süreleri ile kalite ve hizmete erişim arasında anlamlı bir ilişki olduğu, çalışma süresi arttıkça söz konusu bu boyutlara ilişkin düşüncelerinin daha olumlu hale geldiği tespit edilmiştir. Dikens (2001) ücret, iş yükü ve memnuniyete ilişkin değerlendirmelerinin aile sağlığı merkezi çalışma süresine göre değişmediğini saptamıştır. Ilgar'ın (2006) çalışmasında ise, çalışma koşulu, iş yükü, memnuniyet, verimlilik ve kalite ilgili değerlendirmelerinde aile sağlığı merkezinde çalışma süresine göre farklılık göstermediği, ancak hizmete erişim ile ilgili olan bazı maddelerin anlamlı farklılık gösterdiği ve daha az sürede çalışan hekimlerin hizmete erişimle ilgili daha olumlu düşündükleri sonucuna ulaşılmıştır.

Araştırmaya göre, çalışanların aile hekimliği uygulamasındaki sorunların çözümüne ilişkin öneriler aile hekimliği sisteminde çalışma süresine göre karşılaştırıldığında, yasal düzenleme, mesleki gelişim, çalışma koşullarının iyileştirilmesi, personel eksikliğini giderme, klinik rehber geliştirme ve bilgi sistemi geliştirme boyutlarına verilen cevapların istatistiksel olarak anlamlı bir farklılık göstermediği bulunmuştur. Ilgar'ın (2006) çalışmasında da, çalışma koşulunda iyileştirme ve mesleki gelişim ile ilgili ifadelerin aile sağlığı merkezinde çalışma süresine göre farklılık göstermediği sonucuna ulaşılmıştır.

Çalışmadan elde edilen diğer bir bulgu, aile hekimliği sisteminde çalışan hekim ve aile sağlığı elemanlarının, aile hekimliği uygulamasının hizmet erişim, verimlilik ve hizmet kalitesine olan yansımaları ile ilgili görüşlerin daha önce çalıştıkları sağlık kurumuna göre istatistiksel olarak anlamlı farklılık göstermesidir. Bu bulguya göre daha önce hastanede görev alan hekim ve aile sağlığı elemanlarının söz konusu boyutlara ilişkin değerlendirmeleri, sağlık ocağı, AÇSAP ve Sağlık Müdürlüğü/Sağlık Bakanlığı çalışanlara oranla daha olumludur. Daha önce hastanede görev alan kişilerin aile hekimliği uygulaması ile ilgili daha olumlu düşünmelerinin nedeni, bu çalışanların aile sağlığı uygulamalarını hastane uygulamalarına oranla hizmete erişim, kalite ve verimlilik göstergeleri açısından daha somut bir şekilde değerlendirilebilmeleri olarak düşünülmektedir. Korkmaz ve diğ. (2012) tarafından 285 uzman aile hekimi üzerinde yapmış oldukları çalışmada da, hekimlerin işten memnuniyet ve çalışma koşulları boyutlarını açısından değerlendirmelerinin daha önceki çalışılan kuruma göre farklılık göstermediği saptanmıştır.

Aile hekimliği çalışanlarının aile hekimliği uygulamasındaki sorunların çözümüne ilişkin öneriler daha önce çalışılan kuruma göre karşılaştırıldığında, yasal düzenleme, mesleki gelişim, çalışma koşullarının iyileştirilmesi, personel eksikliğini giderme ve klinik rehber geliştirme boyutlarına verilen cevapların istatistiksel olarak anlamlı bir farklılık göstermediği bulunmuştur. Buna karşın bilgi sistemi geliştirmeye ilişkin düşünceleri açısından bakıldığında, daha önce hastanede çalışanların diğer gruplara oranla bilgi sistemi gelişimine daha olumlu baktıkları ve bu durumun istatistikî açıdan anlamlı olduğu tespit edilmiştir. Söz konusu durumun, hastanelerin bilgi sistemi çalışmalarının diğer kurumlara oranla daha uzun süredir var olması ve bu nedenle daha önce hastanede çalışanlarının bilgi sistemlerinin önemini daha fazla kavramalarından dolayı geliştiği düşünülmektedir. Korkmaz ve diğ. (2012) tarafından gerçekleştirilen çalışmada da, hekimlerin mesleki gelişim boyutları açısından değerlendirmelerinin daha önceki çalışılan kuruma göre farklılık göstermediği saptanmıştır.

Yaptığımız bu çalışmada, aile hekimliği çalışanlarının uygulamaya yönelik görüşleri aile hekimliği birimine kayıtlı kişi sayısına göre karşılaştırıldığında, çalışma koşulu, iş yükü, ücret, işe bağlılık ve memnuniyet, hizmete erişim, verimlilik ve hizmet kalitesi boyutlarına verilen cevapların istatistiksel olarak anlamlı bir farklılık göstermediği sonucuna ulaşılmıştır.

Aile hekimliği sistemindeki çalışanların aile hekimliği uygulamasında karşılaşılan sorunlara yönelik çözüm önerileri aile hekimliği birimine kayıtlı kişi sayısına göre incelendiğinde, yasal düzenleme, mesleki gelişim, çalışma koşullarının iyileştirilmesi, personel eksikliğini giderme, klinik rehber geliştirme ve bilgi sistemi geliştirme boyutlarına ilişkin değerlendirmelerde gruplar arasında istatistiksel olarak anlamlı bir farka rastlanamamıştır.

Araştırmada, Aile Sağlığı Merkezi çalışanlarının aile hekimliği uygulamasına ilişkin görüşlerinin çalışılan bölgeler açısından farklılığına ilişkin yapılan analizler sonucunda, çalışma koşulu, iş yükü, işe bağlılık ve memnuniyet, hizmete erişim, verimlilik ve hizmet kalitesi boyutlara ilişkin değerlendirmelerinin bölgelere göre anlamlı bir farklılık gösterdiği bulunmuştur. Buna göre Yenimahalle'de görev alan aile hekimliği çalışanlarının çalışma koşulu, işe bağlılık ve memnuniyet, hizmete erişim, verimlilik ve kaliteye ilişkin değerlendirmeleri daha olumlu iken, Altındağ'da çalışan aile hekimliği personelinin iş yüküne ilişkin değerlendirmelerinin daha iyi olduğu saptanmıştır. Yenimahalle'de çalışan personellerin çalışma koşulu, işe bağlılık ve memnuniyet, hizmete erişim, verimlilik ve hizmet kalitesi boyutlara ilişkin görüşlerinin daha olumlu olmasının, hizmet verdikleri kesimdeki bireylerin sosyo-ekonomik düzeylerinin orta ve üzeri seviyede bulunmalarından kaynaklandığı düşünülmektedir. Altındağ'da çalışanların iş yüküne ilişkin algılarının daha iyi olması ise, bu bölgede daha çok iş yerlerinin olmasından kaynaklandığı ve bu nedenle iş yüklerinin daha az olduğu nedenine bağlanmıştır.

Aile hekimliği çalışanlarının aile hekimliği uygulamasındaki sorunların çözümüne ilişkin öneriler ASM'nin bulunduğu bölgeye göre karşılaştırıldığında, yasal düzenleme, mesleki gelişim, çalışma koşullarının iyileştirilmesi, personel eksikliğini giderme, klinik rehber geliştirme ve bilgi sistemi boyutlarına verilen cevapların istatistiksel olarak anlamlı bir farklılık göstermediği bulunmuştur.

# 5. BÖLÜM

# SONUÇ VE ÖNERİLER

Sağlıkta Dönüşüm Programı'nın önemli bir ayağını oluşturan ve sağlık ocağı uygulamasına yeni bir bakış açısı getiren aile hekimliği uygulaması 2005 yılında pilot il olarak belirlenen Düzce ilinde başlamıştır ve 2010 yılının sonlarında da tüm ülke genelinde uygulanmıştır. Türkiye'de aile hekimliği sistemine geçilmesinden bu yana aile hekimliğinde çalışan hekim ve aile sağlığı elemanlarının uygulama hakkındaki görüş ve önerilerini ortaya koyan çalışmaların bazıları Türkiye'de aile hekimliği uygulamasına geçilmeden önce yapılmıştır. Bazılarında da örneklem sayısı oldukça küçük tutulmuştur. Bu nedenle yapılan çalışmalar aile hekimliği sistemindeki çalışanların uygulamaya yönelik görüş ve önerilerini ortaya koymada yetersiz kalmıştır.

Söz konusu eksikliği gidermek için yapılmış olan bu çalışmada, aile hekimliği sisteminde çalışan hekim ve aile sağlığı elemanlarının aile hekimliği uygulamasına yönelik görüş ve önerileri belirlenmek için önce kalitatif araştırmalar yapılmış; daha sonra, bu araştırmalardan elde edilen bilgiler ışığında hazırlanan ve kantitatif araştırma aşamasında kullanılan soru formu geliştirilmiştir. Ayrıca bu çalışma, aile hekimliği uygulamasına geçilmesinden yaklaşık 4 yıl sonra yapıldığı için çalışmanın zamanlama açısından önemli bir yere sahip olduğu düşünülmektedir. Bunun nedeni ise, aile hekimliği uygulamasının değerlendirilebilmesi için gerekli olan sürenin geçmiş olmasıdır.

Bu araştırmada, aile hekimliği çalışanlarının sosyo-demografik özelliklerine göre uygulamaya yönelik görüşleri ile uygulamada karşılaşılan sorunların giderilmesine ilişkin çözüm önerileri incelenmiştir. Araştırma, Ankara Büyükşehir Belediye sınırlarında bulunan 272 aile sağlığı merkezinde hizmet sunan aile hekimi ve aile sağlığı elemanları arasından rastgele tabakalı örnekleme yöntemine dayalı olarak seçilen 350 kişi üzerinde gerçekleştirilmiştir.

Kantitatif araştırma aşamasında kullanılan soru formu aracılığı ile örneklemdeki sağlık çalışanlarının aile hekimliği uygulamasına yönelik değerlendirmeleri arasında fark var mıdır? sorusuna cevap arayan bu çalışmada yapılan analizler çerçevesinde aşağıdaki sonuçlara ulaşılmıştır;

- Aile hekimliğinde çalışan hekim ve aile sağlığı elemanlarının personel eksikliğini giderme boyutuna yönelik çözüm önerileri cinsiyete göre farklılık göstermektedir ve kadınların ilgili boyut ile ilgili düşüncelerinin daha olumlu olduğu bulunmuştur.
- Aile hekimliği uygulamasındaki çalışma koşulu, işe bağlılık ve memnuniyet, verimlilik ve hizmet kalitesi boyutlarına yönelik görüşler medeni durumuna göre değişmektedir ve evlilerde söz konusu boyutlara ilişkin görüşlerin daha olumlu olduğu saptanmıştır.
- Aile hekimliği çalışanlarının mesleki gelişim, çalışma koşullarının iyileştirilmesi, personel eksikliğini giderme ve bilgi sistemi geliştirme boyutlarına ilişkin çözüm önerileri medeni duruma göre farklılaşmaktadır ve bahsi geçen boyutlardaki ifadelere evliler daha fazla katılmışlarıdır.
- Aile hekimliği uygulamasındaki iş yüküne ilişkin düşünceler aile sağlığı merkezinde çalışılan süreye göre değişmektedir ve aile sağlığı merkezindeki çalışılan süre arttıkça çalışanlar iş yükünün de arttığını düşünmektedirler.
- Araştırma kapsamındaki aile hekimliği çalışanlarının çalışma koşulu, iş yükü, verimlilik ve hizmet kalitesine yönelik görüşleri yaş açısından karşılaştırıldığında, görüşlerin yaşa göre anlamlı farklılık gösterdiği tespit edilmiştir. Buna göre, yaş arttıkça söz konusu boyutlara ilişkin değerlendirmelerin olumsuzlaştığı bulunmuştur.
- Örneklemde yer alan aile hekimi ve aile sağlığı elemanlarının çalışma koşulu ve hizmet kalitesi boyutlarına vermiş oldukarı cevaplar toplam sağlık çalışanı olarak çalışılan süreye göre değişmektedir. Sağlık çalışanı olarak çalışılan süresi az olan grubun çalışma koşulu ve hizmet kalitesine yönelik değerlendirmeleri daha pozitiftir.
- Aile hekimliği sistemi çalışanlarının hizmete erişim, verimlilik ve hizmet kalitesi boyutları ile ilgili görüşleri daha önce çalıştıkları kuruma göre farklılık gösterdiği ve daha önce hastanede çalışan aile hekimi ve aile sağlığı elemanlarının söz konusu boyutlara ilişkin düşüncelerini daha olumlu olduğu bulgulanmıştır.
- Aile hekimliği uygulaması çalışanlarının bilgi sistemi geliştirme ile ilgili çözüm önerileri daha önce çalışılan kuruma göre değişmekte ve daha önce hastanede çalışanların bilgi sistemi geliştirme boyutuna yönelik verdikleri cevaplarının daha pozitif olduğu tespit edilmiştir.

- Aile hekimi ve aile sağlığı elemanlarının aile hekimliği uygulamasına yönelik görüşleri mesleğe göre hizmet kalitesi açısından incelendiğinde grupların düşüncelerinin farklılık gösterdiği bulunmuştur. Buna göre, acil tıp teknikeri gibi diğer sağlık çalışanlarının hizmet kalitesi ile ilgili düşünceleri daha olumludur.
- Aile hekimliği uygulamasında karşılaşılan sorunların giderilmesine yönelik sunulan çözüm önerilerine ilişkin çalışanların değerlendirmeleri meslek açısından karşılaştırıldığında, sadece mesleki gelişim boyutuna yönelik görüşlerin gruplar arasında anlamlı farklılık gösterdiği ve aile hekimi uzmanlarının mesleki gelişim ile ilgili görüşleri daha fazla desteklediği bulunmuştur.
- Çalışma kapsamına dahil edilen aile hekimi ve aile sağlığı elemanlarının hizmet kalitesi boyutuna ilişkin düşünceleri eğitim durumuna göre farklılaşmaktadır ve uzmanlık eğitimi alan hekimlerin, aile hekimliği uygulamasının hizmet kalitesini arttığı yönündeki ifadelere daha fazla katıldığı bulunmuştur.
- Araştırma kapsamına alınan aile hekimliği çalışanlarının mesleki gelişim ve klinik rehber geliştirme boyutları ile ilgili çözüm önerileri eğitim durumuna göre farklılık göstermektedir. Buna göre, eğitim düzeyi yükseldikçe söz konusu boyutlara ilişkin görüşlerin de daha olumlu hale geldiği saptanmıştır.
- Aile hekimliği uygulamasında hizmet sunan aile hekimi ve aile sağlığı elemanlarının çalışma koşulu, iş yükü, işe bağlılık ve memnuniyet, hizmete erişim, verimlilik ve hizmet kalitesi boyutlarına yönelik görüşlerinin aile sağlığı merkezinin bulunduğu ilçeye göre farklılık gösterdiği ve hizmet sunulan kişilerin sosyo-ekonomik seviyelerinin orta ve yüksek olduğu Çankaya ve Yenimahalle gibi ilçelerde çalışanların ilgili boyutlardaki ifadelere daha olumlu yaklaştığı tespit edilmiştir.

Çalışma sonuçlarına dayalı olarak aşağıdaki öneriler öne sürülebilir:

Aile hekimliği çalışanlarının kaliteli ve verimli sağlık hizmeti sunmalarını sağlayacak fiziki koşulların sağlanması yanında uygulamadaki personel eksikliği de giderilmelidir. Ayrıca performans hesaplamada sadece hasta sayısı gibi sayısal değerler değil, kalite göstergelerini de dikkate alabilecek bir sistem geliştirilmeli ve çalışanların motivasyonları arttırılmalıdır.

Aile hekimliği ile ilgili öne sürülen bir diğer öneri de, aile hekimliği uzmanlık eğitimi veren üniversitelerdeki kontenjanlar yükseltilmeli, Türkiye'de ortalama bir aile hekimine düşen kişi sayısı 3621'in üstüne çıktığı mahalle ve bölgelerde yeni aile hekimliği birimleri açılarak aile hekimlerinin poliklinik hizmetlerine ayırdıkları zaman azaltılmalı ve daha çok koruyucu sağlık hizmeti vermesi sağlanmalı, böylece çalışanların iş yükleri hafifletilmelidir.

Yapılan araştırmalar neticesinde, aile hekimlerinin ve aile sağlığı elemanlarının gebe ve bebek takibinde tek sorumluluğun onlara yüklenmesinden ötürü sorunlar yaşadıkları tespit edilmiştir. Bu sorunun giderilmesi için 2. ve 3. basamak sağlık kuruluşuna başvuruları kısıtlayacak ve bireylerin aile hekimliğine yönlendirilmesini sağlayacak şekilde bireysel bildirim zorunluluğu getiren düzenlemeler yapılmalıdır.

Özellikle aile hekimlerinin mesleki gelişimlerini sağlayacak hizmetleri için eğitim, sempozyum, kongreler düzenlenmesi önerilmektedir. Aile hekimliği uygulamasındaki tıbbi uygulama farklılıklarını en aza indirmek için klinik ve pratik saha rehberleri geliştirilmelidir. Ayrıca, aile hekimliği çalışanlarıyla toplum sağlığı merkezi çalışanları arasındaki iş bölümünün yapılması, verilen hizmetlerin kalitesinin arttırılmasında önemli bir yere sahiptir.

Aile hekimliği merkezlerinde sunulan hizmetlerin fizik tedavi uzmanı, diş hekimi, sosyal çalışmacı ve diyetisyen gibi sağlık personelinden oluşan bir ekiple sunulması hasta memnuniyetinin arttırılması, sağlık çıktılarının iyileştirilmesi ve sağlık bakımında sürekliliğin sağlanması açılarından önemlidir.

Toplam sağlık harcamalarını azaltmak için, tüm hizmet sağlayıcılarının ulaşabilecekleri bir hasta kayıt sistemi geliştirilmesi önerilmektedir.

Bu çalışmanın sonuçları sadece Ankara Büyükşehir Belediye sınırları içerisindeki 56 aile sağlığı merkezinde çalışan 175 aile hekimi ve 175 aile sağlığı elemanı üzerinde yapıldığından çalışma sonuçlarının tüm aile hekimliği sistemine ve tüm sağlık çalışanlarına genellenmesine ihtiyatla yaklaşmak gerekir. Ayrıca, çalışmada aile hekimliği sisteminin hizmet sunumu üzerindeki etkisi sağlık çalışanlarının görüşlerine dayalı olarak ortaya koyulmaya çalışıldığı ve sağlık hizmetleri sunumunun objektif göstergelerinin değerlendirme dışında tutulması önemli bir eksikliktir. Dolayısıyla dışsal geçerliliği daha yüksek çalışmalar için daha geniş kapsamlı araştırmaların yapılması, içsel geçerlilik açısından ise, araştırma sonuçlarının objektif göstergelerle desteklendiği çalışmaların yapılması gerekmektedir.

Bununla birlikte, bu araştırmada kalitatif ve kantitatif araştırma yöntemlerinin birlikte kullanılması, kantitatif araştırmada kullanılacak anketin kalitatif araştırma bulgularına dayanarak dolayısıyla sağlık çalışanlarının bakış açısından yola çıkarak tasarlanmış olması araştırmanın güçlü yönlerdir.

Sonuç olarak gerek bu çalışmadan gerekse daha büyük örneklemler üzerinde yapılacak çalışmalardan elde edilecek bulguların aile hekimliği uygulamasına ilişkin sorunların belirlenmesine ve çözüm önerilerinin geliştirmesinde politika belirleyicilere önemli ipuçları sağlayacağı söylenebilir.

## KAYNAKLAR

Adams, J., Grundy, P., Kohn, M. S. ve Mounib, E. L. (2009). Patient-Centered Medical Home What, Why And How?. United States of America: IBM Corporation.

Ağdemir, H. (2012). Sağlık Sektöründe Aile Hekimliği Yeri ve Önemi ile Hizmetten Yararlananların ve Hizmet Sunanların Memnuniyet Durumu Konusunda Bir Araştırma. Yüksek Lisans Tezi, Çağ Üniversitesi, Mersin.

Aile Hekimliği Uygulama Yönetmeliği. (2010). T. C. Resmi Gazete, 27591, 25 Mayıs 2010.

Aile Hekimliği Uygulaması Kapsamında Sağlık Bakanlığınca Çalıştırılan Personele Yapılacak Ödemeler ile Sözleşme Usul ve Esasları Hakkında Yönetmelik. (2010). T. C. Resmi Gazete, 27801, 24 Kasım 2004.

Akdağ, R. (2011). Türkiye Sağlıkta Dönüşüm Değerlendirme Raporu: 2003–2010. Ankara: Sağlık Bakanlığı.

Akiyama, A., Hanabusa, H. ve Mikami, H. (2011). Characteristics of Home Care Supporting Clinics Providing Home Care for Frail Elderly Persons Living Alone in Japan. Archives of Gerontology and Geriatrics, 52(2), 85-88.

Albanese, M. A., Mejicano, G., Mullan, P., Kokotailo, P. ve Gruppen, L. (2008). Defining Characteristics of Educational Competencies. Medical Education, 42(3), 248-255.

Algın, K., Şahin, İ. ve Top, M. (2004). Türkiye'de Aile Hekimlerinin Mesleki Sorunları ve Çözüm Önerileri. Hacettepe Sağlık İdaresi Dergisi, 7(3), 249-275.

Allen, T., Brailovsky, C., Rainsberry, P., Lawrence, K., Crichton, T., Carpentier, M. P. ve diğerleri. (2011). Defining Competency-Based Evaluation Objectives in Family Medicine Dimensions of Competence and Priority Topics for Assessment.Canadian Family Physician, 57(9), 331-340.

Alpar, R. (2012). Spor, Sağlık, Eğitim Bilimlerinden Örneklerle Uygulamalı İstatistik ve Geçerlik ve Güvenirlik, Ankara: Detay Yayıncılık.

Baird, M., Blount, A., Brungardt, S., Dickinson, P., Dietrich, A., Epperly, T. ve diğerleri (2014). The Development of Joint Principles: Integrating Behavioral Health Care Into The Patient-Centered Medical Home. Ann Fam Med, 12(2), 183-186

Barros, P. P., Machado, S. R. ve Simões, J. A. (2011). Portugal: Health System Review. Health Systems in Transition, 13(4), 1-156.

Bazemore, A., Burke, M., Xierali, I., Petterson, S., Rinaldo, J., Green, L. A. ve Puffer, J. (2011). Establishing a Baseline: Health Information Technology Adoption Among Family Medicine Diplomates. The Journal of The American Board of Family Medicine, 24(2), 132-132.

Beasley, J. W., Hankey, T. H., Erickson, R., Stange, K. C., Mundt, M., Elliott, M. ve Bobula, J. (2004). How Many Problems Do Family Physicians Manage at Each Encounter? A Wren Study. The Annals of Family Medicine, 2(5), 405-410.

Bennett, K. J. ve Steen, C. (2010). Electronic Medical Record Customization and The Impact Upon Chart Completion Rates. Fam Med, 42(5), 338-42.

Bentes, M., Dias, C. M., Sakellarides, C., Bankauskaite, V. ve World Health Organization. (2004). Health Care Systems in Transition, Portugal.

Blumenthal, D. (2009). Stimulating the Adoption of Health Information Technology. New England Journal of Medicine, 360(15), 1477-1479.

Bodenheimer, T. ve Grumbach, K. (2007). Improving Primary Care: Strategies and Tools for a Better Practice. New York: Lange Medical Books, Mcgraw-Hill.

Bodenheimer, T. ve Grumbach, K. (2012). Understanding Health Policy a Clinical Approach. New York: Lange Medical Books, McGraw-Hill.

Bodenheimer, T. ve Pham, H. H. (2010). Primary Care: Current Problems and Proposed Solutions. Health Affairs, 29(5), 799-805.

Bodenheimer, T., Wagner, E. H. ve Grumbach, K. (2002). Improving Primary Care For Patients With Chronic Illness: The Chronic Care Model, Part 2. JAMA, 288(15), 1909-1914.

Boelen, C., Haq, C., Hunt, V., Rivo, M. ve Shahady E. (2002). Improving Health Systems: Contribution of Family Medicine. A Guidebook Collaborative Project of WONCA and WHO. Singapur: WONCA Publications.

Boult, C., Karm, L. ve Groves, C. (2008). Improving chronic care: The "guided care" model. The Permanente Journal, 12(1), 50.

Breton, M., Gagne, J. ve Gankpe, F. (2014). Implementing Centralized Waiting Lists For Patients Without a Family Physician in Quebec. Health Reform Observer-Observatoire Des Reformes De Sante, 2(1), 1-9.

Brody, H., Cardinal, J. L. ve Foglio, J. P. (2004). Addressing Spiritual Concerns in Family Medicine: a Team Approach. The Journal of the American Board of Family Practice, 17(3), 201-206.

Bruin, S. R., Versnel, N., Lemmens, L. C., Molema, C., Schellevis, F. G., Nijpels, G. ve Baan, C. A. (2012). Comprehensive Care Programs for Patients With Multiple Chronic Conditions: a Systematic Literature Review. Health Policy,107(2), 108-145.

Campos-Outcalt, D. (2004). Public Health and Family Medicine: An Opportunity.The Journal of the American Board of Family Practice, 17(3), 207-211.

Casarett, D. J., Hirschman, K. B. ve Henry, M. R. (2001). Does Hospice Have a Role in Nursing Home Care at the End of Life?. Journal of the American Geriatrics Society, 49(11), 1493-1498.

Chaudhry, B., Wang, J., Wu, S., Maglione, M., Mojica, W., Roth, E. ve diğerleri (2006). Systematic Review: Impact of Health Information Technology on Quality, Efficiency, and Costs of Medical Care. Annals of Internal Medicine, 144(10), 742-752.

Christensen, R. E., Fetters, M. D. ve Green, L. A. (2005). Opening The Black Box: Cognitive Strategies in Family Practice. The Annals of Family Medicine, 3(2), 144-150.

Chuang A. W., M.D. ve Ling F. W. (2009). Gynecology for the Primary Care Physician, Springer Press.

Clements, D. S. (2006). Value of Office Based Teaching. Paulman, P. M., Paulman A. A., Harrison J. D., Susman J. L. ve Finkelstein, K. (ed.). Precepting Medical Residents in the Office (s. 3-4). United Kingdom: Radcliffe Publishing Ltd.

Clever, L. H. (2002). Who is Sicker: Patients—or Residents? Residents' Distress and the Care of Patients. Annals of Internal Medicine, 136(5), 391-393.

Conceiçao, A., Gonçalves, A., Craveiro, I., Blaise, P., Van Lerberghe, W. ve Ferrinho, P. (2000). Managing the Performance of Family Physicians in the Portuguese National Health System. Human Resources for Health Development Journal, 4(3), 184-193.

Cooper, R. S., Kennelly, J. F. ve Ordunez-Garcia, P. (2006). Health in Cuba.International Journal of Epidemiology, 35(4), 817-824.

Crosson, J. C., Stroebel, C., Scott, J. G., Stello, B. ve Crabtree, B. F. (2005). Implementing an Electronic Medical Record in a Family Medicine Practice: Communication, Decision Making, and Conflict. The Annals of Family Medicine,3(4), 307-311.

Czabanowska, K., Klemenc-Ketis, Z., Potter, A., Rochfort, A., Tomasik, T., Csiszar, J. ve diğerleri (2012). Development of A Competency Framework for Quality Improvement n Family Medicine: a Qualitative Study. Journal of Continuing Education in the Health Professions, 32(3), 174-180.

Çalışkan, Z. (2008). Sağlık Ekonomisi: Kavramsal Bir Yaklaşım. H.Ü. İktisadi ve İdari Bilimler Fakültesi Dergisi, 26(2), 29-50.

Davidson, M. ve O'Boyle, S. (2010). Improving Access to Primary Health Care Services for People with Serious mMental Illness Demonstration Project. Final Project Report.

Dent, M. M., Mathis, M. W., Outland, M., Thomas, M. ve Industrious, D. (2010). Chronic Disease Management: Teaching Medical Students to Incorporate Community. Fam Med, 42(10), 736-40.

DesRoches, C. M., Campbell, E. G., Rao, S. R., Donelan, K., Ferris, T. G., Jha, A. ve diğerleri (2008). Electronic Health Records in Ambulatory Care—a

National Survey of Physicians. New England Journal of Medicine, 359(1), 50-60.

Dikens, R. D. (2001). Physician Perceptions of Goal Accomplshment of Primary Care Reform. Master Thesis, D'Youville College School, New York.

Donoff, M., Lawrence, K., Allen, T., Brailovsky, C., Crichton, T., Bethune, C. ve diğerleri (2012). Defining Competency-Based Evaluation Objectives in Family Medicine Professionalism. Canadian Family Physician, 58(10), 596-604.

Dresang, L. T., Brebrick, L., Murray, D., Shallue, A. ve Sullivan-Vedder, L. (2005). Family Medicine in Cuba: Community-Oriented Primary Care and Complementary and Alternative Medicine. The Journal of the American Board of Family Practice, 18(4), 297-303.

Drolet, B. C., Anandarajah, G. ve Fischer, S. A. (2014). The Impact of 2011 Duty Hours Requirements on Family Medicine Residents. Family Medicine, 46(3), 215-218.

Drost, E. A. (2011). Validity and Reliability in Social Science Research. Education, Research and Perspectives, 38(1), 105.

Egger, R. L. (1983). Family Practice Approach: Physician Roles and Responsibilities. R. B. Taylor (ed.). Fundamentals of Family Medicine (s. 46-47). New York: Springer-Verlag.

Epstein, R. M. ve Hundert, E. M. (2002). Defining and Assessing Professional Competence. JAMA, 287(2), 226-235.

Erol, H. ve Özdemir A. (2014). Türkiye'de Sağlık Reformları ve Sağlık Harcamalarının Değerlendirilmesi. Sosyal Güvenlik Dergisi, 4(1), 9-34.

EURACT (European Academy of Teachers in General Practice / Family Medicine). (t.y.). Erişim: 22 Mayıs 2014, (http://www.euract.eu/resources/specialist-training

Ewers, M. (2002). The Advent of High-Tech Home Care in Germany. Public Health Nursing, 19(4), 309-317.

Forrest, C. B., Nutting, P. A., Starfield, B. ve Von Schrader, S. (2002). Family Physicians' Referral Decisions. J Fam Pract, 51(3), 215-222.

Forrest, C. B., Shi, L., Von Schrader, S. ve Ng, J. (2002). Managed Care, Primary Care, and the Patient-Practitioner Relationship. Journal of General Internal Medicine, 17(4), 270-277.

Fortin, M., Bravo, G., Hudon, C., Vanasse, A., & Lapointe, L. (2005). Prevalence of Multimorbidity Among Adults Seen in Family Practice. The Annals of Family Medicine, 3(3), 223-228.

Fortin, M., Dionne, J., Pinho, G., Gignac, J., Almirall, J. ve Lapointe, L. (2006). Randomized Controlled Trials: Do They Have External Validity For Patients With Multiple Comorbidities?. The Annals of Family Medicine, 4(2), 104-108.

Frank, J. R., Snell, L. S., Cate, O. T., Holmboe, E. S., Carraccio, C., Swing, S. R. ve Harris, P. (2010). Competency-Based Medical Education: Theory Tto Practice. Medical Teacher, 32(8), 638-645.

Fredericks, E. (2014). Short Report: How Family Physicians Can Support Discussions About Menstrual Issues. Canadian Family Physician, 60(3), 194-196.

Freeman, T. (2012). Family Medicine's Academic Contributions, Türk Aile Hekimliği Dergisi, 16(4), 181-198.

Frey J. J. (2003). GP to FP, Family Medicine, 35(9), 671-672.

Future of Family Medicine Project Leadership Committee. (2004). The Future of Family Medicine: a Collaborative Project of The Family Medicine Community. The Annals of Family Medicine, 2(1), 3-32.

Geyman, J. P. (2004). Drawing on The Legacy of General Practice to Build the Future of Family Medicine. Family Medicine-Kansas City-, 36, 631-638.

Gibbs, T., Khimion, L. ve Lysenko, G. (2008). Family Medicine in Ukraine: Changing Theory into Practice and Completing the Circle. British Journal of General Practice, 58(554), 654-657.

Goh, L. G. ve Ong, C. P. (2014). Education and Training in Family Medicine: Progress and A Proposed National Vision For 2030. Singapore Medical Journal,55(3), 117-123.

Golafshani, N. (2003). Understanding Reliability and Validity in Qualitative Research. The Qualitative Report, 8(4), 597-607.

Goldberg, D. G. ve Kuzel, A. J. (2009). Elements of The Patient-Centered Medical Home in Family Practices in Virginia. The Annals of Family Medicine,7(4), 301-308.

Gonzales, A.O. B., Chessman, A. W. ve Sheets, K. J. (2007). Family Medicine Clerkship Curriculum: Competencies and Resources. Family Medicine-Kansas City-, 39(1), 43.

Gorry, C. (2013). Primary Care Forward: Raising The Profile of Cuba's Nursing Profession. MEDICC review, 15(2), 5-9.

Graham, R., Roberts, R. G., Ostergaard D. J., Kahn N. B., Pugno P. A. ve Green, L. A. (2009). Family Practice in the United States. JAMA, 288(9), 1097-1101.

Grembowski, D., Paschane, D., Diehr, P., Katon, W., Martin, D. ve Patrick, D. L. (2005). Managed Care, Physician Job Satisfaction, and The Quality of Primary Care. Journal of General Internal Medicine, 20(3), 271-277.

Griffiths, P., Murrells, T., Maben, J., Jones, S. ve Ashworth, M. (2010). Nurse Staffing and Quality of Care in UK General Practice: Cross-Sectional Study Using Routinely Collected Data. British Journal of General Practice, 60(570), 36-48.

Grol, R. (2006). Quality Development in Health Care in The Netherlands.Commission of a High Performing Health System, The Commonwealth Fund.

Grumbach, K. ve Bodenheimer, T. (2004). Can Health Care Teams Improve Primary Care Practice?. JAMA, 291(10), 1246-1251.

Gtierrez, C. ve Scheid, P. (2014). The History of Family Medicine and Its Impact in US Health Care Delivery, University of California San Diego.

Gutierrez, S. M. B., Mizota, T. ve Rakue, Y. (2003). Comparison of Four Health Systems: Cuba, China, Japan and The USA, an Approach to Reality. Southeast Asian J Trop Med Public Health, 34(4), 937-946.

Harris, R., Ashton, T., Broad, J., Connolly, G. ve Richmond, D. (2005). The Effectiveness, Acceptability And Costs of a Hospital-at-Home Service Compared With Acute Hospital Care: a Randomized Controlled Trial. Journal of Health Services Research & Policy, 10(3), 158-166.

Harvey, B. J., Moloughney, B. W. ve Iglar, K. T. (2011). Identifying Public Health Competencies Relevant to Family Medicine. American Journal of Preventive Medicine, 41(4), 251-255.

Hauge, S. (2007). Primary Care in Cuba. Einstein J. Biol. Med., 23, 37-40.

Hazine Müsteşarlığı. (2011). Politika Analizi Raporu Türkiye'de Aile Hekimliği Uygulaması. Ankara: Hazine Müsteşarlığı.

Healy, M., & Perry, C. (2000). Comprehensive Criteria to Judge Validity and Reliability of Qualitative Research Within The Realism Paradigm. Qualitative Market Research: An International Journal, 3(3), 118-126.

Horton, R. (2005). The Neglected Epidemic Of Chronic Disease. Lancet, 366(9496), 1514-1514.

Hsu, E. B., Thomas, T. L., Bass, E. B., Whyne, D., Kelen, G. D. ve Green, G. B. (2006). Healthcare Worker Competencies for Disaster Training. BMC Medical Education, 6(1), 1-19.

Hudon, C., Fortin, M., Haggerty, J., Loignon, C., Lambert, M. ve Poitras, M. E. (2012). Patient-Centered Care in Chronic Disease Management: A Thematic Analysis of The Literature in Family Medicine. Patient Education and Counseling, 88(2), 170-176.

Ilgar, M. (2006). Düzce İli Aile Hekimliği Pre-Pilot Uygulamasının Sahada Görevli Hekimlerce Değerlendirilmesi. Yüksek Lisans Tezi, Hacettepe Üniversitesi, Ankara.

Jimbo, M. (2004). Family Medicine: Its Core Principles and Impact on Patient Care and Medical Education in The United States. The Keio Journal of Medicine, 53(2), 69-73.

Jones, R., Schellevis, F. ve Westert, G. (2004). The Changing Face of Primary Care: the Second Dutch National Survey. Family Practice, 21(6), 597-598.

Katz D. L. ve Ali A. (2009). Preventive Medicine, Integrative medicine & The Health of The Public, Commissioned for the IOM Summit on Integrative Medicine and the Health of the Public. Commissioned for the IOM Summit on Integrative Medicine and the Health of the Public.

Kerr, J., Walsh, A. E., Konkin, J., Tannenbaum, D., Organek, A. J., Parsons, E. ve Oandasan, I. (2011). Renewing Postgraduate Family Medicine Education: The Rationale for Triple C. Canadian Family Physician, 57(8), 963-964.

Kolesnyk, P. ve Svab, I. (2013). Development of Family Medicine in Ukraine. European Journal Of General Practice, 19(4), 261-265.

Korkmaz, M., Yahyaoğlu, G. ve Çalışkan, D. (2012). Aile Hekimlerinin Zaman Yönetimi Ve İş Performasının Uygulamaları Olarak İncelenmesi. Akademik Bakış Dergisi, 29, 1-18.

Kripalani, S., LeFevre, F., Phillips, C. O., Williams, M. V., Basaviah, P. ve Baker, D. W. (2007). Deficits in Communication and Information Transfer Between Hospital-Based and Primary Care Physicians: Implications for Patient Safety and Continuity of Care. JAMA, 297(8), 831-841.

Kruse, J. (2013). The Patient-Centered Medical Home: A Brief Educational Agenda for Teachers of Family Medicine. Family Medicine, 45(2), 132-136.

Landers, S. H. (2006). Home Care: a Key to the Future of Family Medicine?. The Annals of Family Medicine, 4(4), 366-368.

Landers, S. H., Suter, P. ve Hennessey, B. (2010). Bringing Home the 'Medical Home'for Older Adults. Cleveland Clinic Journal of Medicine, 77(10), 661-675.

Lane, D. S. ve Ross, V. (1998). Defining Competencies and Performance Indicators for Physicians in Medical Management. American Journal of Preventive Medicine, 14(3), 229-236.

Lane, D. S., Ross, V., Chen, D. W. ve O'Neill, C. (1999). Core Competencies for Preventive Medicine Residents: Version 2.0. American Journal of Preventive Medicine, 16(4), 367-372.

Larkin, G. L., Binder, L., Houry, D. ve Adams, J. (2002). Defining and Evaluating Professionalism: a Core Competency for Graduate Emergency Medicine Education. Academic Emergency Medicine, 9(11), 1249-1256.

Larsson, B. W., Larsson, G., & Carlson, S. R. (2004). Advanced Home Care: Patients' Opinions on Quality Compared With Those of Family Members. Journal of Clinical Nursing, 13(2), 226-233.

Laughlin, T., Wetmore, S., Allen, T., Brailovsky, C., Crichton, T., Bethune, C. ve diğerleri (2012). Defining Competency-Based Evaluation Objectives in Family Medicine Communication Skills. Canadian Family Physician, 58(4), 217-224.

Laurant, M., Reeves, D., Hermens, R., Braspenning, J., Grol, R., & Sibbald, B. (2004). Substitution of Doctors By Nurses in Primary Care. Cochrane Database of Systematic Reviews.

Lawrence, K., Allen, T., Brailovsky, C., Crichton, T., Bethune, C. ve Donoff, M. (2011). Defining Competency-Based Evaluation Objectives in Family Medicine Key-Feature Approach. Canadian Family Physician, 57(10), 373-380.

Lee, A. (2005). What are Core Competencies The Family Physicians Should Possess in Delivering Quality Primary Health Care?. Journal of Primary Care and Health Promotion, 2(1), 42-48.

Leeuwenhorst, W. P. (1977). Statement by a Working Party of the Second European Conference (1974). Journal of the Royal College of General Practitioners, 27, 117.

Lekhan, V. ve Rudiy, V. (2007). Key Strategies for Further Development of the Health Care Sector of Ukraine. Joint Report. Kiev, Ukraine: Scientific Publishers, 1-160.

Leung, W. C. (2002). Competency Based Medical Training: Review. BMJ: British Medical Journal, 325(7366), 693-695.

Linder, J. A., Ma, J., Bates, D. W., Middleton, B. ve Stafford, R. S. (2007). Electronic Health Record Use and the Quality of Ambulatory Care in the United States. Archives of Internal Medicine, 167(13), 1400-1405.

Linzer, M., Konrad, T. R., Douglas, J., McMurray, J. E., Pathman, D. E., Williams, E. S. ve diğerleri (2000). Managed Care, Time Pressure, and Physician Job Satisfaction: Results from The Physician Worklife Study. Journal of General Internal Medicine, 15(7), 441-450.

Maeng, D. D., Graham, J., Graf, T. R., Liberman, J. N., Dermes, N. B., Tomcavage, J. ve diğerleri. (2012). Reducing Long-Term Cost By Transforming Primary Care: Evidence From Geisinger's Medical Home Model. Am J Manag Care, 18(3), 149-155.

Mann, K. V., Holmes, D. B., Hayes, V. M., Burge, F. I. ve Viscount, P. W. (2001). Community Family Medicine Teachers' Perceptions of Their Teaching Role.Medical Education, 35(3), 278-285.

Manson, H. (2008). The Need for Medical Ethics Education in Family Medicine Training. Fam Med, 40(9), 658-664.

Mc Whinney I. (1998). Primary Care Core Valuesain a Changing World. BMJ, 316: 1807-1809.

McAllister, J. W., Presler, E. ve Cooley, W. C. (2007). Practice-Based Care Coordination: A Medical Home Essential. Pediatrics, 120(3), 723-733.

McWhinney, I. R. ve Freeman, T. (2009). Textbook of Family Medicine. United Kingdom: Oxford University Press, Inc.

Metsemakers, J. F. (2012). Family Medicine Training in Turkey: Some Thoughts.Türkiye Aile Hekimliği Dergisi/Turkish Journal of Family Practice, 16(1), 23-34.

Millis Commission Report. (1966). Millis The Graduate Education of Physicians: The Report of the Citizen's Commission of Graduate Medical Education (Millis Commission), Chicago, American Medical Association.

Moore G. ve Showstack J. (2003). Primary Care Medicine in Crisis: Toward Reconstruction and Renewal, Annals Internal Medicine, 138(3), 244-247.

Morgan, M. W., Zamora, N. ve Hindmarsh, M. F. (2007). An Inconvenient Truth: A Sustainable Healthcare System Requires Chronic Disease Prevention and Management Transformation. Healthcare Papers, 7(4), 6-23.

Morse, J. M., Barrett, M., Mayan, M., Olson, K. ve Spiers, J. (2008). Verification Strategies for Establishing Reliability and Validity in Qualitative Research. International Journal of Qualitative Methods, 1(2), 13-22.

National Physician Survey. (2012). Erişim: 20 Nisan 2014, www.nationalphysiciansurvey.ca

Nielsen, M., Olayiwola J. N., Grundy, P. ve Grumbach, K. (2014). The Patient-Centered Medical Home's Impact on Cost & Quality: an Annual Update of the Evidence, 2012-2013. Patient Centered Primary Care Collaborative.

Novas, J. D. ve Sacasas, J. A. F. (1989). From Municipal Polyclinics to Family Doctor-and-Nurse Teams. Revista Cubano de General Integral, 5(4), 556-564.

Oandasan, I. (2011). Advancing Canada's Family Medicine Curriculum: Triple C.Canadian Family Physician, 57(6), 739-740.

OECD. (2008). Health at a Glance OECD Indicators. Geneva: OECD.

OECD. (2008). OECD Reviews of Health Systems Turkey. Turkey: The World Bank.

Oğuz, D. (2009). Aile Hekimliği. Aile Hekimliği Gastroenteroloji Toplantıları, 13(1), 8-14.

Olesen, F. ve Fleming, D. (1998). Patient Registration and Controlled Access to Secondary Care Prerequisites for Integrated Care. European Journal of General Practice, 4(2), 81-83.

Olesen, F., Dickinson, J. ve Hjortdahl, P. (2000). General Practice—Time for a New Definition. BMJ, 320(7231), 354-357.

Oluwatayo, J. A. (2012). Validity and Reliability Issues in Educational Research. Journal Of Educational And Social Research, 2(2), 391-400.

Organek, A. J., Tannenbaum, D., Kerr, J., Konkin, J., Parsons, E., Saucier, D. ve diğerleri. (2012). Redesigning Family Medicine Residency in Canada. Family medicine, 44(2), 90-97.

Ostbye, T., Yarnall, K. S., Krause, K. M., Pollak, K. I., Gradison, M. ve Michener, J. L. (2005). Is There Time for Management of Patients With Chronic Diseases in Primary Care?. The Annals of Family Medicine, 3(3), 209-214.

Phillips, R. L., Bronnikov, S., Petterson, S., Cifuentes, M., Teevan, B., Dodoo, M. Ve diğerleri (2011). Case Study of A Primary Care–Based Accountable Care System Approach to Medical Home Transformation. The Journal of Ambulatory Care Management, 34(1), 67-77.

Phillips, W. R. ve Haynes, D. G. (2001). The Domain of Family Practice: Scope, Role, and Function. Family Medicine-Kansas City-, 33(4), 273-277.

Pullon, S. (2011). Training for Family Medicine in Canada and General Practice in New Zealand: How Do We Compare?. Journal of Primary Health Care, 3(1), 82-85.

Rakel, R. E. ve Rakel, D. P. (2011). Textbook of Family Medicine. Philadelphia: Saunders, an imprint of Elsevier Inc.

Reed, G. (2000). Challenges for Cuba's Family Doctor-and-Nurse Program. Communities, 17, 335.

Reid, R. J., Fishman, P. A., Yu, O., Ross, T. R., Tufano, J. T., Soman, M. P. ve Larson, E. B. (2009). Patient-Centered Medical Home Demonstration: a Prospective, Quasi-Experimental, Before and After Evaluation. The American Journal of Managed Care, 15(9), 71-87.

Robert M. J., Hsiao W., Berman P. ve Reich R. M. (2002). Getting Health Reform Right, Draft. Oxford University Press.

Rogers, J. C. (2008). The Patient-Centered Medical Home Movement—Promise and Peril for Family Medicine. The Journal of the American Board of Family Medicine, 21(5), 370-374.

Roland, M., Guthrie, B. ve Thomé, D. C. (2012). Primary Medical Care in The United Kingdom. The Journal of the American Board of Family Medicine,25(1), 6-11.

Rosenthal, T. C. (2008). The Medical Home: Growing Evidence to Support a New Approach to Primary Care. The Journal of the American Board of Family Medicine, 21(5), 427-440.

Rosser, W. W., Colwill, J. M., Kasperski, J. ve Wilson, L. (2011). Progress of Ontario's Family Health Team Model: a Patient-Centered Medical Home. The Annals of Family Medicine, 9(2), 165-171.

Russell, G. M., Dahrouge, S., Hogg, W., Geneau, R., Muldoon, L. ve Tuna, M. (2009). Managing Chronic Disease in Ontario Primary Care: The Impact of Organizational Factors. The Annals of Family Medicine, 7(4), 309-318.

Sağlık Bakanlığı. (2003). Sağlıkta Dönüşüm. Ankara: Sağlık Bakanlığı.

Sağlık Bakanlığı. (2012). Sağlık İstatistikleri Yıllığı 2012. Ankara: Türkiye Cumhuriyeti Sağlık Bakanlığı Sağlık Araştırmaları Genel Müdürlüğü.

Sağlık Bakanlığı. (2013). Sağlık İstatistikleri Yıllığı 2013. Ankara: Türkiye Cumhuriyeti Sağlık Bakanlığı Sağlık Araştırmaları Genel Müdürlüğü.

Scherger, J. E. (2009). Future Vision: Is Family Medicine Ready for Patient-Directed Care. Fam Med, 41(4), 285-288.

Schoen, C., Osborn, R., Doty, M. M., Squires, D., Peugh, J. ve Applebaum, S. (2009). A Survey of Primary Care Physicians in Eleven Countries, 2009: Perspectives on Care, Costs, and Experiences. Health Affairs, 28(6), 1171-1183.

Sekhri, N. K. (2000). Managed Care: The US Experience. Bulletin of the World Health Organization, 78(6), 830-844.

Shortt, S. D. E. (2003). General Practice Fundholding in the United Kingdom. Canadian Family Physician, 49, 179-181.

Simon, S. R., McCarthy, M. L., Kaushal, R., Jenter, C. A., Volk, L. A., Poon, E. G. ve diğerleri (2008). Electronic Health Records: Which Practices Have Them, And How Are Clinicians Using Them?. Journal of Evaluation in Clinical Practice, 14(1), 43-47.

Sloane, P. D., Slatt, L. M., Ebell, M. H., Smıth, M. A., Power, D. V. ve Vıera, A. J. (2012). Essentials of Family Medicine. Chine: Wolters Kluwer Business.

Sorinola, O. O. ve Thistlethwaite, J. (2013). A Systematic Review of Faculty Development Activities in Family Medicine. Medical Teacher, 35(7), 1309-1318.

Söyleyici, T. (2010). Aile Hekimliği Uygulamasında Hasta Memnuniyet Düzeyi: Denizli Uygulaması. Yüksek Lisans Tezi, Pamukkale Üniversitesi, Denizli.

Ssenyonga, R. ve Seremba, E. (2007). Family Medicine's Role in Health Care Systems in Sub-Saharan Africa: Uganda as an Example. Family Medicine-Kansas City-, 39(9), 623-626.

Starfield, B., Lemke, K. W., Bernhardt, T., Foldes, S. S., Forrest, C. B. ve Weiner, J. P. (2003). Comorbidity: Implications for The Importance of Primary Care In 'Case'management. The Annals of Family Medicine, 1(1), 8-14.

Steiner, B. D., Denham, A. C., Ashkin, E., Newton, W. P., Wroth, T. ve Dobson, L. A. (2008). Community Care of North Carolina: Improving Care Through Community Health Networks. The Annals of Family Medicine, 6(4), 361-367.

Stenbacka, C. (2001). Qualitative Research Requires Quality Concepts of It's Own. Management Decision, 39(7), 551-556

Stephens, G. G. (1987). Developmental Assessment of Family Practice an İnsider's View. Doherthy W. J., Christianson, C. E. ve Sussman, M. B. (ed.). Family Medicine the Maturing of a Discipline (s. 1-21). United States of America: The Haworth Press.

Stevens, R. A. (2001). The Americanization of Family Medicine: Contradictions, Challenges, and Change, 1969-2000. Family Medicine-Kansas City-,33(4), 232-243.

Stewart, A. L., Hays, R. D. ve Ware, J. E. (1988). The MOS Short- Form General Health Survey: Reability and Validity in a Patient Population. Medical Care, 26(7), 724-732.

Stoddard, J. J., Hargraves, J. L., Reed, M. ve Vratil, A. (2001). Managed Care, Professional Autonomy, and Income. Journal of General Internal Medicine,16(10), 675-684.

Sülkü, S. N. (2011). Türkiye'de Sağlıkta Dönüşüm Programı Öncesi ve Sonrasında Sağlık Hizmetlerinin Sunumu, Finansmanı ve Sağlık Harcamaları. Ankara: Maliye Bakanlığı Strateji Geliştirme Daire Başkanlığı.

Şişman S. (2010). Aile Hekimliği Sistemine Sağlık Çalışanlarının Bakış Açısı. Yüksek Lisans Tezi, Beykent Üniversitesi, İstanbul.

Tannenbaum, D., Konkin, J., Parsons, E., Saucier, D., Shaw, L., Walsh, A. ve diğerleri (2009). CanMEDS- Family Medicine Working Group on Curriculum Review. Canada: Royal Collage of Physicians and Surgeons of Canada.

Taylor R. B. (2003). Family Medicine: Now and Future Practice, R. B. Taylor (ed.). Family Medicine: Principles and Practice. (s. 3-10). New York: Springer-Verlag.

Taylor, R. B. (2003), Family Medicine: Now and Future Practice. Taylor R. B. (ed.). Family Medicine: Principles and Practice (s. 3-10). New York: Springer-Verlag.

Taylor, R. B. (2006). The Promise of Family Medicine: History, Leadership, and The Age of Aquarius. The Journal of The American Board of Family Medicine,19(2), 183-190.

Tepper, J. (2004). The Evolving Role of Canada's Family Physicians. Ottawa: Canadian Institute For Health Information.

Terry, A. L., Thorpe, C. F., Giles, G., Brown, J. B., Harris, S. B., Reid, G. J. ve diğerleri (2008). Implementing Electronic Health Records Key Factors in Primary Care. Canadian Family Physician, 54(5), 730-736.

Thomson, S., Osborn, R., Squires, D. ve Jun, M. (2012). International Profiles of Health Care Systems, 2012: Australia, Canada, Denmark, England, France, Germany, Iceland, Italy, Japan, the Netherlands, New Zealand, Norway, Sweden, Switzerland, and the United States, The Commonwealth Fund.

Toy, E. C., Briscoe, D., Britton, B. ve Reddy, B. (2010). Case Files Family Medicine. New York: The McGraw-Hill Companies.

Türk Halk Sağlığı Kurumu. (t.y.). Erişim: 05 Mart 2014, http://ailehekimligi.gov.tr

Türkiye Büyük Millet Meclisi. (2013). Sağlık Çalışanlarına Yönelik Artan Şiddet Olaylarının Araştırılarak Alınması Gereken Önlemlerin Belirlenmesi Amacıyla Kurulan Meclis Araştırması Komisyonu Raporu. (Rapor No: TBMM: 454). Ankara: Türkiye Büyük Millet Meclisi.

Üstü, Y., Uğurlu, M., Eğici, M. T., Yıldırım, O. ve Örnek, M. (2011). Aile Hekimliği Uygulamasında Güncel Problemler ve Çözüm Yolları–1. Sağlığın Başkenti, 50-54.

Valentinis, A., Ivers, N., Bhatia, S., Meshkat, N., Leblanc, K., Ha, A. ve diğerleri. (2014). Atrial Fibrillation Anticoagulation Care in a Large Urban Family Medicine Practice. Canadian Family Physician, 60, 173-179.

Villanueva, T. (2009). Family Medicine, the Specialty of the Future: The Portuguese Situation With in The European Context. Int Arch Med, 2(1), 36.

Wachter, R. M. ve Goldman, L. (2002). The hospitalist movement 5 years later.JAMA, 287(4), 487-494.

Wagner, E.H. (1998). Chronic Disease Management: What Will It Take to Improve Care for Chronic Illness? Effective Clinical Practice, 1(1), 2-4.

Waitzkin, H., Wald, K., Kee, R., Danielson, R., & Robinson, L. (1997). Primary Care in Cuba: Low-and High-Technology Developments Pertinent to Family Medicine. The Journal of Family Practice, 45(3), 250-258.

Wang, S. J., Middleton, B., Prosser, L. A., Bardon, C. G., Spurr, C. D., Carchidi, P. J. ve diğerleri (2003). A Cost-Benefit Analysis of Electronic Medical Records In Primary Care. The American Journal of Medicine, 114(5), 397-403.

Weel, C. V., Schers, H. ve Timmermans, A. (2012). Health care in the Netherlands. The Journal of the American Board of Family Medicine, 25(1), 12-17.

Wetmore, S. J., Rivet, C., Tepper, J., Tatemichi, S., Donoff, M. ve Rainsberry, P. (2005). Defining Core Procedure Skills for Canadian Family Medicine Training.Canadian Family Physician, 51(10), 1364-1365.

Whiteford, L. M. ve Branch L. G. (2008). Primary Health Care in Cuba. United States of America: Littlefield publishers, Inc.

WHO (World Health Organization). (2002). Community Home-Based Care in Resource-Limited Settings a Framework for Action, WHO Library Cataloguing-in-Publication Data.

WHO (World Health Organization). (2008). The Global Burden of Disease 2004 Update. WHO Library Cataloguing-in-Publication Data

WHO (World Health Organizations). (2012). Erişim: 23 Nisan 2014, http://apps.who.int/gho/data/node.country.country-CUB

Willard Committee, (1966). Willard Meeting the Challenge of Family Practice. The report of the Ad hoc Committee on Education for Family Practice of the Council on Medical Education. Chicago, American Medical Association.

WONCA (World Organization of Family Doctors). (2011). The European Definition Of General Practice / Family Medicine. Spain: WHO Europe Office.

Zwar, N., (2010). Family Medicine in the USA an Australian Perspective. Reprinted from Australian Family Pysician, 39(6), 360-361.

MIX
Papier | Fördert gute Waldnutzung
FSC® C083411

Kolibri 360 GmbH
Ferdinand-Jühlke-Straße 7
99095 Erfurt, Deutschland
produktsicherheit@kolibri360.de

Druck:
CPI Druckdienstleistungen GmbH
im Auftrag der
Kolibri 360 GmbH
Ferdinand-Jühlke-Str. 7
99095 Erfurt